高等职业教育“十一五”规划教材

3ds Max、Photoshop 建筑效果图制作实例教程

编　著　李井永　王　芳
　　　　陈一珉　祁　静
主　审　孙玉红

机 械 工 业 出 版 社

本书以实例方式介绍了利用 Autodesk 3ds Max 2009 32-bit、Lightscape 3.2 和 Adobe Photoshop CS3 制作建筑效果图，利用 Autodesk 3ds Max 2009 32-bit 制作建筑动画的方法。全书共 10 章，第 1 章为基础知识，第 2～4 章介绍了用 3ds Max 软件进行二维建模、三维建模和修改三维对象的方法，第 5 章和第 6 章介绍了 3ds Max 的材质、灯光和摄像机的知识，第 7 章介绍了用 Autodesk 3ds Max 2009 32-bit 结合 Lightscape 3.2 制作室内建筑效果图的方法，第 8 章介绍了用 3ds Max 软件制作室外建筑效果图的方法，第 9 章介绍了用 Photoshop CS3 软件对建筑效果图进行后期处理的方法，第 10 章介绍了用 3ds Max 软件制作建筑动画的方法。

本书完全以实例方式进行编写，非常适合项目式教学和读者自学。知识讲解深入浅出，只要按照书中实例的步骤去做，就可使读者在很短的时间内快速掌握制作建筑效果图和建筑动画的方法。

本书可作为高职高专和应用型本科院校建筑设计专业、建筑装饰专业建筑效果图制作相关课程的教材，还可作为建筑设计与建筑效果图制作人员的培训或自学用书。

图书在版编目（CIP）数据

3ds Max、Photoshop 建筑效果图制作实例教程/李井永编著. —北京：机械工业出版社，2008.12（2014.1重印）

高等职业教育“十一五”规划教材

ISBN 978-7-111-25701-1

Ⅰ.3… Ⅱ.李… Ⅲ.建筑设计：计算机辅助设计—图形软件，3ds Max、Photoshop—高等学校：技术学校—教材 Ⅳ.TU201.4

中国版本图书馆 CIP 数据核字（2008）第 189205 号

机械工业出版社（北京市百万庄大街 22 号 邮政编码 100037）

策划编辑：李俊玲 覃密道 责任编辑：李 鑫

封面设计：晓 薇 责任印制：乔 宇

北京汇林印务有限公司印刷

2014 年 1 月第 1 版第 4 次印刷

184mm×260mm · 17 印张 · 378 千字

10001–13000 册

标准书号：ISBN 978-7-111-25701-1

ISBN 978-7-89482-897-2（光盘）

定价：58.00 元（含 1CD）

电话服务

社服务中心：（010）88361066

销 售 一 部：（010）68326294

销 售 二 部：（010）88379649

读者购书热线：（010）88379203

网络服务

门户网：http://www.cmpbook.com

教材网：http://www.cmpedu.com

前 言

建筑效果图是展示建筑设计或建筑装饰设计的最佳手段，结合计算机图形处理技术制作建筑效果图已成为相关设计人员的必备技能。本书以当前广泛使用的建筑效果图制作方法为基础，以实例方式讲述了用 Autodesk 3ds Max 2009 32-bit、Lightscape 3.2、Adobe Photoshop CS3 制作建筑效果图和用 Autodesk 3ds Max 2009 32-bit 制作建筑动画的方法。

3ds Max 软件是在全球拥有最多用户的三维图形处理软件，广泛运用于建筑效果图制作、工业产品设计、立体造型设计、广告设计、游戏制作和电影特技制作等诸多领域。3ds Max 软件的最新版本是美国 Autodesk 公司推出的 Autodesk 3ds Max 2009 32-bit，该版本在视图控制、动画制作、材质和灯光功能、渲染器、工作流程等方面较前一版本（Autodesk 3ds Max 2008 32-bit）都有较大改进。

Lightscape 软件被称为“渲染巨匠”。现在该软件的最高版本是 Lightscape 3.2。Lightscape 是同时拥有光影跟踪、光能传递和全息渲染三大技术的渲染软件，在室内建筑效果图制作的渲染阶段被广泛应用，使用 Lightscape 渲染效果图可实现逼真细腻的渲染效果。

Photoshop 软件是当今最为流行的平面图形处理软件，它是 Adobe 公司的产品。该软件的最新版本是 Adobe Photoshop CS3。利用该软件可方便地进行图像处理和修饰、合成景物、扫描和修改图像、平面图形设计等工作，是建筑效果图后期处理的最佳工具。

要想高效地学会利用上述图形处理软件制作建筑效果图，最好的方法就是在用中学。本书采用了手把手的教学方式，将前述三个图形处理软件的基本操作、效果图制作的必备知识与技能、效果图制作的基本流程与技术要点、建筑动画的制作方法完美地贯穿在一个个实例中。读者只要按书中实例的步骤去做，就可以在很短的时间内，快速掌握制作建筑效果图和建筑动画的基本方法与相关技巧。

本书共 10 章，各章的主要内容如下：

第 1 章　基础知识：讲述了 Autodesk 3ds Max 2009 32-bit、Lightscape 3.2、Photoshop CS3 的基本知识和制作建筑效果图的基本流程。

第 2 章　3ds Max 二维建模实例：以 4 个典型实例讲述了 3ds Max 二维建模的常用方法与相关的编辑命令。

第 3 章　3ds Max 三维建模实例：以 3 个典型实例讲述了 3ds Max 三维建模的基本方法和相关的编辑命令。

第 4 章　3ds Max 三维对象的修改：以 4 个典型实例讲述了 3ds Max 修改三维对象的常用命令与利用相应命令创建三维模型的方法。

第 5 章　3ds Max 材质编辑实例：以 8 个典型实例讲解了建筑效果图常用材质的编辑

方法与材质相关知识。

第 6 章　灯光与摄像机的应用：以典型实例讲解了灯光的类型、光度学灯光的使用方法、标准灯光的使用方法、灯光的光源参数、效果图布光的基本方法和摄像机的应用。

第 7 章　室内效果图制作实例：以客厅和餐厅的效果图制作为例，详细讲述了 3ds Max 结合 Lightscape 制作室内建筑效果图的基本方法。

第 8 章　室外效果图制作实例：以住宅楼效果图制作为例，详细讲述了 3ds Max 室外建筑效果图制作的基本方法。

第 9 章　用 Photoshop 对效果图做后期处理：以两个实例分别讲述了用 Photoshop 处理室内效果图和室外效果图的基本方法。

第 10 章　3ds Max 建筑动画制作实例：以一个室内建筑动画的制作为例，详细讲述了用 3ds Max 制作建筑动画的方法。

本书具有很强的实用性和可操作性，非常适合项目式教学。在实例教学的过程中，还不失系统性，本书的章节和知识编排自成体系，知识讲解深入浅出、循序渐进。效果图制作技术日新月异，建筑动画技术是建筑效果表现的发展方向，本书努力体现知识的前瞻性，所有的软件也都采用当今的最高版本。

本书章前有学习目标和学习重点，章后有小结和思考题与习题，配套光盘包含本书所有实例的图形和模型文件，以便于教学或自学。本书可作为有关院校建筑设计和建筑装饰专业的教材，也可作为从事建筑设计和建筑装饰设计人员的培训或自学用书。

本书由李井永和王芳任主编，李井永、王芳、陈一珉、祁静编著，孙玉红主审。两位主编负责教材规划，李井永编写第 1 章、第 6 章、第 9 章的 9.2 节、第 10 章，与祁静共同编写第 8 章，与陈一珉共同编写第 7 章；王芳编写第 2～5 章；陈一珉还编写了第 9 章的 9.1 节。最后由两位主编统稿并按主审的意见对全书进行了修改，最终定稿。

在本书编写的过程中，得到了各位参编人员所在院校领导和出版社领导的鼓励和支持，全体编者在此表示衷心的感谢。本书编写中参阅了一些文献，在参考文献中一并列出。由于编者水平有限，时间仓促，书中缺点和错误在所难免，敬请同行和读者不吝指正，以便再版时修订。

编　者

2008 年 8 月

配套光盘使用说明

本书配套光盘中保存了本书中所有实例的max模型文件、相应的贴图文件、最终的效果图文件、建筑动画文件等。学习本书中的实例时，需要结合配套光盘，按书中介绍的步骤进行操作。必须使用Autodesk 3ds Max 2009、Lightscape 3.2、Adobe Photoshop CS3或相应更高版本的软件才能打开本书配套光盘中的实例文件。

凡本书中提到的"本书光盘中的……"文件，均保存在配套光盘中包含相应章名的文件夹中。其中各文件夹中的内容如下：

- "第01章实例"：图1-15所示大门效果图的max文件、贴图文件和最终效果图的Photoshop文件及输出的JPG格式文件。
- "第02章实例"：第2章实例的max文件和贴图文件。
- "第03章实例"：第3章实例的max文件和贴图文件。
- "第04章实例"：第4章实例的max文件和贴图文件。
- "第05章实例"：第5章实例的max文件和贴图文件。
- "第06章实例"：第6章实例的max文件、贴图文件和光域网文件。
- "第07章实例"：第7章实例的max文件、Lightscape处理文件、贴图文件、光域网文件和最终渲染图文件。
- "第08章实例"：第8章实例的CAD平面图文件、max文件、贴图文件和最终的渲染图文件。
- "第09章实例"：第9章效果图后期处理实例涉及到的贴图素材、Photoshop处理文件，输出的TIF格式或JPG格式的最终效果图文件。
- "第10章实例"：第10章建筑动画实例的max文件、贴图文件、AVI格式的建筑动画文件。

目 录

第1章 基础知识

学习目标

- 了解 Autodesk 3ds Max 2009 32-bit 的新增功能和操作界面，掌握其基本操作方法。
- 掌握制作建筑效果图的基本流程。
- 了解 Lightscape 3.2 软件的操作界面及其主要特点。
- 了解 Photoshop CS3 软件的操作界面，掌握 Photoshop 软件在建筑效果图制作中的作用。

学习重点

Autodesk 3ds Max 2009 32-bit 的基本操作方法、Photoshop CS3 软件的基本操作方法、利用 3ds Max 和 Photoshop 软件制作建筑效果图的基本流程。

1.1 Autodesk 3ds Max 2009 32-bit 的基本知识

计算机效果图和三维动画制作技术越来越成熟，3ds Max 软件是现今应用最广泛的效果图制作和三维动画制作软件。使用该软件，设计师可以在计算机中快速将自己的创意形象生动地展示出来，在计算机中建造高楼大厦，进行仿真的建筑装饰设计，制作出逼真的建筑效果图，甚至制作出身临其境的三维建筑动画。3ds Max 软件的最新版本是 Autodesk 3ds Max 2009 32-bit。

1.1.1 Autodesk 3ds Max 2009 32-bit 的启动与退出

1. Autodesk 3ds Max 2009 32-bit 的启动

Autodesk 3ds Max 2009 32-bit 的运行环境为 Windows 2000/Windows XP/Windows Vista/Windows 7 操作系统。软件安装完成后，通常用以下两种方法启动 Autodesk 3ds Max 2009 32-bit。

1）双击 Windows 桌面上 Autodesk 3ds Max 2009 32-bit 的快捷方式图标。

2）单击【开始】|【所有程序】|【Autodesk】|【Autodesk 3ds Max 2009 32-bit】|【Autodesk 3ds Max 2009 32-bit】。

软件启动后首先弹出如图 1-1 所示的 Autodesk 3ds Max 2009 32-bit 启动界面。稍后弹出如图 1-2 所示的【Learning Movies】（学习动画）对话框，单击其中的选项可以启动相应的学习动画。如果取消图 1-2 中左下角的“Show this dialog at startup”（启动时弹出此对话框）前的选择，则在下次启动时不弹出该对话框。单击图 1-2 中的 Close （关闭）按钮，即进入 Autodesk 3ds Max 2009 32-bit 的工作界面（见图 1-4）。

图 1-1 Autodesk 3ds Max 2009 32-bit 的启动界面

图 1-2 【Learning Movies】（学习动画）对话框

2. Autodesk 3ds Max 2009 32-bit 的退出

退出 Autodesk 3ds Max 2009 32-bit 常采用以下三种方法。

1）单击程序工作界面右上角的关闭按钮❎。

2）双击程序工作界面左上角的图标，或单击该图标后在弹出的菜单中选择【Close】（关闭）。

3）单击下拉菜单中的【File】（文件）|【Exit】（退出）命令。

1.1.2 Autodesk 3ds Max 2009 32-bit 的新增功能

Autodesk 3ds Max 2009 32-bit 在 Autodesk 3ds Max 2008 32-bit 的基础上做了很大改进，视图控制更加专业、灯光系统更加科学、材质制作更加逼真、实时效果和渲染效果非常接近。下面仅就部分新增功能作简要介绍。

1. 新增的视图导航器和导航方向盘

Autodesk 3ds Max 2009 32-bit 提供了超强的视图控制功能，在视图中增加了视图导航器和导航方向盘（见图 1-4）。利用视图导航器和导航方向盘可以方便直观地改变或操作当前视图。

（1）隐藏或调出导航方向盘的方法　用 Shift+W 组合键可以隐藏或调出导航方向盘，隐藏导航方向盘还可以用 Esc 键或用鼠标右键及导航方向盘的关闭按钮。

（2）隐藏或调出视图导航器的方法

1）在视图左上角的视图名称或视图导航器上点击鼠标右键，在弹出的快捷菜单中选择

【Configure】（设置）命令，弹出如图 1-3 所示的【Viewport Configuration】（视图设置）对话框。

2）在【Viewport Configuration】（视图设置）对话框中选择【ViewCube】（视图导航器）选项卡，在【Display Options】（显示选项）选项板中取消对“Show the ViewCube”（显示视图导航器）的选择。

3）单击【Viewport Configuration】（视图设置）对话框中的 OK 按钮，则隐藏视图导航器。如在第 2 步中选择“Show the ViewCube”（显示视图导航器），则调出视图导航器。

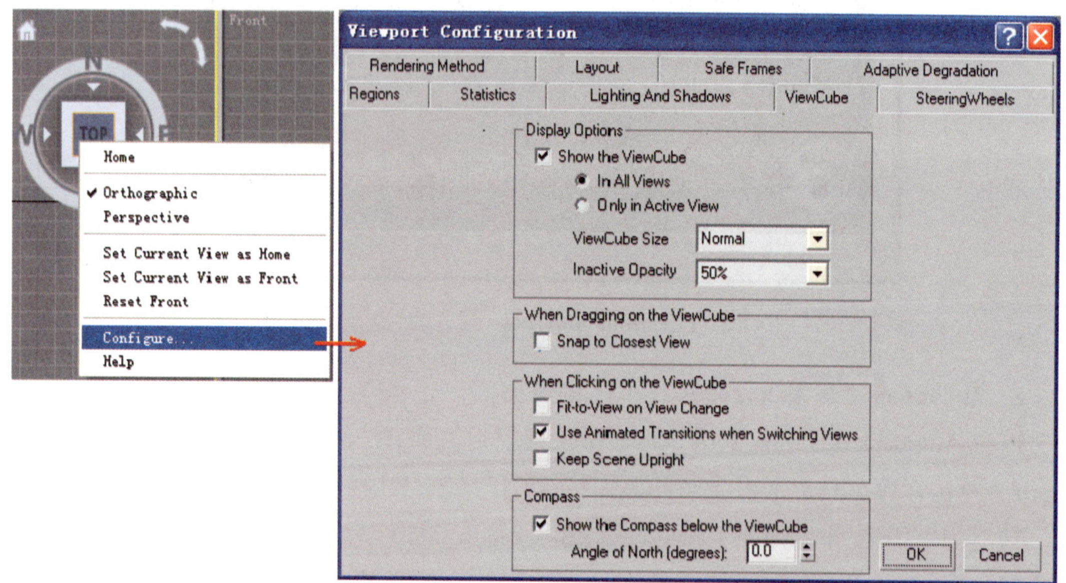

图 1-3　调出【Viewport Configuration】（视图设置）对话框

2. Reveal 渲染

新的 Reveal 渲染系统可以快速而精确地控制渲染过程，可以选择渲染减去某个特定物体的整个场景，或渲染单个物体甚至帧缓冲区的特定区域。在该版本中，渲染图像帧缓冲区包含一套简化工具，通过随意过滤物体、区域和进程、平衡质量、速度和完整性，可以快速有效地达到渲染要求。

3. 改进的 OBJ 和 FBX 支持

改进的 OBJ 使得在 3ds Max 和其他数字雕刻软件之间传递数据更加容易。新的优化选项可减少文件大小和改进性能。Autodesk 3ds Max 2009 32-bit 还提供了改进的 FBX 内存管理以及支持与其他产品（例如 Maya）协同工作的新的导入选项。

4. 改进的 UV 纹理编辑

Autodesk 3ds Max 2009 32-bit 在智能、易用的贴图工具方面继续引领业界潮流。可以使用新的样条贴图功能来对管状和样条状物体进行贴图。此外，改进的 Relax 和 Pelt 工作流程简化了 UVW 展开，能够以更少的步骤创作出最好的作品。

5. ProMaterials（改进的材质库）

新的材质库提供易用、基于实物的 mental ray 材质，使用户能够快速创建常用的建筑和设计表面，例如固态玻璃、混凝土或专业的有光或无光墙壁涂料。

6. 光度学灯光的改进

Autodesk 3ds Max 2009 32-bit 支持新型的区域灯光（圆形或圆柱形）、浏览对话框和灯光用户界面中的光度学网络预览，以及改进的近距离光度学计算质量和光斑分布。另外，分布类型现在能够支持任何发光形状，而且可以实现和渲染效果一致的实时效果。

1.1.3 Autodesk 3ds Max 2009 32-bit 的工作界面及其基本操作

启动 Autodesk 3ds Max 2009 32-bit 后，其工作界面如图 1-4 所示。其中的【InfoCenter】（信息中心）工具栏可通过单击其右上角的按钮关闭。

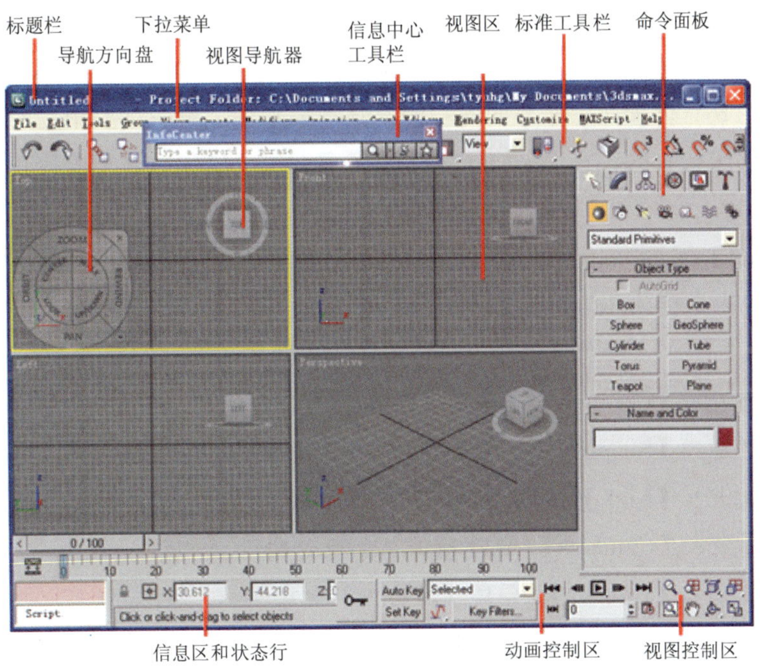

图 1-4 Autodesk 3ds Max 2009 32-bit 的工作界面

1. 标题栏

标题栏显示软件的名称和版本号、当前编辑文件的名称。

2. 下拉菜单

利用下拉菜单栏可执行 Autodesk 3ds Max 2009 32-bit 的各种命令。下拉菜单包括【File】（文件）、【Edit】（编辑）、【Tools】（工具）、【Group】（组）、【Views】（视图）、【Create】（创建）、【Modifiers】（编辑器）、【Animation】（动画）、【Graph Editors】（图形编辑）、

【Rendering】（渲染）、【Customize】（自定义）、【MAXScript】（MAX 脚本）和【Help】（帮助）。

3. 标准工具栏

标准工具栏缺省位置在下拉菜单的下方，其中显示了各种常用命令的按钮，标准工具栏中全部的命令按钮如图 1-5 所示。标准工具栏是 3ds Max 软件中使用最频繁的界面元素之一。

图 1-5　标准工具栏中全部的命令按钮

如果屏幕的分辨率较低，图 1-5 中的按钮不能全部显示，这时如将光标移动到工具栏按钮的间隔处，当光标变为形状时，按住鼠标左键左右拖曳即可显示工具栏两侧隐藏的按钮。

工具栏中某些按钮的右下角有个小三角形，表示该命令按钮下隐藏有多重命令按钮，在该按钮上按住鼠标左键，即可弹出一列按钮，然后上下移动鼠标到相应的按钮上并松开左键即可改变当前的按钮。

4. 命令面板

命令面板的缺省位置在工作界面的右侧，其中显示了工作中需要用到的各种命令，它是按树状结构层级排列的，在 3ds Max 中主要依靠它进行工作。命令面板有六个大类，下面作简单介绍。

（1）【Create】（创建）命令面板　单击命令面板上的按钮，进入创建命令面板，如图 1-6 所示。它也是启动 3ds Max 时默认的命令面板。创建命令面板包括以下 7 个子命令面板：

- 单击进入【Geometry】（创建几何体）命令面板。
- 单击进入【Shapes】（创建二维图形）命令面板。
- 单击进入【Lights】（创建灯光）命令面板。
- 单击进入【Cameras】（创建摄像机）命令面板。
- 单击进入【Helpers】（创建辅助物体）命令面板。
- 单击进入【Space Warps】（创建空间扭曲物体）命令面板。
- 单击进入【Systems】（创建系统）命令面板。

（2）【Modify】（修改）命令面板　单击命令面板上的按钮进入修改命令面板，如图 1-7 所示。利用修改命令面板不仅可以修改选中对象的名称、颜色、尺寸等参数，还可以修改对象的造型、表面特性、贴图坐标等。可通过【Modifier List】（修改命令列表）下拉列表执行很多修改命令。

（3）【Hierarchy】（层次）命令面板　单击命令面板上的按钮进入层次命令面板。层次命令面板多用于动画制作。

（4）【Motion】（运动）命令面板　单击命令面板上的按钮进入运动命令面板。利用运动命令面板可进行动画设置。

（5）【Display】（显示）命令面板　单击命令面板上的按钮进入显示命令面板，如图 1-8 所示。利用显示命令面板可以显示或隐藏物体、冻结或解冻物体。

（6）【Utilities】（工具）命令面板　单击命令面板上的按钮进入工具命令面板，如图 1-9 所示。工具面板通过一些外挂程序完成某些特殊操作。

图 1-6　创建命令面板

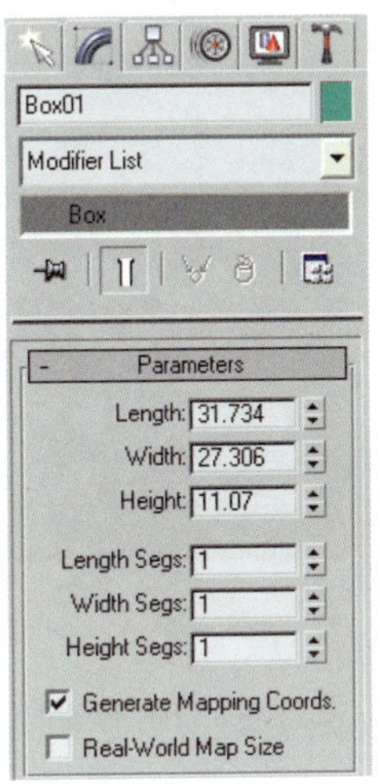

图 1-7　修改命令面板

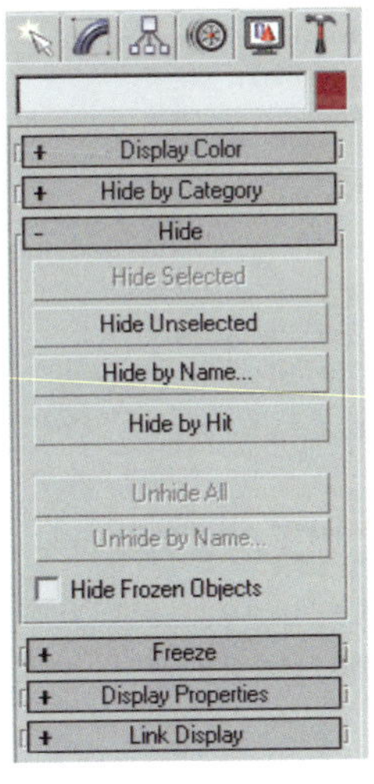

图 1-8　显示命令面板

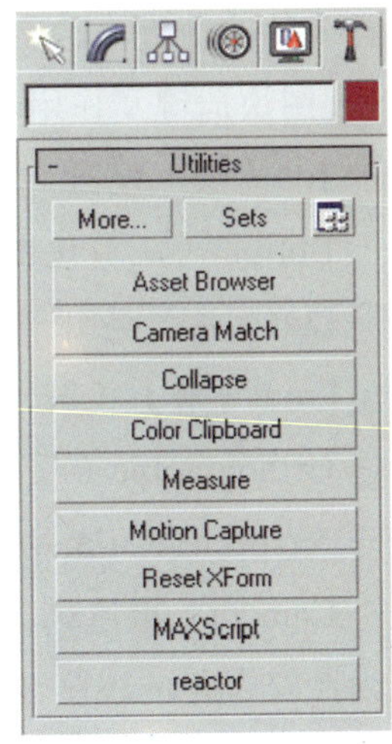

图 1-9　工具命令面板

在后面的章节中，将通过实例引导读者逐渐学会常用命令面板的使用方法。

5．视图区

视图区在缺省状态下由四个视图组成，如图 1-10 所示。其中“Top”为顶视图、“Front”为前视图、“Left”为左视图、“Perspective”为透视图。在任何一个视图中右击可激活该视图，使之成为当前视图。

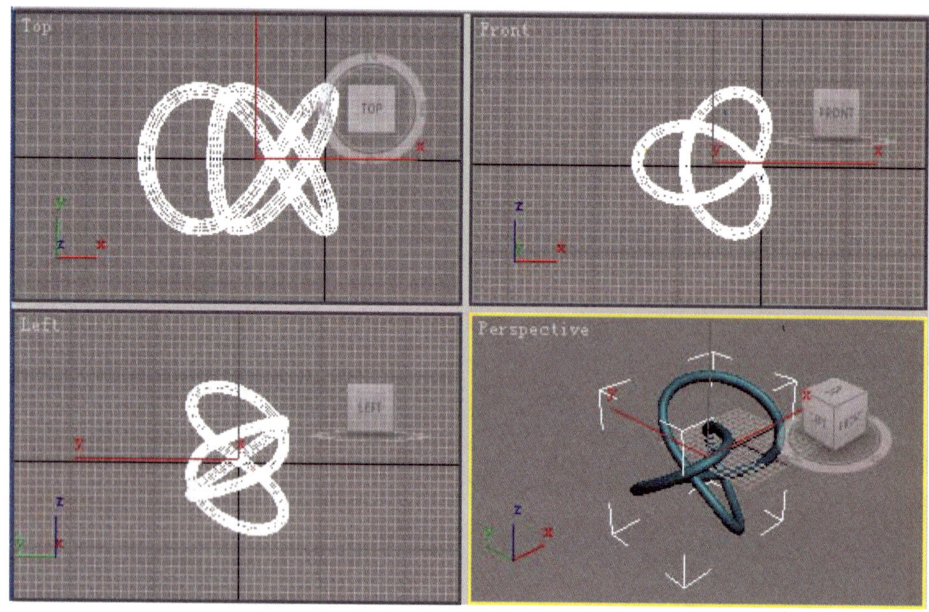

图 1-10　四种视图显示状态

改变当前视图类型的方法有以下几种：

1）单击视图导航器上视图的名称或拖曳其边缘的旋转按钮可动态改变视图的类型。

2）按下键盘上的快捷键可改变激活视图的视图类型。常用的视图快捷键及作用如下：

- T 键——Top（顶）视图。
- B 键——Bottom（底）视图。
- L 键——Left（左）视图。
- F 键——Front（前）视图。
- O 键——Orthographic（投影）视图。
- P 键——Perspective（透视）视图。
- C 键——Camera（摄像机）视图。

3）在当前视图左上角的视图名上右击，弹出如图 1-11 所示的快捷菜单，单击【Views】命令后相关视图的命令名称，即可改变当前视图。

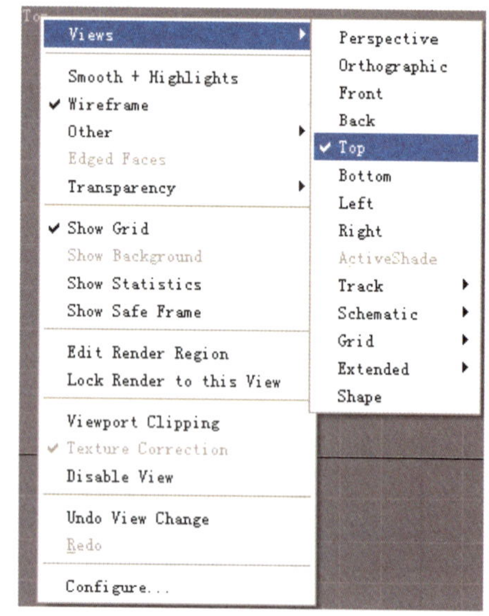

图 1-11　视图变换快捷菜单

6. 视图控制区

视图控制区位于工作界面的右下角，主要用于视图的缩放和平移等工作。视图控制区的按钮会随当前视图的不同而不同。当前视图为正视图（前视图、顶视图、底视图或左视图）时视图控制区的命令按钮及作用如下：

- 【Zoom】（缩放）按钮：单击该按钮后，在视图中按住鼠标左键上下拖曳可动态缩放当前视图。
- 【Zoom All】（全部视图缩放）：单击该按钮后，在视图区按住鼠标左键上下拖曳可动态缩放全部视图。
- 【Zoom Extents】（最大显示对象）：单击该按钮后，当前视图以最大范围显示全部对象。
- 【Zoom Extents Selected】（最大显示选择对象）：按住不放，即可出现此按钮，激活该按钮，可在当前视图中以最大方式显示被选择的对象。
- 【Zoom Extents All】（全部缩放到最大）：单击该按钮后，所有视图以最大范围显示全部对象。
- 【Zoom Extents All Selected】（全部视图最大化显示被选择对象）：按住不放，即可出现此按钮，激活该按钮，可在所有视图中以最大方式显示被选择的对象。
- 【Zoom Region】（区域缩放）：单击该按钮后，在视图中构建一个矩形窗口，则在当前视图中以最大范围显示包含在窗口内的对象。
- 【Pan View】（平移视图）：单击该按钮后，在视图中按住鼠标左键拖曳可平移视图。
- 【Orbit】（圆弧旋转）：单击该按钮后，可任意旋转当前视图。该按钮通常用于旋转 Perspective（透）视图。如在其他正视图中使用，会使视图变为 Orthographic（投影）视图。
- 【Maximize Viewport Toggle】（最大化视图按钮）：单击该按钮可将当前视图满屏显示。再次单击又回到原来的视图分布状态。

当前视图为 Perspective（透视）视图或 Camera（摄像机）视图时，原来的（缩放）按钮变为【Field-of-View】（视角缩放）按钮，激活该按钮后在视图中上下拖曳，可缩放视图，但同时改变视角。

当前视图为摄像机视图时，视图控制区按钮的作用如下：

- 【Dolly Camera】（推拉摄像机）：上下拖曳改变摄像机的位置，不改变目标点的位置。
- 【Dolly Taget】（推拉目标点）：上下拖曳改变目标点的位置，不改变摄像机的位置。
- 【Dolly Camera+Taget】（推拉摄像机和目标点）：上下拖曳同时改变摄像机和目标点的位置，摄像机和目标点本身的相对位置和形态不发生变化。
- 【Perspective】（透视）：以推拉出发点的方式改变摄像机的 FOV（视野）值。按住 Ctrl 操作可以增加变化的程度。
- 【Roll Camera】（旋转摄像机）：沿垂直于视平面的方向旋转摄像机的视角。按住 Ctrl 操作可增加变化的程度。

- 【Truck Camera】(平移摄像机)：平移摄像机的目标点和出发点，按住 Ctrl 操作可加速平移的变化，按住 Shift 操作可锁定水平或垂直方向。
- 【Walk Through】(移动目标点)：绕摄像机的位置旋转目标点的位置。
- 【Orbic Camera】(环游摄像机)：绕摄像机的目标点旋转摄像机。
- 【Pan Camera】(转动摄像机目标点)：固定摄像机的位置，使目标点绕之旋转。

7. 动画控制区

动画控制区主要用于控制动画的记录和播放等。动画控制区各按钮的作用将在第 10 章中讲解。

8. 信息区和状态行

信息区和状态行用于显示视图中图形对象的坐标并对操作进行提示说明。

1.1.4 Autodesk 3ds Max 2009 32-bit 中选择对象的方法

想修改对象，前提条件是选择对象，Autodesk 3ds Max 2009 32-bit 中选择对象的方法有以下几种。

1. 直接选择对象

单击标准工具栏中的 Select Object（选择对象）命令按钮，在欲选择的对象上单击即可选中该对象。对象被选择后，其边框和线框通常以白色显示。当执行移动、旋转、缩放或对齐等命令时，也可通过单击直接选择对象。

按住键盘上的 Ctrl 键并单击对象，可向原选择集中逐个加入或排除对象。

按住键盘上的 Ctrl 键并在视图中框选对象，可向原选择集中加入或排除多个对象。

在执行移动、旋转、缩放或对齐等命令时，只能沿亮显的坐标方向编辑对象。

2. 按名称选择对象

单击标准工具栏中的 Select by Name（按名称选择）命令按钮，弹出如图 1-12 所示的【Select From Scene】(从场景选择）对话框。可在其中通过单击名称选择单个对象，通过按住键盘上的 Ctrl 或 Shift 键与单击组合选择多个对象，再单击 OK 按钮完成选择操作。

在用 3ds Max 建立模型时，最好按模型的性质恰当命名，以便于对象的选择与编辑。

3. 按区域选择对象

单击标准工具栏上的 Rectangular Selection Region（矩形选择区域）按钮，出现如图 1-13 所示的 5 种区域选择按钮。

区域选择方法会受到工具栏中 Crossing（交叉）和 Window（窗口）控制按钮的影响。当为窗口方式时，只有被区域完全包围的对象才能被选择。当为交叉方式时，被区域包含和与区域边界线相交的对象全被选择。

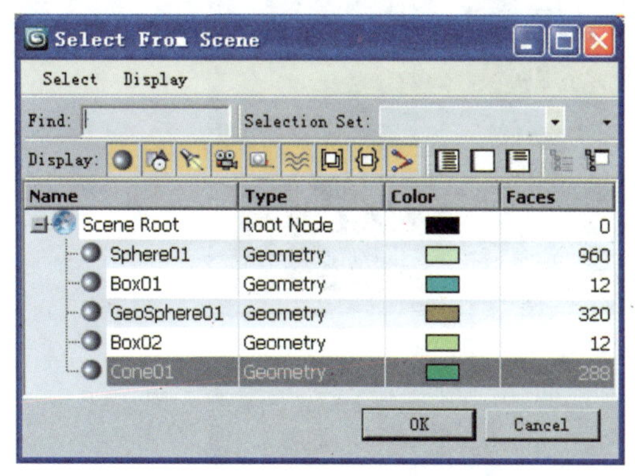

图 1-12 【Select From Scene】（从场景选择）对话框

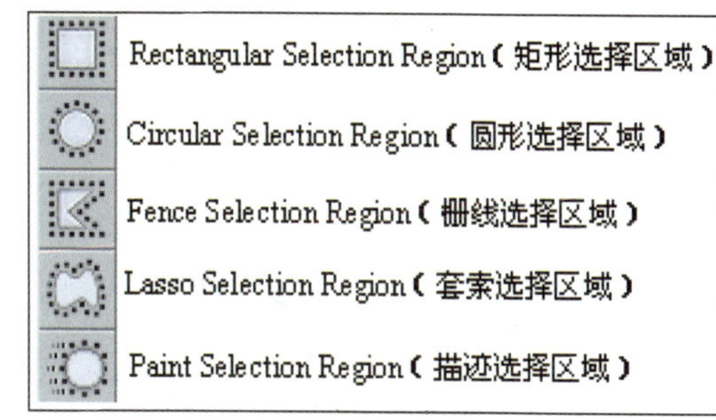

图 1-13 选择区域的类型

- 矩形选择区域：通过在视图中按对角线拖曳形成一个矩形选择区域，进而选择对象。
- 圆形选择区域：通过在视图中按住鼠标左键确定中心点，再按半径方向拖曳形成一个圆形选择区域，进而选择对象。
- 栅线选择区域：通过单击鼠标确定多边形的角点，不断拉出直线，围成一个多边形区域，双击闭合多边形区域，点击鼠标右键放弃选择操作。
- 套索选择区域：按住鼠标左键拖曳圈出选择区域。
- 描迹选择区域：按住鼠标左键拖曳，则与经过轨迹相交的图形全被选择。

4. Selection Filter（选择过滤器）的作用

单击标准工具栏上 Selection Filter（选择过滤器）下拉列表框 All 右侧的小三角▾，弹出如图 1-14 所示的对象类型列表，移动鼠标到相应的类型上松开左键，改变当前可选择对象的类型。只有 All 中显示类型的对象才能被选择。默认情况下为“All”（全部类型）。

当场景非常复杂时，结合 Selection Filter（选择过滤器），再用前面的三种方法可方便选择对象。

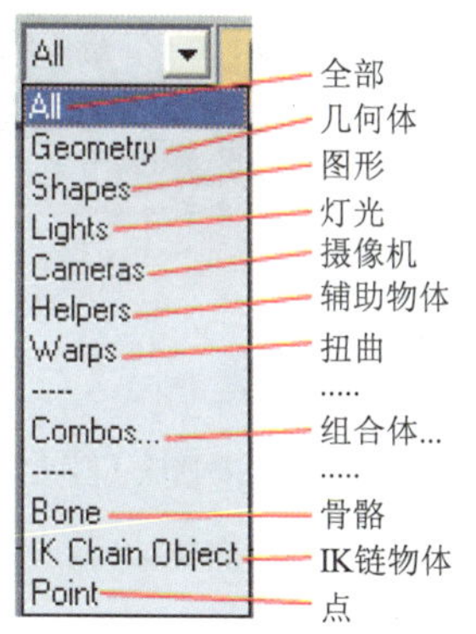

图 1-14 Selection Filter（选择过滤器）下拉列表

1.2 制作建筑效果图的基本流程

建筑效果图可分为室内效果图和室外效果图两种类型，不同设计者制作效果图的方法存在着一定的差别，但基本过程都可概括为建立模型、赋予材质、设置灯光、渲染输出和后期处理 5 个阶段，如图 1-15 所示。制作建筑效果图的前 4 个阶段可由 3ds Max 软件完成，室内效果图也可由 3ds Max 软件建立模型和赋予材质，再导入 Lightscape 软件进行光能传递并渲染出图。效果图的后期处理常利用 Photoshop 软件进行。

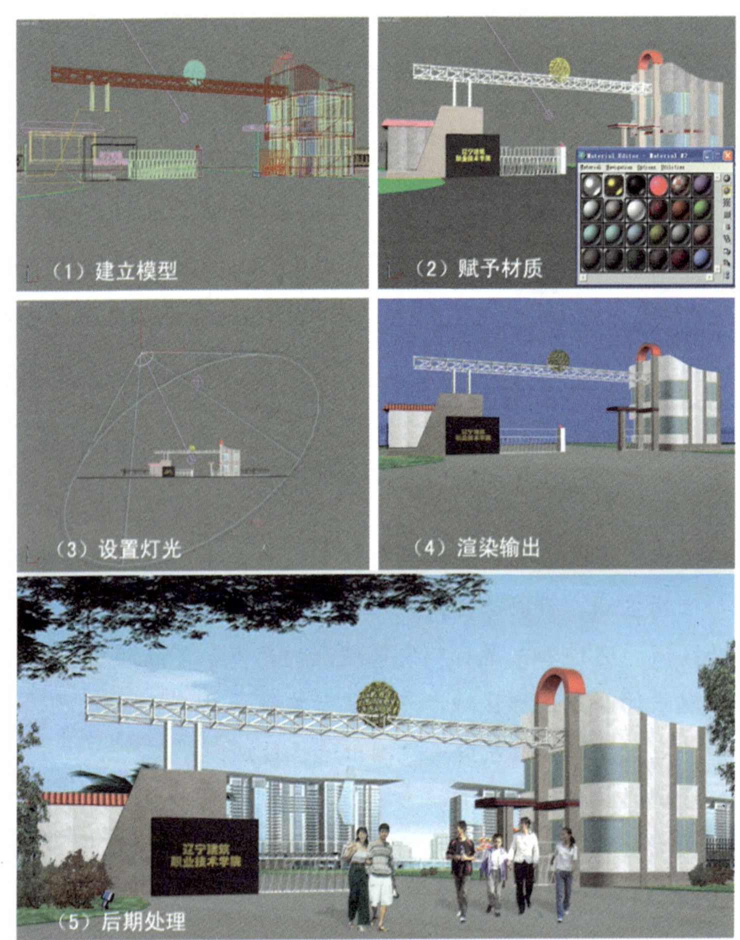

图 1-15　制作建筑效果图的基本流程

1.2.1　建立模型

制作建筑效果图的首要工作是建立三维模型（简称建模），后面所有的效果图制作过程都以这项工作为基础。若三维模型有问题，会大大增加后续工作的难度。

建立模型的重要原则是保证模型的准确性。同时在满足结构要求的前提下，应尽量降低模型的复杂程度。三维模型的创建方法通常有二维放样与修改、三维建模和布尔运算等主要方法，在建模时应选择一种既准确又快捷的方法。

在建立模型时，可对场景进行细化，将整体划分为几大部分，再逐个建模并有机组合成最终的全部模型。

1.2.2　赋予材质

现实世界中物体的表面特性即为材质，3ds Max 中的模型必须赋予材质才能模拟现实世界。要调制出真实的材质不是容易的工作，必须仔细观察现实生活中真实材料的表面效果，并注意搜集贴图素材、在学习和工作中积累效果图制作经验。

1.2.3 设置灯光

没有光便无法体现物体的形状、质感和颜色。物体的形状和层次也要借助灯光和阴影得以体现。Autodesk 3ds Max 2009 32-bit 提供了各种灯光的照明效果，并改进了光度学灯光。实时效果更易于通过调节灯光达到最佳的渲染效果。对室内效果图，也可将 3ds Max 模型导入到 Lightscape 软件中进行光能传递并渲染出图。

设置灯光时，还要注意适当调节材质的颜色和相关参数，使两者相协调。

1.2.4 渲染输出

通过摄像机可构建摄像机视图。前面的建模、赋予材质和设置灯光都要围绕摄像机视图进行，在摄像机视图中调整到最佳视角后，即可通过渲染，输出渲染图并保存为图形文件。

1.2.5 后期处理

渲染输出的效果图只能算是最终效果图的一个主要素材，必须通过 Photoshop 软件进行精雕细琢，比如调整整体色调、合成人物（或植物和动物）、加入各种光效和倒影等特效，才能达到完美而逼真的效果。

1.3 Lightscape 3.2 的基本知识

Lightscape 软件 1996 年引入中国，被称为“渲染巨匠”。现在该软件的最高版本是 Lightscape 3.2。Lightscape 是同时拥有光影跟踪、光能传递和全息渲染三大技术的渲染软件，在室内建筑效果图制作的渲染阶段被广泛应用。本节以 Lightscape 3.2 汉化版为例，介绍 Lightscape 3.2 软件的界面和主要特点。

1.3.1 Lightscape 3.2 的工作界面

Lightscape 3.2 的运行环境为 Windows 98/Windows 2000/Windows XP/Windows Vista 操作系统。安装完成后，双击桌面上 Lightscape 3.2 的快捷方式图标，或者单击【开始】|【所有程序】|【Lightscape】|【Lightscape】，即进入图 1-16 所示 Lightscape 3.2 汉化版的工作界面。

工作界面中各功能区的作用和操作方法与 3ds Max 软件类似，具体操作详见第 7 章。

1.3.2 Lightscape 3.2 的主要特点

1. 逼真细腻的渲染效果

Lightscape 的光影跟踪技术（Raytrace）使 Lightscape 能跟踪每一条光线在所有表面的反射与折射，从而解决了间接光照问题；而光能传递技术（Radiosity）把漫射表面反射出来的光能分布到每一个三维实体的各个面上，从而解决了漫反射问题；全息渲染技术把光影跟踪和光能传递的结果叠加在一起，精确地表达出三维模型在真实环境中的实情实景，使用它渲染出来的建筑效果图光照真实、阴影柔和、效果细腻。

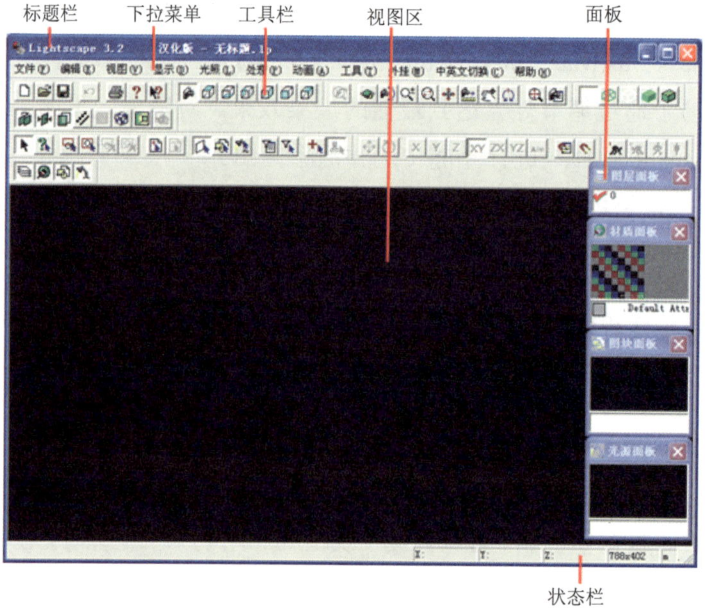

标题栏　下拉菜单　工具栏　视图区　面板

状态栏

图 1-16　Lightscape 3.2 汉化版的工作界面

2．友好简易的功能

（1）兼容多种文件　Lightscape 3.2 兼容 Autodesk 公司的 AutoCAD 文件和 3ds Max 文件，原文件中包含的图块、图层、材质、光源等信息完好保留。3ds Max 的用户完成建模、设置好材质和光源后可直接输出成 Lightscape 文件格式，在 Lightscape 中渲染处理完成后，还可以装载到 3ds Max 软件中进行动画制作。用户无须再重复处理光能传递和光线追踪的计算。

（2）操作界面简洁　Lightscape 3.2 的工作界面主要显示三维透视效果图，余下的屏幕则包含了菜单和工具栏，90%以上的操作只需轻点工具按钮即可。强大的功能使电脑能够自动调整各种设计参数以达到最佳效果。

（3）设计功能灵巧　Lightscape3.2 自带世界著名厂商提供的数以千计附有精美材质纹理的三维模型，其中的灯具更按真实产品配置了光学物理特性。设计师在布置图块、光源时，可在列表中直观地浏览各图块和光源的形状和颜色，可旋转缩放这些三维模型进行交互式浏览选择。赋材质时也可以把材料从列表或者其他图片浏览软件中直接拖至目标表面上，并可在作图的任何过程中随意更换，随时编辑。在制作三维动画时，只需在俯视图中指定人行路径，即可即时漫游三维模型。

3．不同凡响的渲染速度

Lightscape 把渲染过程分解为光能传递与光影跟踪两部分，在完成光能传递后，直接光照与阴影已经计算完毕，得出相应的渲染效果。这时如果修改材质和光照特征设置，全息渲染技术只计算被修改的部分而无需重新全图渲染。而由于光能传递已经将光能信息储存到每一个三维实体的各个面上，如果不满意视角，还可以从任意视角观察透视渲染结果而无需任何计算，甚至可据此制作即时漫游动画。而且，建立在光能传递基础上的光影跟踪非常迅速，设计师无需漫长的等待就能得到高分辨率精细的渲染效果图，甚至可以进行全屏或者局部光影跟踪，预览即将生成的渲染效果图。这些功能使需要不断优化效果图、或者需要制作多幅不同视角效果图的设计师大大减少了工作时间，提高了设计效率。

1.4 Photoshop CS3 的基本知识

1.4.1 Photoshop CS3 的新增功能

Photoshop 是每一个从事三维效果图制作、平面设计、网页设计、婚纱摄影、商业插画设计、数码摄影、图像处理和影像合成等工作的专业人士必备的工具软件。Photoshop CS3 在 Photoshop CS2 的基础上做了很大改进，新增功能主要有如下几个方面：

（1）智能滤镜　使用智能滤镜可以从图层添加、调整和删除滤镜，而不必重新保存图像或重新开始。

（2）高级复合　可通过自动对齐基于相似内容的多个 Photoshop 图层或图像，创建更加准确的复合图像；自动混合图层命令能混合颜色和阴影来创建平滑且可编辑的图像。

（3）简化的界面和面板管理　可方便地最大化用于编辑的屏幕空间，同时保持必备的可访问工具。面板以方便、自动调节的停靠方式进行排列。

（4）更好的原始图像处理能力　使用 Adobe Photoshop Camera Raw 插件以更快的速度和出色的转换质量处理原始图像，该插件现在增加了对 JPEG 和 TIFF 格式的支持。

（5）快捷的资源管理　Photoshop CS3 提供了更易于搜索的“滤镜”面板，提供了在单一缩略图下组合多个图像的功能、增强的放大镜工具和脱机图像浏览功能等。

（6）增强的消失点　使用增强的消失点将基于透视的编辑提高到一个新的水平，可以在一个图像内创建多个平面，以任何角度连接它们，然后围绕它们绕排图形、文本和图像等。

（7）增强的 32 位支持

（8）黑白转换　可以轻松地将彩色图像转换为黑白图像，可使用新工具调整图像色调值和浓淡。

1.4.2 Photoshop CS3 的工作界面

Photoshop CS3 的运行环境为 Windows 2000/Windows XP/Windows Vista 操作系统。安装完成后，双击桌面上 Photoshop CS3 的快捷方式图标，或者单击【开始】|【所有程序】|【Adobe】|【Adobe Photoshop CS3】|【Adobe Photoshop CS3】，即进入如图 1-17 所示

的 Photoshop CS3 工作界面。

图 1-17　Photoshop CS3 的工作界面

工作界面中各功能区的作用和操作方法与 3ds Max 软件类似，具体操作详见第 9 章。

1.4.3　Photoshop 在效果图制作中的作用

3ds Max 软件（或 3ds Max 软件配合 Lightscape 软件）渲染输出的建筑效果图，会有很多不尽人意的地方，通常要利用 Photoshop 软件进行后期处理。处理的过程因效果图的问题而异，例如有些图片过于灰暗就要调整亮度和对比度，有些图片整体偏色就需要调整色调，还要在效果图中添加人物、汽车、云、天空、树木等环境配景。这样才能保证提供给客户的效果图画面更清晰、色彩更和谐、整体搭配更完美。

Photoshop 软件在效果图制作中的作用可归纳为以下几个方面：

（1）色彩处理　利用 Photoshop 图形处理软件可对效果图的色阶、亮度、对比度和色调等进行整体调整，以弥补 3ds Max 渲染图色彩的不足，使效果图更加自然和真实。

（2）修补渲染图的瑕疵　渲染图往往会出现一些瑕疵，如建模阶段不严谨造成的黑白线、斑点、不自然的色彩过渡、浓重的阴影等，这些局部的问题往往使效果图的画质大打折扣，为了达到最佳的效果，需要将瑕疵部分用 Photoshop 软件进行一定的修补。

（3）添加配景或替换场景　为了提高效果图的真实性，使画面更生动，要用 Photoshop 图形处理软件为效果图添置植物、装饰物、人物、交通工具等。对于室外建筑效果图，可通过选择建筑轮廓进行添加、删除或替换场景的处理。

（4）阴影和倒影的处理　用 Photoshop 图形处理软件可为添加的配景制作倒影或阴影

效果，使整个效果图更加逼真。

（5）为 3ds Max 提供材质贴图　利用 Photoshop 软件，可以对任何现有图片进行艺术修改，进行光与影的创作，能为 3ds Max 提供材质贴图素材。

1.4.4　用 Photoshop 处理效果图的技术要点

Photoshop 在图像处理方面功能强大，但其核心技术却非常简单，主要是如何选择要处理的区域。只有巧妙而合理地选择了所要处理的区域，才能对图形进行艺术处理。如要复制一棵树，只有巧妙地选择了树，才能进行进一步的修改与编辑。

Photoshop 的另一技术要点是对图像的色彩处理。通过对图像的色相、色阶、饱和度、曝光度、亮度和对比度等进行调节，使图像达到最佳的视觉效果。

本章小结

本章主要讲述了以下几方面的知识：

1. Autodesk 3ds Max 2009 32-bit 启动与退出的方法、新增功能、工作界面及其基本操作、选择对象的方法。

2. 制作建筑效果图的基本流程：① 建立模型；② 赋予材质；③ 设置灯光；④ 渲染输出；⑤ 后期处理。

3. Lightscape 3.2 的工作界面和主要特点。

4. Photoshop CS3 的新增功能、工作界面、在效果图制作中的作用和用 Photoshop 处理效果图的技术要点。

思考题与习题

1. Autodesk 3ds Max 2009 32-bit 各功能区的主要作用是什么？
2. 3ds Max 2009 中选择对象的方法有哪些？
3. 制作建筑效果图的基本流程是什么？
4. 渲染巨匠 Lightscape 3.2 的主要特点有哪些？
5. Photoshop CS3 在建筑效果图制作中有何作用？

第 2 章　3ds Max 二维建模实例

学习目标

- 掌握创建二维图形的基本方法。
- 掌握修改二维对象的基本方法。
- 学会创建简单的模型。

学习重点

二维创建命令面板中各命令的使用方法、简单二维图形的绘制。

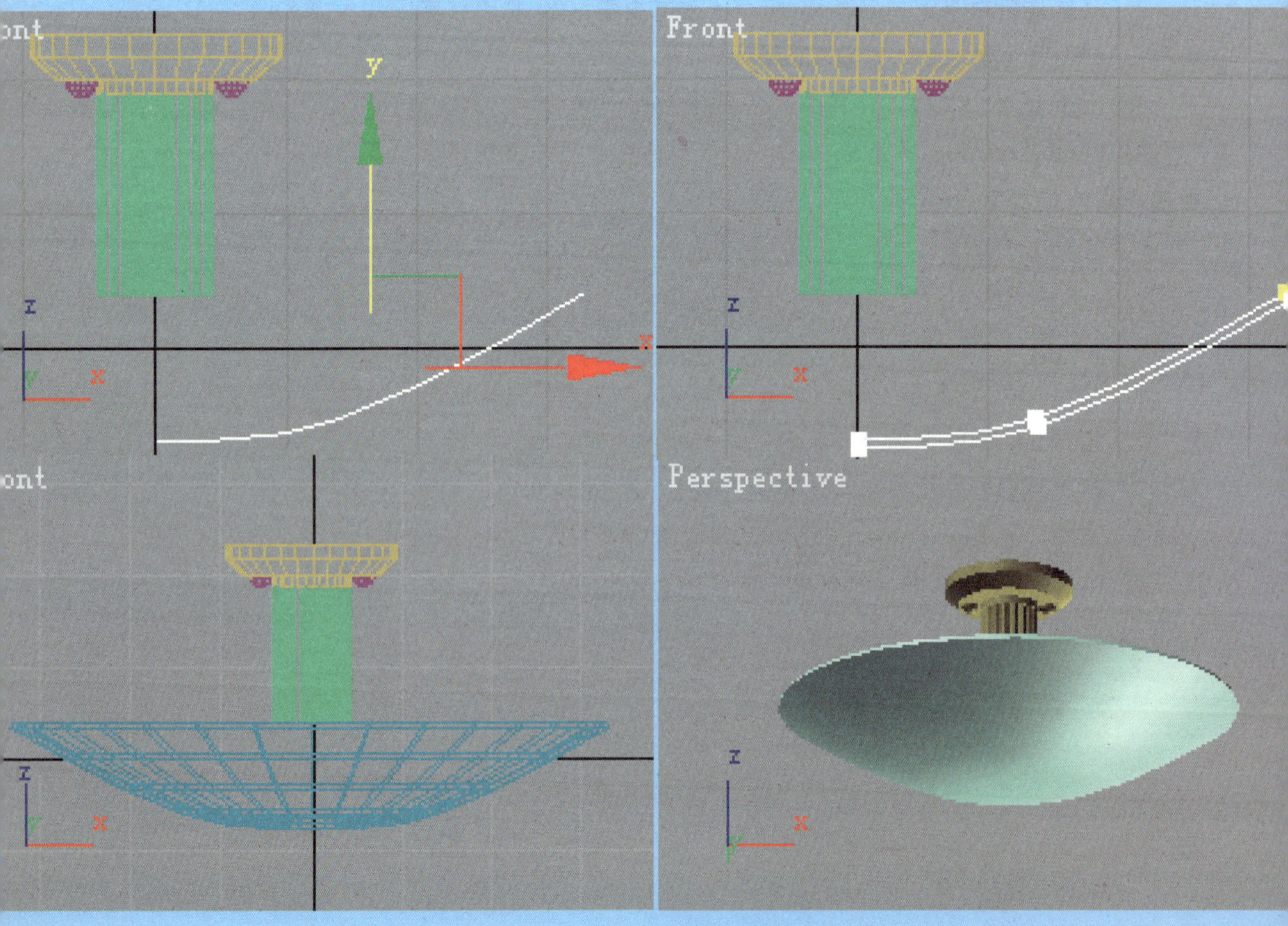

2.1 制作铁艺栏杆

本节通过制作如图 2-1 所示的栏杆，讲解通过二维创建命令面板直接创建简单图形的方法。涉及的操作命令主要有：直线命令、移动命令、镜像命令、阵列命令等。

图 2-1 栏杆

2.1.1 重新设置系统

单击标准菜单栏中的【File】(文件) | 【Reset】(重新设置) 命令，重新设置系统。

2.1.2 制作栏杆立柱

1）单击按钮，进入创建命令面板。

2）单击其下的（二维图形）按钮，在【Spline】(样条线) 选项类下，单击创建命令面板上的 Line （直线）按钮。

3）勾选【Rendering】(渲染) 卷展栏中的“Enable In Renderer”(可渲染) 复选框和“Enable In Viewport”(视图中可见) 复选框，设置“Thickness”(厚度) 文本框的值为“3.0mm”，如图 2-2 所示。

4）【Creation Method】(创建方法) 卷展栏的设置如图 2-3 所示。

5）激活前视图，在该视图绘制一个长度为 200mm 的直线，其形态如图 2-4 所示。

6）将直线命名为“栏杆立柱 01”，并修改其颜色为黑色，如图 2-5 所示。

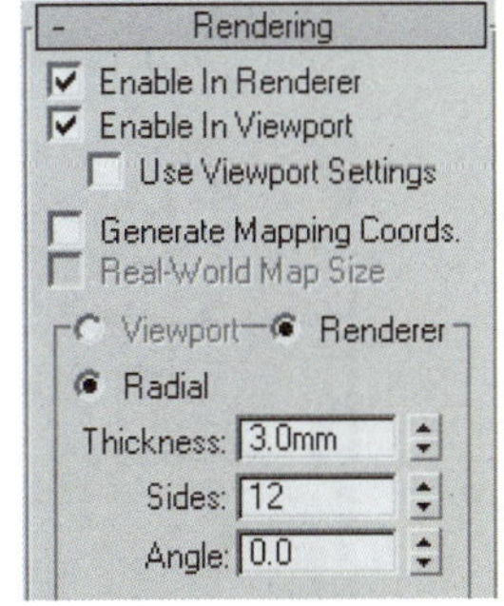

图 2-2 设置【Rendering】卷展栏

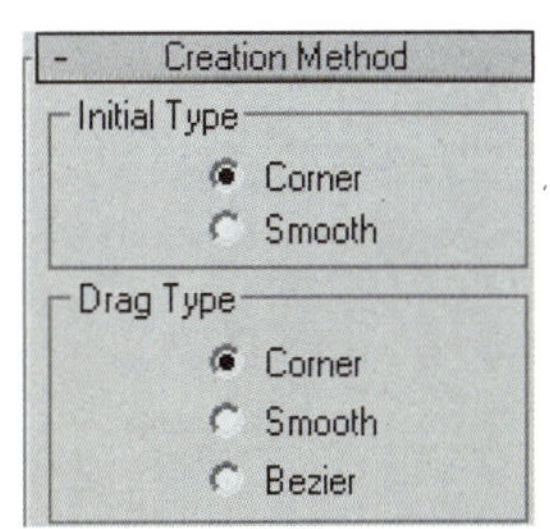

图 2-3 设置【Creation Method】卷展栏

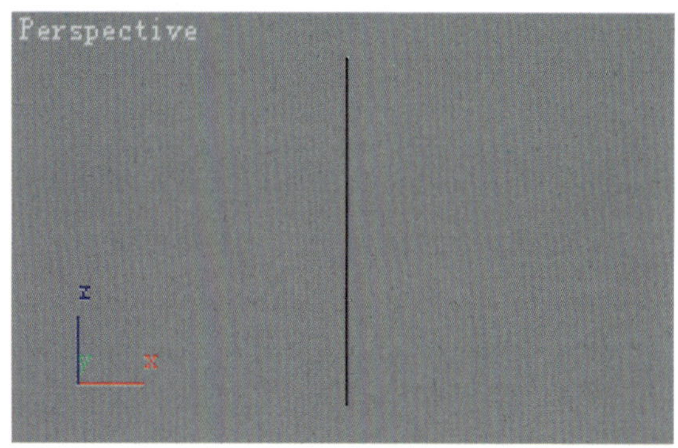

图 2-4　直线形态

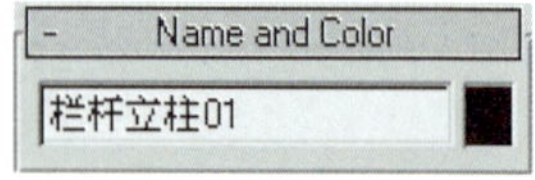

图 2-5　重新命名直线

2.1.3　制作栏杆铁艺装饰

1）单击创建命令面板中的 Line （直线）按钮，设置【Rendering】（渲染）卷展栏中的参数如图 2-2 所示，设置【Creation Method】（创建方法）卷展栏的参数如图 2-6 所示。

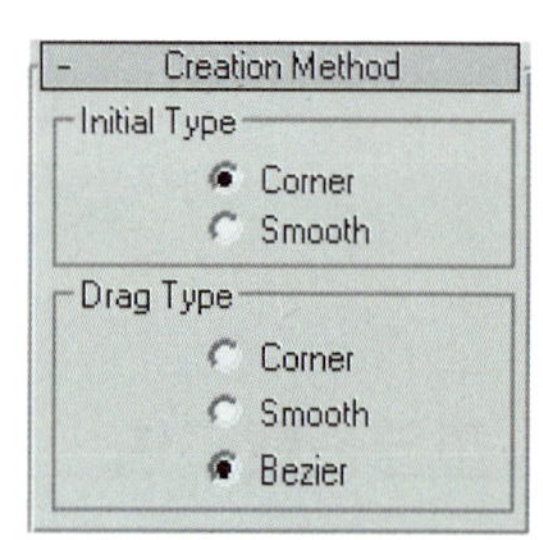

图 2-6　设置【Creation Method】卷展栏

2）在前视图绘制栏杆装饰，如图 2-7 所示，将其命名为“栏杆装饰 01”，设置颜色为黑色。

注意：直线绘制完后，单击按钮，进入修改命令面板。激活【Line】(线)左侧的“+”号，展开其子对象，选择其下“Vertex”(点)选项，即可到视图中选择直线的各个节点，调整点的位置以改变直线的形状。

3）激活前视图，确认“栏杆装饰 01”处于选择状态。单击标准工具栏中的（镜像）按钮，弹出【Mirror】（镜像）对话框，设置参数如图 2-8 所示。单击 OK 按钮，关联镜像出“栏杆装饰 02”。

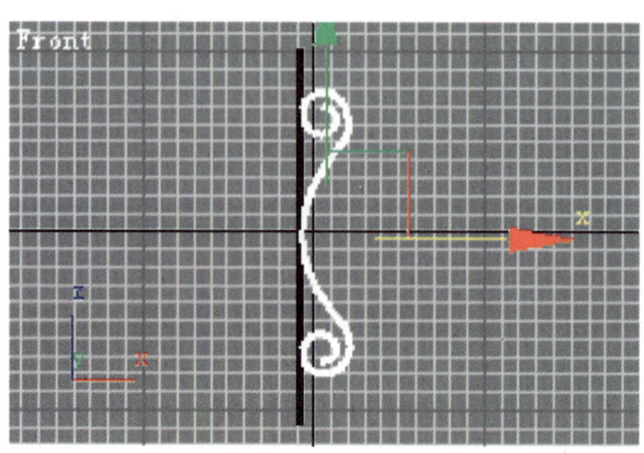

图 2-7　“栏杆装饰 01”形态

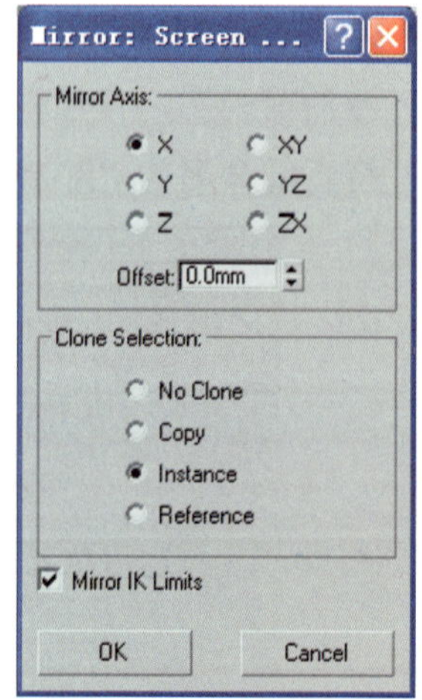

图 2-8　【Mirror】对话框

4）单击标准工具栏中的（移动）按钮，锁定 X 轴，调整“栏杆装饰 02”的位置，如图 2-9 所示。

5）单击标准工具栏中的（通过名称选择）按钮，弹出【Select From Scene】（从场景选择）对话框。单击该对话框中的（显示二维图形）按钮，选择场景中所有的二维图形，如图 2-10 所示，单击 OK 按钮退出该对话框。

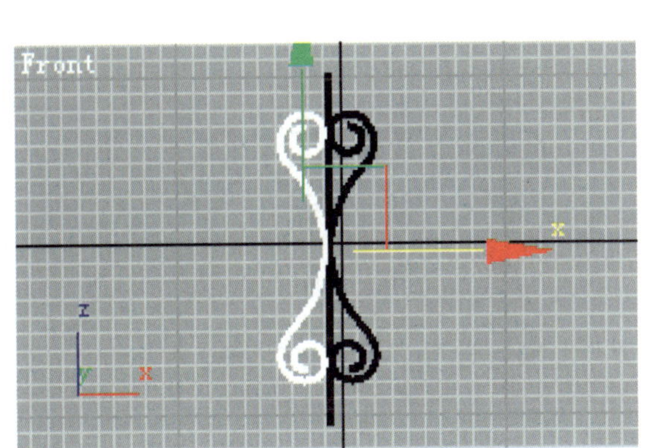

图 2-9 “栏杆装饰 02”的位置及形态

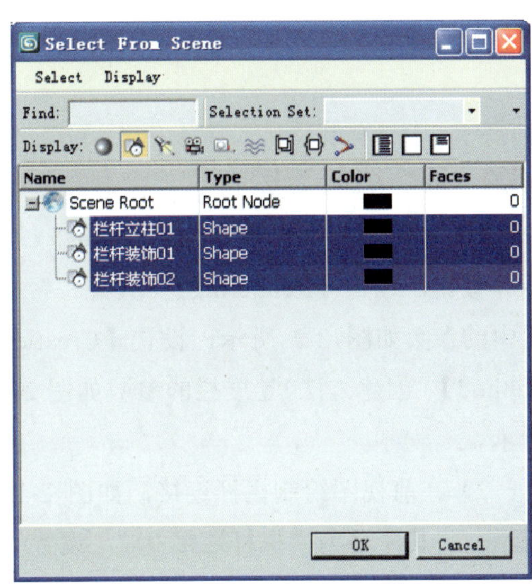

图 2-10 【Select From Scene】对话框

6）激活前视图，单击菜单栏中的【Tools】（工具）|【Array】（阵列）命令，弹出【Array】（阵列）对话框，设置参数如图 2-11 所示，单击 OK 按钮。

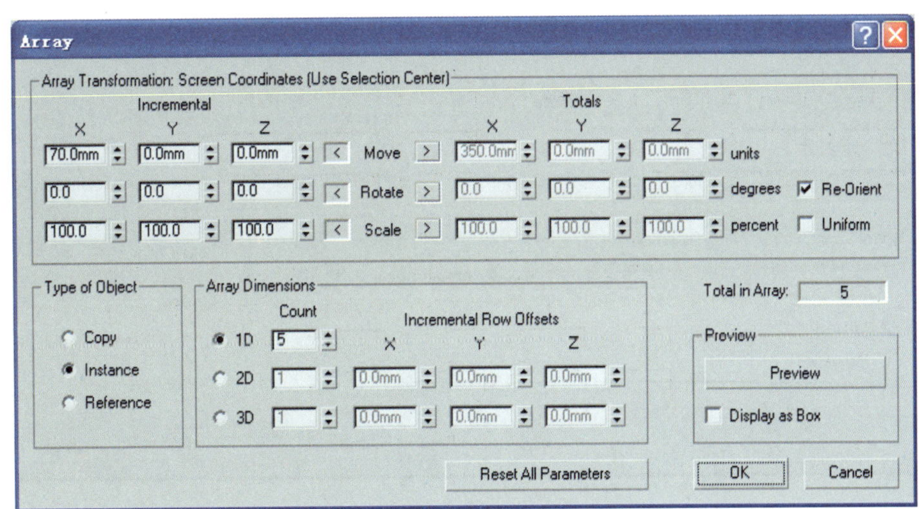

图 2-11 【Array】（阵列）对话框

7）单击视图控制区的（全部缩放到最大）按钮，前视图效果如图 2-12 所示。

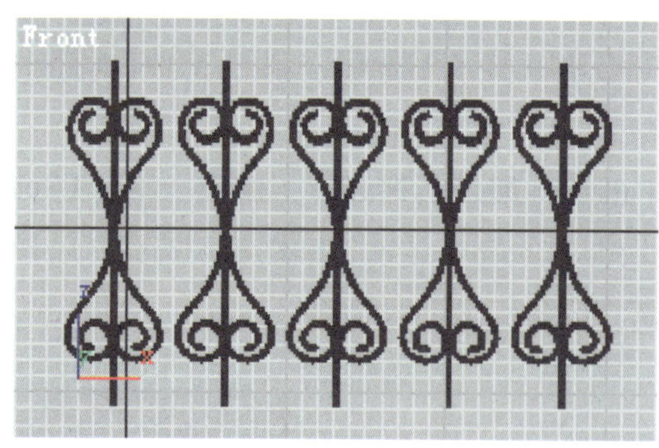

图 2-12　前视图效果

2.1.4　制作栏杆连接

1）单击创建命令面板中的 Line （直线）按钮，设置【Rendering】（渲染）卷展栏中的参数如图 2-2 所示，设置【Creation Method】（创建方法）卷展栏的参数如图 2-6 所示。

2）在前视图绘制栏杆连接，如图 2-13 所示，将其命名为“栏杆连接 01”，设置颜色为黑色。

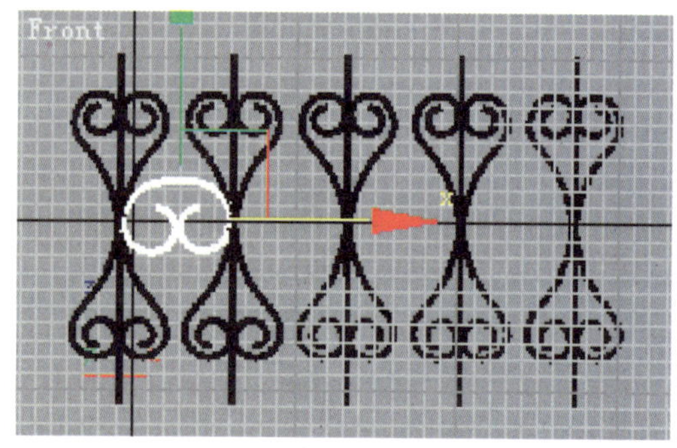

图 2-13　栏杆连接 01 形态

3）单击菜单栏中的【Tools】（工具）|【Array】（阵列）命令，弹出【Array】（阵列）对话框。设置参数如图 2-14 所示，单击 OK 按钮。

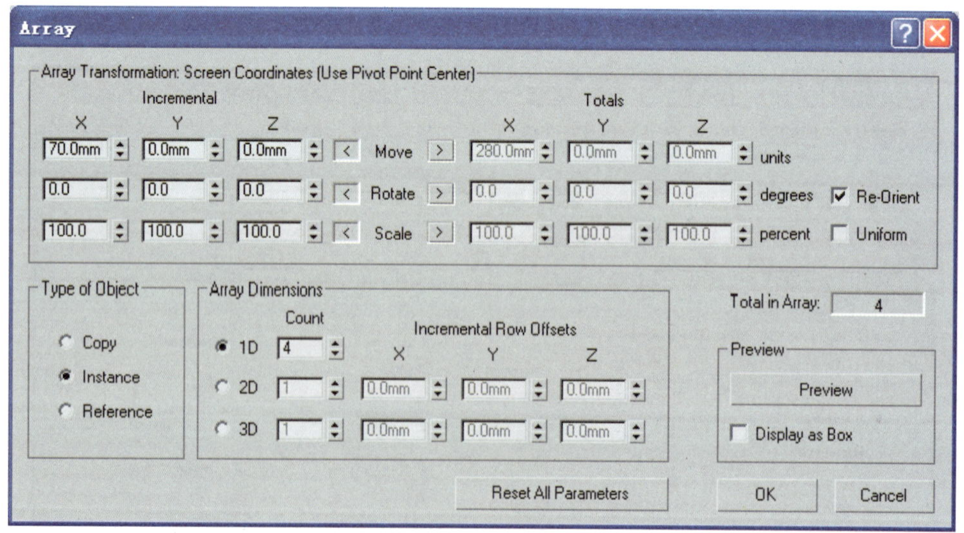

图 2-14　【Array】（阵列）对话框

4）激活透视图，单击标准工具栏中的 （快速渲染）按钮，透视图效果如图 2-1 所示。

2.2 制作倒角文字

本节通过制作如图 2-15 所示的倒角文字，介绍相关的操作命令。涉及的操作命令有 Text（文字）命令和 Bevel（倒角）命令。

图 2-15 倒角文字

2.2.1 创建文字

1）重新设置系统。

2）单击 （创建）按钮，进入创建命令面板。

3）单击其下的 （二维图形）按钮，在【Spline】（样条线）选项类下，单击创建命令面板上的 Text （文字）按钮。

4）在【Parameters】（参数）卷展栏中，将字体设置为黑体。在【Text】（文本）文本框中，输入文字“3DMAX”。

5）激活前视图，在前视图中拖曳至合适位置松手即可，“3DMAX”文字出现在前视图中，如图 2-16 所示。

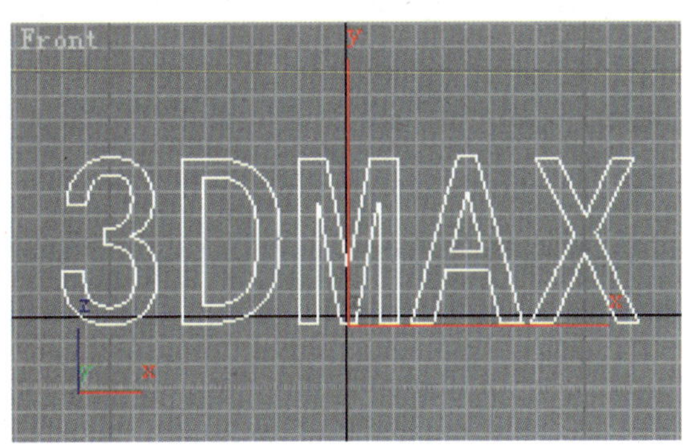

图 2-16 创建文字

2.2.2 修改文字

1）单击 （修改）按钮，进入修改命令面板。

2）选择“3DMAX”文字，单击【Modifier List】（修改命令列表）中的【Bevel】（倒

角）命令。

3）设置【Bevel Values】（倒角数值）卷展栏中的参数，如图 2-17 所示。此时，“3DMAX”文字出现了倒角效果，如图 2-15 所示。

注意：倒角命令的参数面板分为【Parameters】（参数）面板和【Bevel Values】（倒角数值）参数面板。

【Parameters】（参数）卷展栏如图 2-18 所示，各项参数意义如下：

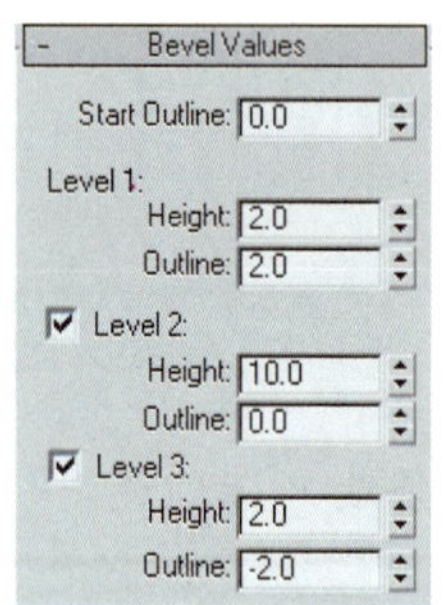

图 2-17 【Bevel Values】卷展栏参数设置

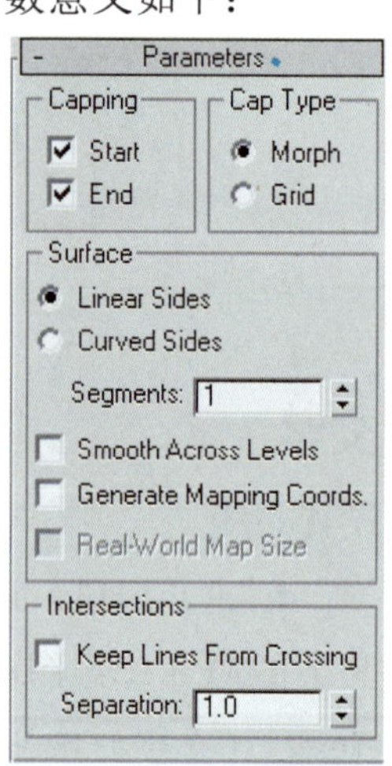

图 2-18 【Parameters】卷展栏

- 【Start】（开始）：将开始截面封顶加盖。
- 【End】（结束）：将结束截面封顶加盖。
- 【Linear Sides】（直线边）：设置倒角内部片段划分为直线方式。
- 【Curved Sides】（曲线边）：设置倒角内部片段划分为曲线方式。
- 【Segments】（分段数）：设置倒角内部片段划分数，多的片段划分主要用于弧形倒角。
- 【Smooth Across Levels】（平滑交叉面）：对倒角进行光滑处理，但总保持顶盖不被光滑处理。
- 【Keep Lines From Crossing】（保留不相交线）：勾选此项，当【Bevel Values】（倒角数值）太大或太小时，使整个造型的形态不出现畸变。

【Bevel Values】（倒角数值）卷展栏如图 2-19 所示，各项参数意义如下：

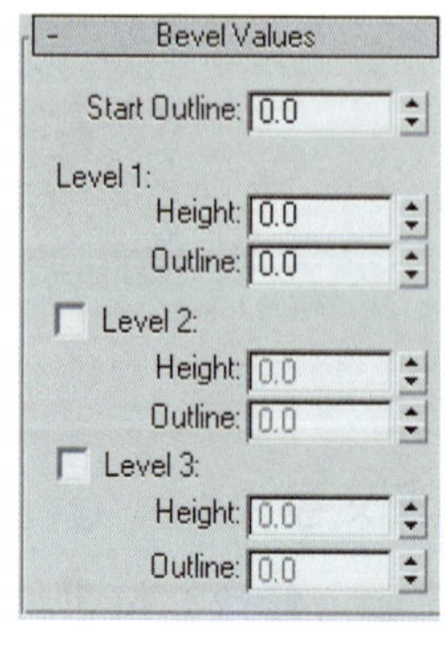

图 2-19 【Bevel Values】卷展栏

- 【Start Outline】(开始轮廓)：设置原始图形的外轮廓大小，大于0时则逐渐变粗；小于0时则逐渐变细。
- 【Level 1】(级别1)、【Level 2】(级别2)、【Level 3】(级别3)的意义是相同的，将其勾选后其下的参数才有效。
- 【Height】(高度)：指定拉伸的距离。
- 【Outline】(轮廓)：大于0时，外轮廓线变粗；小于0时，外轮廓线变细。

2.3 制作吊灯

本节通过制作如图2-20所示的吊灯，介绍直线命令、星形命令、球体命令、Lathe（旋转）命令 和Extrude（拉伸）命令的使用方法。

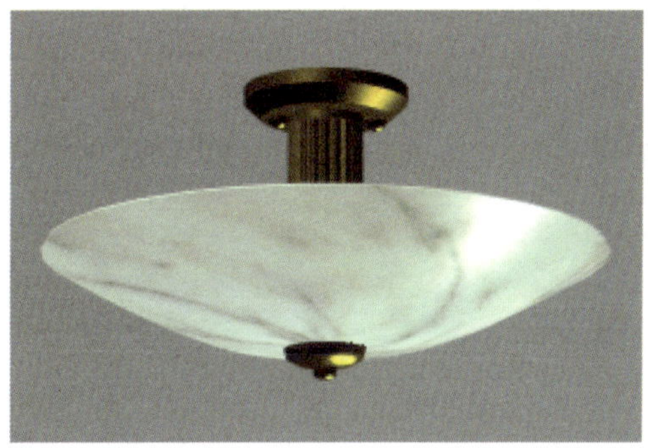

图2-20 吊灯

2.3.1 制作灯座

1）重新设置系统。

2）单击（创建）按钮，进入创建命令面板。

3）单击其下的（二维图形）按钮，在【Spline】（样条线）选项类下，单击创建命令面板上的 Line （直线）按钮。

4）激活前视图，在前视图绘制直线，如图2-21所示，命名为“灯座”。

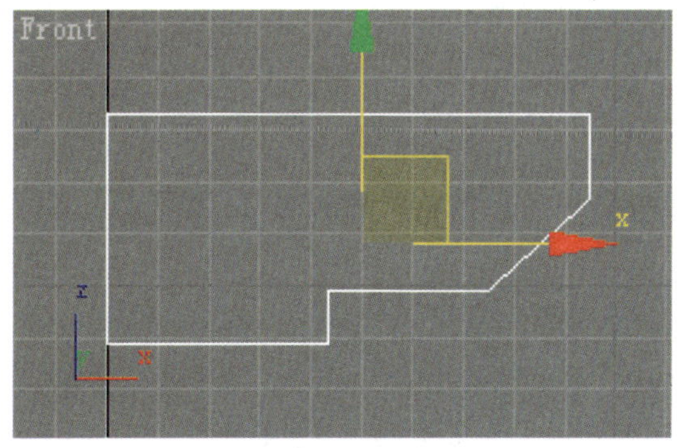

图2-21 直线

5）单击（修改）按钮，进入修改命令面板。

6）选择“灯座”，单击【Modifier List】（修改命令列表）中的【Lathe】（旋转）命令。

7）单击“Direction”（方向）选项中的 Y 按钮，单击“Align”（对齐）选项中的 Min 按钮，设置“Segments”（分段数）为 32，勾选“Weld Core”（焊接核心）复选框。其参数面板如图 2-22 所示，灯座的形态如图 2-23 所示。

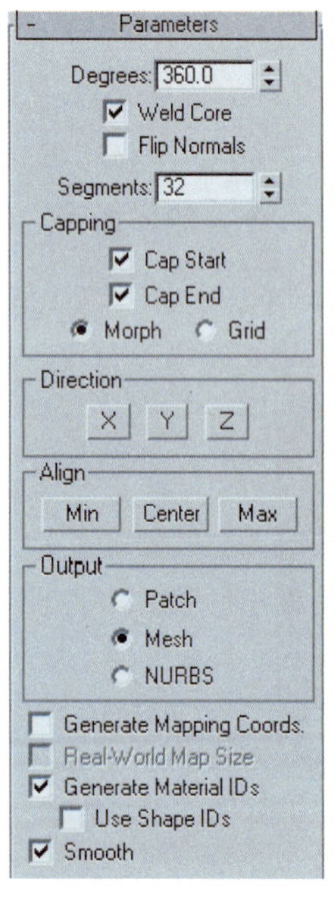

图 2-22 【Lathe】（旋转）命令参数面板

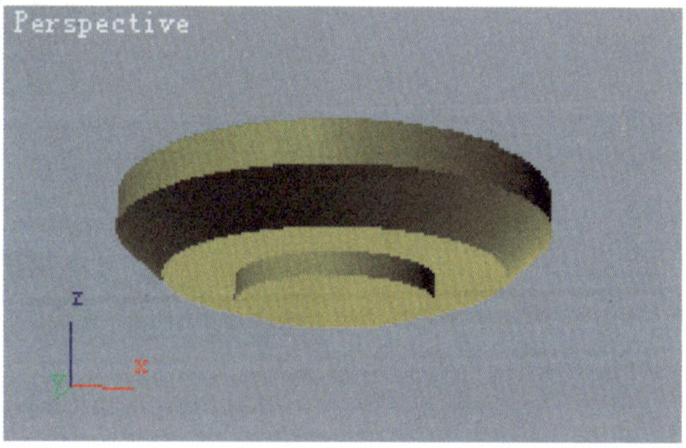

图 2-23 灯座形态

8）单击（创建）按钮，进入创建命令面板。

9）单击其下的（几何体）按钮，在【Standard Primitives】（标准几何体）选项类下，单击创建命令面板上的 Sphere （球体）按钮。

10）在顶视图创建球体，命名为“螺钉 01”，调整其参数如图 2-24 所示。

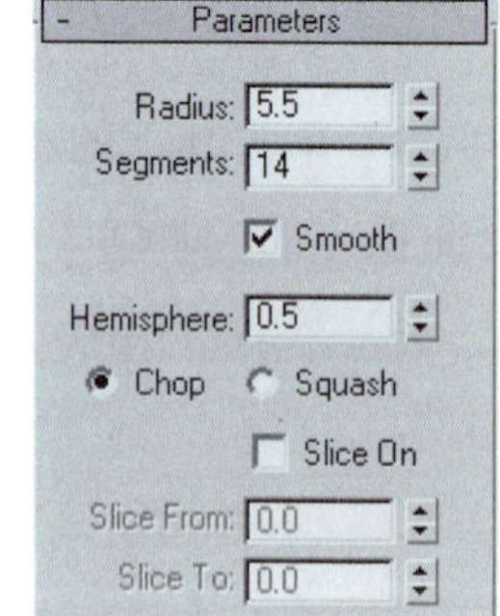

图 2-24 球体参数

11）激活前视图，确认“螺钉 01”处于选择状态。单击标准工具栏中的（镜像）按钮，弹出【Mirror】对话框，设置参数如图 2-25 所示。单击 OK 按钮，调整“螺钉 01”的位置，其形态及位置如图 2-26 所示。

12）激活前视图，确认“螺钉 01”处于选择状态。单击标准工具栏中的（镜像）按钮，弹出【Mirror】对话框，设置参数如图 2-27 所示。单击 OK 按钮，关联镜像出“螺钉 02”，调整“螺钉 02”的位置，效果如图 2-28 所示。

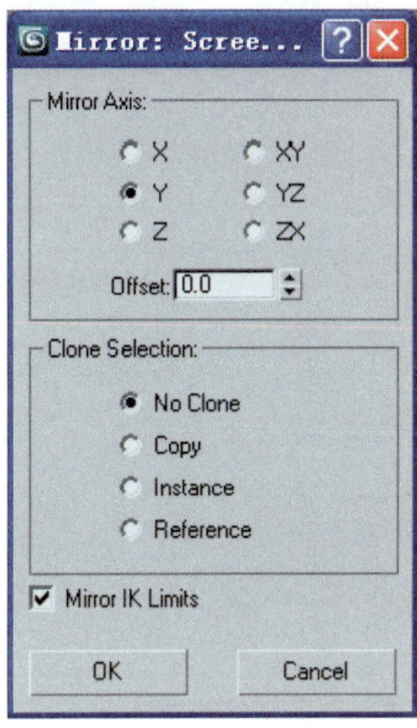

图 2-25 【Mirror】对话框

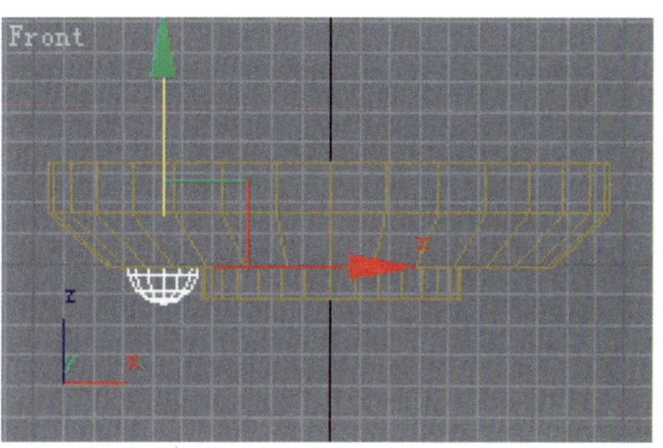

图 2-26 “螺钉 01”位置

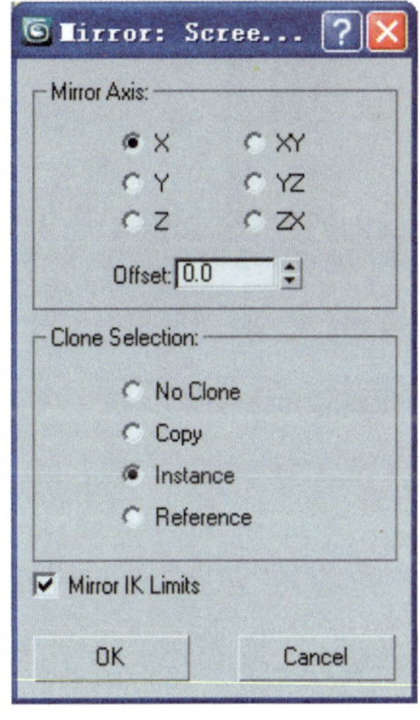

图 2-27 【Mirror】对话框

图 2-28 “螺钉 02”效果

2.3.2 制作吊灯连接杆

1）单击 （创建）按钮，进入创建命令面板。

2）单击其下的 （二维图形）按钮，在【Spline】（样条线）选项类下，单击创建命令面板上的 Star （星形）按钮。

3）激活顶视图，在顶视图绘制星形，调整其参数如图 2-29 所示，命名为“连接杆”。

4）单击 （修改）按钮，进入修改命令面板。

5）选择“连接杆”，单击【Modifier List】（修改命令列表）中的【Extrude】（拉伸）命令。

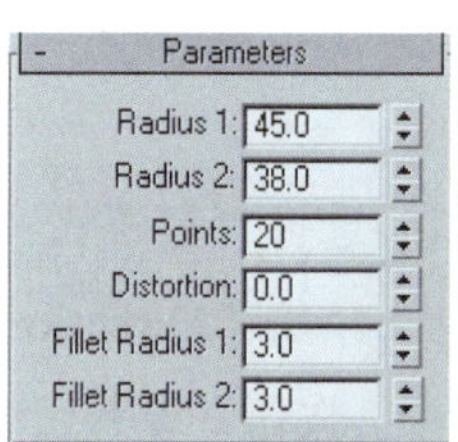

图 2-29 星形参数

6）将【Parameters】（参数）卷展栏中的“Amount”（数量）文本框的值设置为“150”，其位置如图 2-30 所示，最终形态如图 2-31 所示。

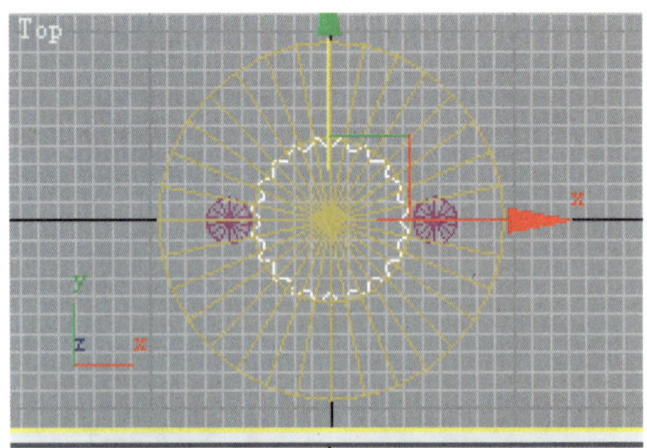

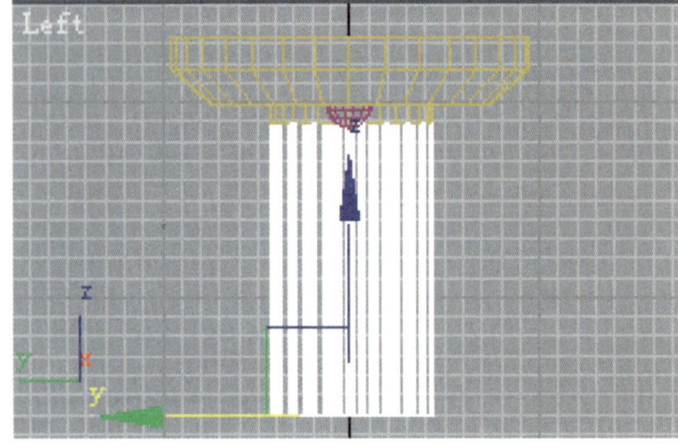

图 2-30　连接杆位置

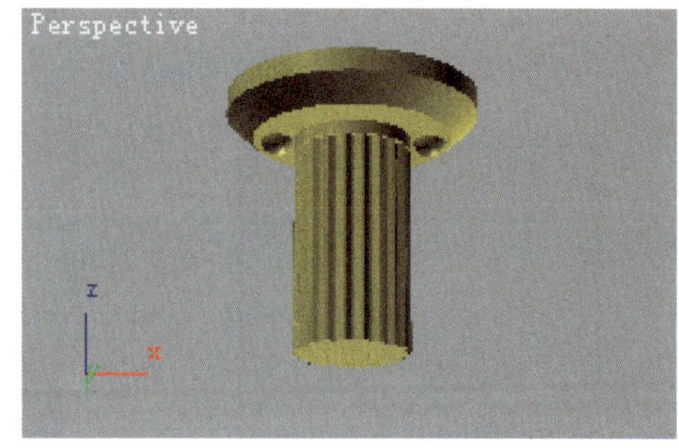

图 2-31　连接杆形态

2.3.3　制作吊灯灯罩

1）单击（创建）按钮，进入创建命令面板。

2）单击其下的（二维图形）按钮，在【Spline】（样条线）选项类下，单击创建命令面板上的 Line （直线）按钮。

3）激活前视图，在前视图绘制直线，如图 2-32 所示，命名为“灯罩”。

4）单击（修改）按钮，进入修改命令面板。

5）选择修改命令列表中的【Edit Spline】（编辑样条线）命令。激活【Edit Spline】左侧的“+”号，展开其子对象，选择其下“Spline”选项。

6）单击 Outline （轮廓）按钮，在其后的文本框中输入“3”并回车，效果如图 2-33 所示。

7）选择“灯罩”，单击【Modifier List】（修改命令列表）中的【Lathe】（旋转）命令。

8）单击“Direction”（方向）选项中的 Y 按钮，单击“Align”（对齐）选项中的 Min （最小）按钮，设置“Segments”（分段数）为 32，勾选“Weld Core”（焊接核心）复选框。灯罩的位置如图 2-34 所示，形态如图 2-35 所示。

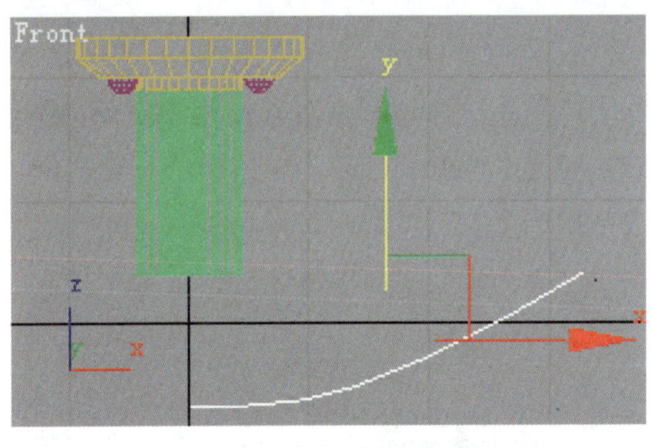

图 2-32　直线形态

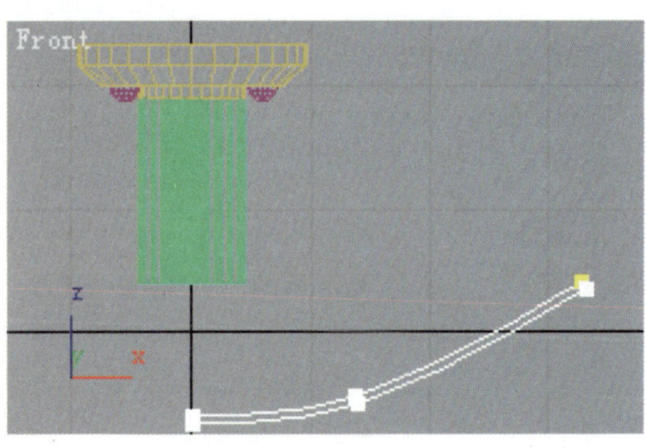

图 2-33　直线修改后形态

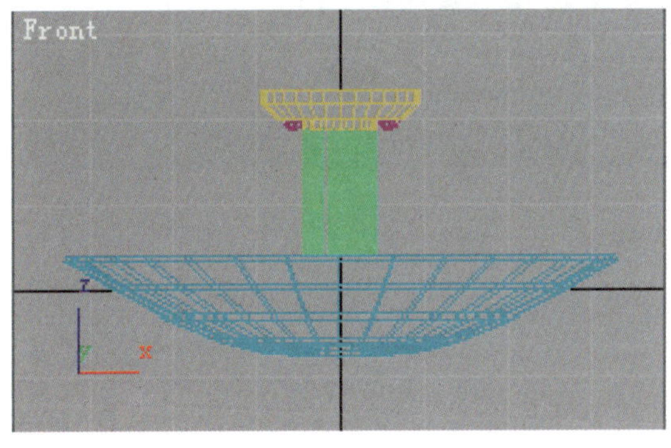

图 2-34　灯罩位置

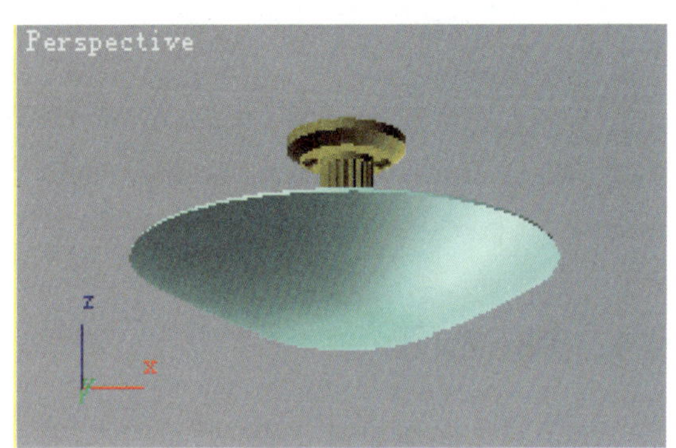

图 2-35　灯罩形态

2.3.4　制作吊灯灯罩螺钉

1）单击（创建）按钮，进入创建命令面板。

2）单击其下的（二维图形）按钮，在【Spline】（样条线）选项类下，单击创建命令面板上的 Line （直线）按钮。

3）激活前视图，在前视图绘制直线，如图 2-36 所示，命名为“灯罩螺钉”。

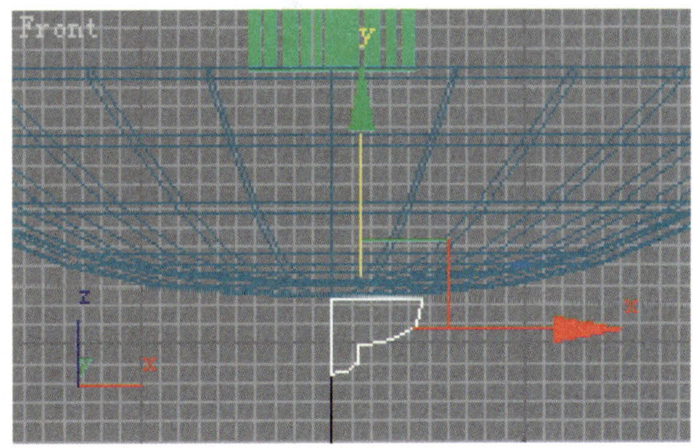

图 2-36　直线形态

4）单击按钮，进入修改命令面板。

5）选择“灯罩螺钉”，单击【Modifier List】（修改命令列表）中的【Lathe】（旋转）

命令。

6）单击“Direction”（方向）选项中的 Y 按钮，单击“Align”（对齐）选项中的 Min （最小）按钮，设置“Segments”（分段数）为 32，勾选“Weld Core”（焊接核心）复选框。灯罩螺钉的形态如图 2-37 所示，最终形态如图 2-38 所示。

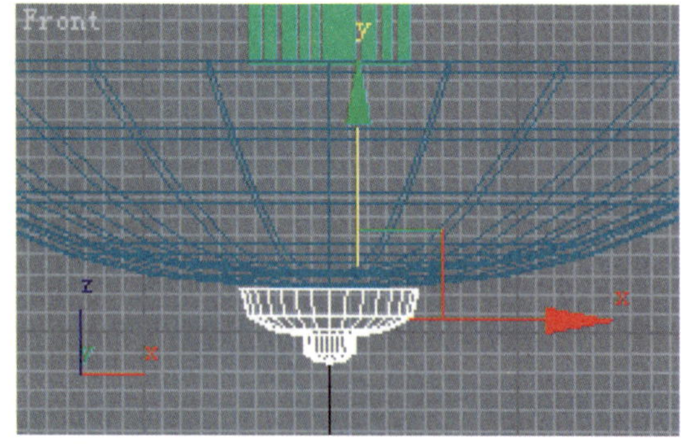

图 2-37　灯罩螺钉形态

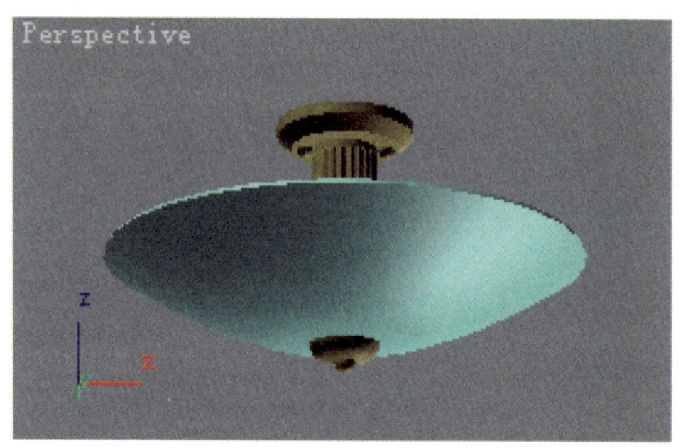

图 2-38　透视图效果

2.4　制作木门

本节通过制作如图 2-39 所示的木门，介绍相关操作命令。涉及到的操作命令有 Edit Spline（编辑样条线）命令、矩形命令和 Extrude（拉伸）命令、Array（阵列）命令、Mirror（镜像）命令等。

图 2-39　木门效果图

2.4.1　创建门外框

1）重新设置系统。

2）单击 （创建）按钮，进入创建命令面板。

3）单击其下的 （二维图形）按钮，在【Spline】（样条线）选项类下，单击创建命令面板上的 Rectangle （矩形）按钮。

4）激活【Keyboard Entry】（键盘输入）卷展栏左侧的“+”号，设置参数如图 2-40 所示。

5）激活前视图，单击 Create （创建）按钮，在前视图创建矩形。

6）单击视图控制区的 （全部缩放到最大）按钮，使矩形在窗口中最大化显示。矩形效果如图 2-41 所示。

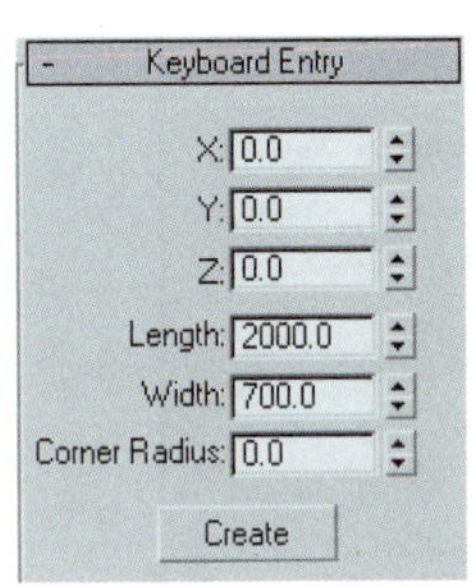

图 2-40 【Keyboard Entry】卷展栏

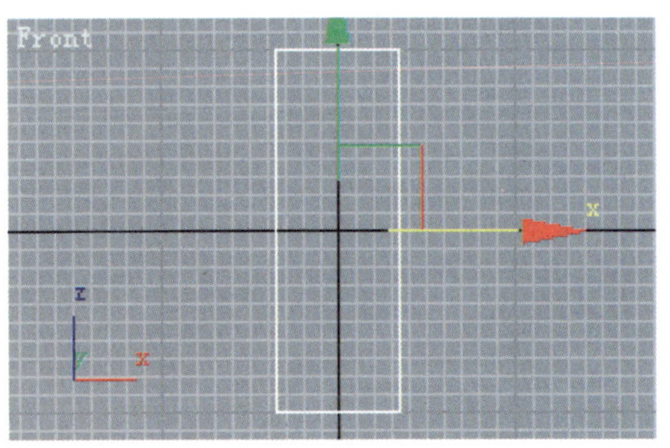

图 2-41　矩形效果

2.4.2　创建门上小窗

1）单击二维创建命令面板上的 Rectangle （矩形）按钮，在【Keyboard Entry】（键盘输入）卷展栏中输入矩形的长度为 350mm，宽度为 250mm，激活前视图创建矩形。

2）调整小矩形位置。激活标准工具栏中的 （移动）命令，将鼠标移至 按钮上，单击鼠标右键，弹出【Move Transform Type-In】对话框，如图 2-42 所示。

3）在“Offset :Screen”选项框中，“Y”文本框输入“-730”并回车，“X”文本框输入“-160”并回车，小矩形在前视图的位置如图 2-43 所示。

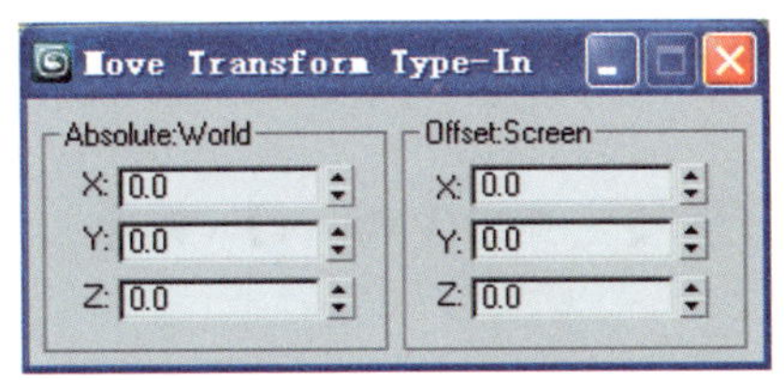

图 2-42 【Move Transform Type-In】对话框

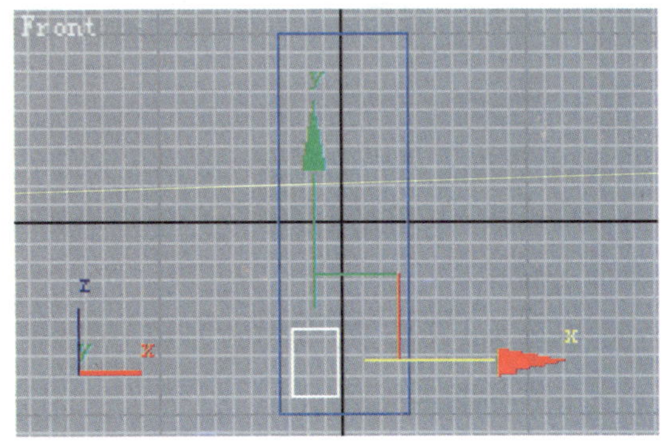

图 2-43　小矩形位置

4）确认小矩形处于选择状态。单击菜单栏中的【Tools】（工具）|【Array】（阵列）命令，弹出【Array】（阵列）对话框。设置参数如图 2-44 所示。

5）单击 OK 按钮，前视图效果如图 2-45 所示。

6）选择左上角小矩形，进入修改命令面板，选择修改命令列表中的【Edit Spline】（编辑样条线）命令。

7）激活【Edit Spline】左侧的“+”号，展开其子对象，选择其下“Vertex”（点）选项。

8）单击【Geometry】（几何）卷展栏中的 Refine （细化）按钮，在小矩形的上边相应位置单击插入一点，效果如图 2-46 所示。

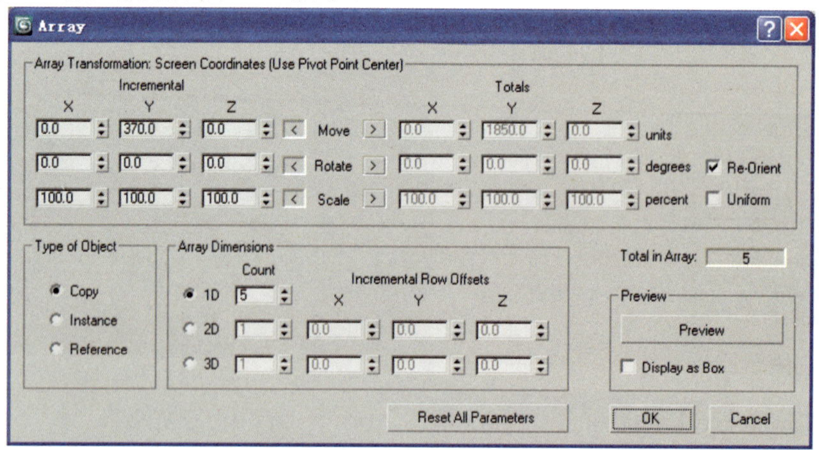

图 2-44 【Array】对话框

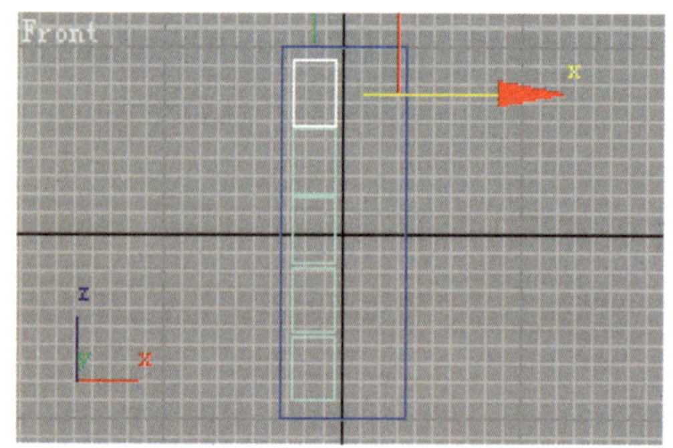

图 2-45 阵列小矩形

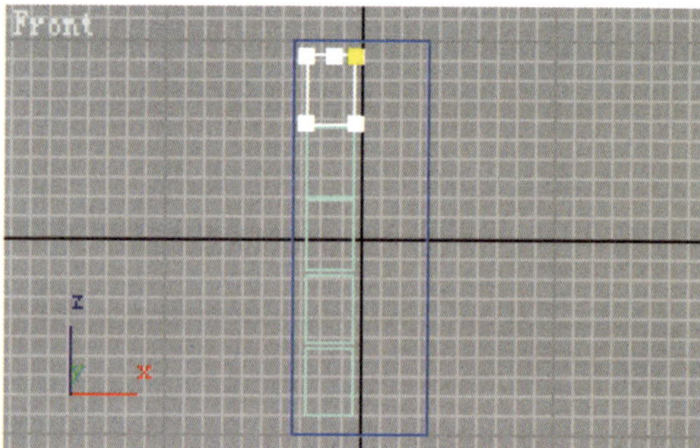

图 2-46 加点效果

9）激活标准工具栏中的 （移动）命令，选择小矩形左上角点，锁定 Y 轴，沿垂直向下方向移动该点，将最上部的一个小矩形修改成如图 2-47 所示的形状。关闭对“Vertex”子对象的选择。

10）选择 5 个小矩形，激活工具栏中的 （镜像）命令，弹出【Mirror】（镜像）对话框。设置参数如图 2-48 所示。

11）单击 OK 按钮，前视图效果如图 2-49 所示。

12）选择大矩形，进入修改命令面板，选择修改命令列表中的【Edit Spline】（编辑样条线）命令。

13）单击【Geometry】（几何）卷展栏中的 Attach Mult. （多重结合）按钮，弹出【Attach Multiple】（多重结合）对话框，将全部对象选中，如图 2-50 所示。

14）单击 Attach （附加）按钮，关闭对话框，所有二维图形对象被附加在一起，如图 2-51 所示。

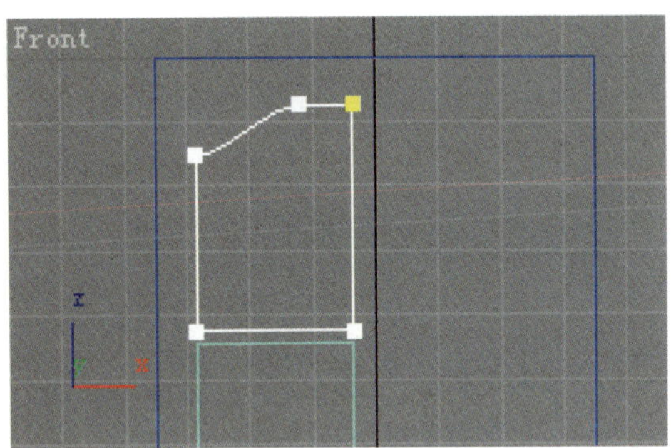

图 2-47 修改小矩形形状

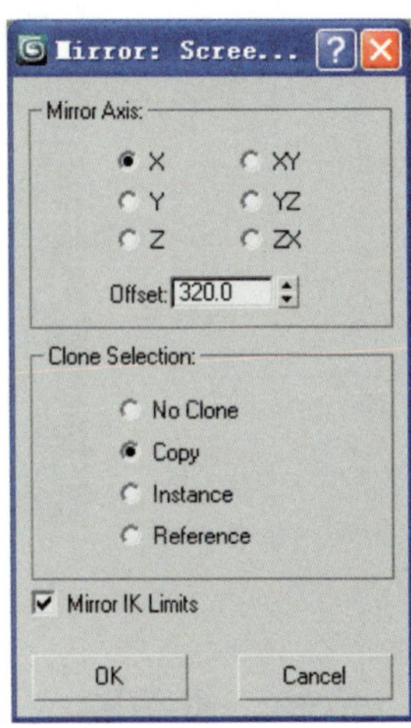

图 2-48 【Mirror】（镜像）对话框

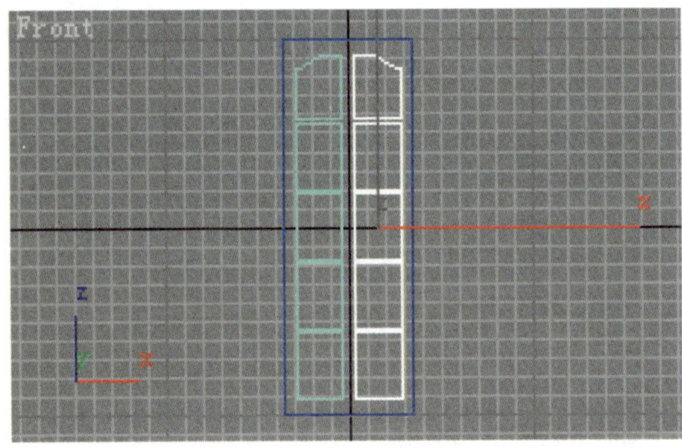

图 2-49 镜像小矩形效果

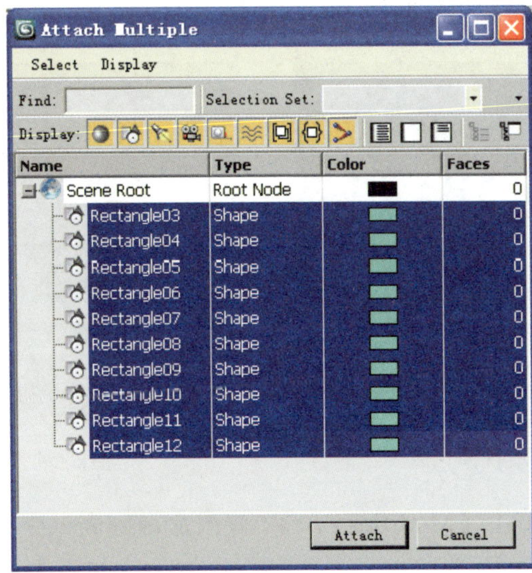

图 2-50 【Attach Multiple】对话框

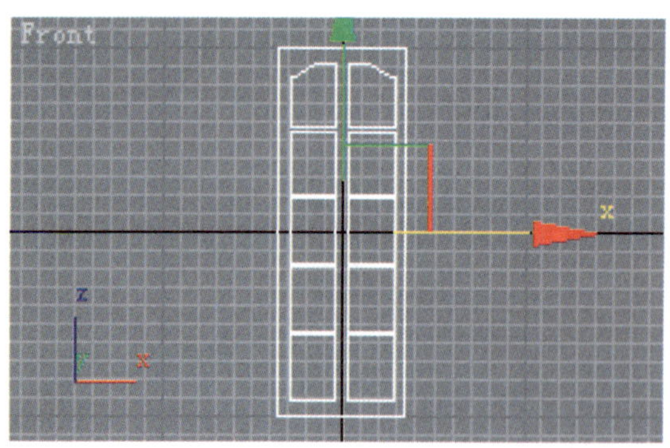

图 2-51　将二维图形结合到一起

2.4.3　拉伸二维图形

1）单击（修改）按钮，进入修改命令面板。

2）选中门框对象，单击【Modifier List】（修改命令列表）中的【Extrude】（拉伸）命令。

3）将【Parameters】（参数）卷展栏中的“Amount”文本框的值设置为 50，其形态如图 2-52 所示。

图 2-52　拉伸效果

4）制作玻璃。单击二维创建命令面板上的 Rectangle （矩形）按钮，在前视图拖曳创建矩形。调整其参数，矩形长度为 1900mm，宽度为 650mm。调整位置，如图 2-53 和图 2-54 所示。

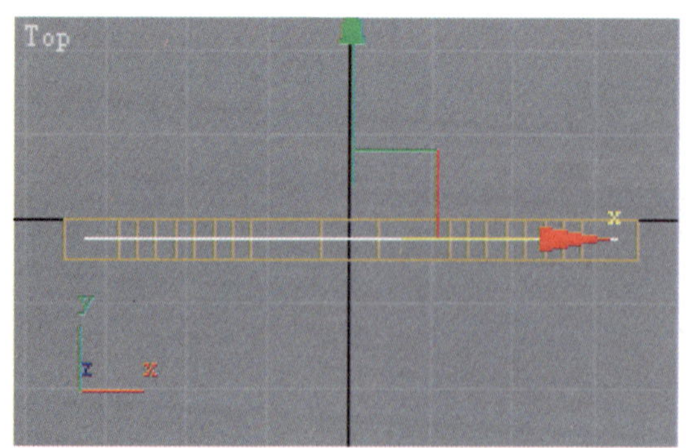

图 2-53　矩形顶视图位置

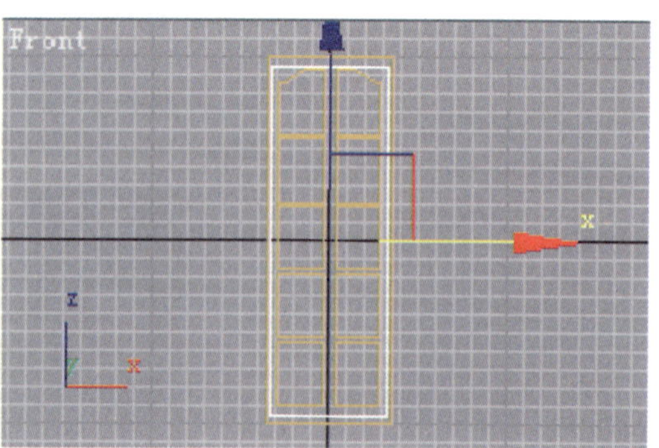

图 2-54　矩形前视图位置

5）选中玻璃对象，单击【Modifier List】（修改命令列表）中的【Extrude】（拉伸）命令，将【Parameters】（参数）卷展栏中的“Amount”文本框的值设置为 5，其最终效果如图 2-55 所示。

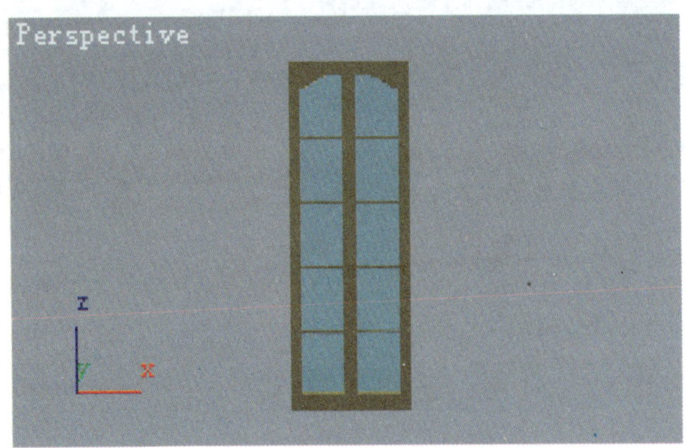

图 2-55 最终效果

本章小结

本章通过 4 个实例讲解了二维线型的生成方法及二维线型的各种修改方法，涉及的操作命令有直线命令、矩形命令、圆弧命令、星形命令、文字命令、旋转命令、编辑样条线命令、倒角命令、拉伸命令、镜像命令、阵列命令和移动命令等。

思考题与习题

1. 二维创建命令面板中常用命令有哪些？
2. 修改二维图形的常用命令有哪些？
3. Edit Spline（编辑样条线）命令包括哪些子对象？子对象之间有什么区别？
4. 制作如图 2-56 和图 2-57 所示的模型。

图 2-56 桌子效果图

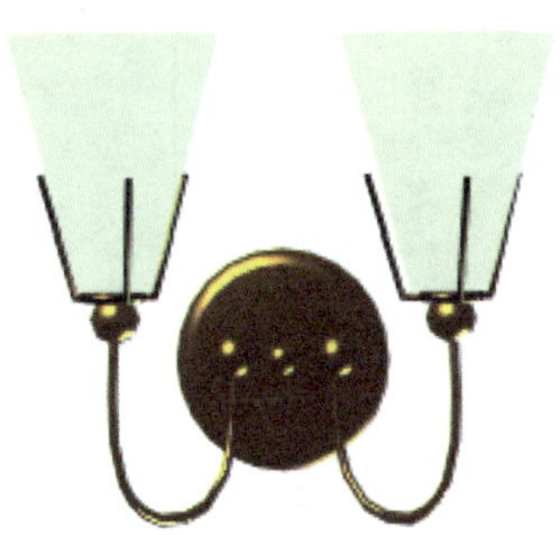

图 2-57 壁灯效果图

第 3 章　3ds Max 三维建模实例

学习目标

- 掌握创建三维模型的基本方法。
- 学会运用放样命令创建简单的模型。

学习重点

三维创建命令面板中各个命令的使用方法，放样命令的使用方法。

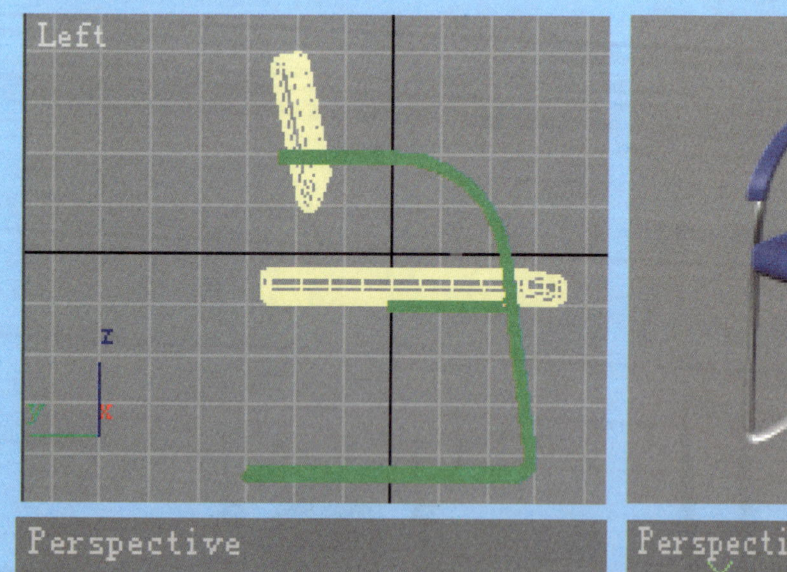

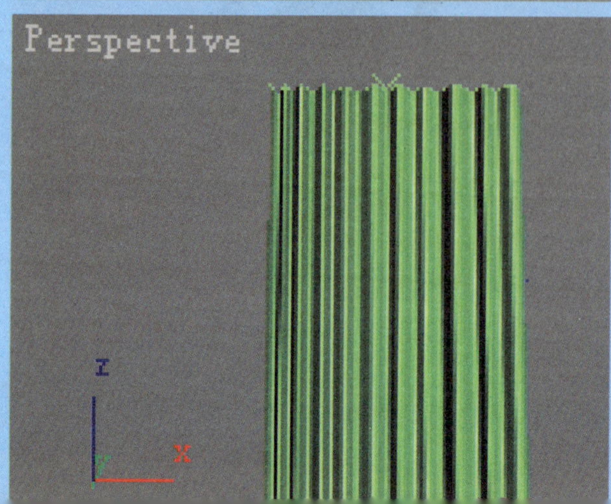

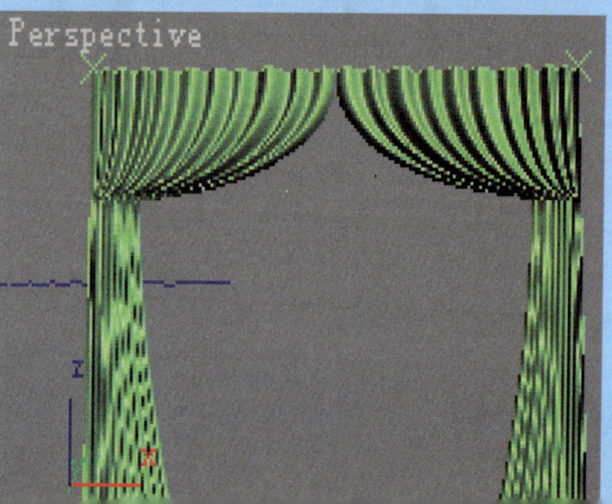

3.1 制作餐桌

本节主要介绍通过三维创建命令面板直接创建简单图形的方法。涉及的命令主要有长方体命令、倒角方体命令、移动并复制命令、对齐命令等，餐桌效果如图 3-1 所示。

图 3-1 餐桌效果图

3.1.1 制作桌面

1）重新设置系统。

2）单击按钮，进入创建命令面板。

3）单击（几何体）按钮，在【Extended Primitives】（扩展几何体）选项类下，单击创建命令面板上的 ChamferBox （倒角方体）按钮。

4）在【Keyboard Entry】（键盘输入）卷展栏中输入倒角方体的长度为 400mm，宽度为 1000mm，高度为 30mm，圆角半径为 10mm，激活顶视图创建倒角方体，并命名为“桌面”。倒角方体参数面板如图 3-2 所示。桌面形态如图 3-3 所示。

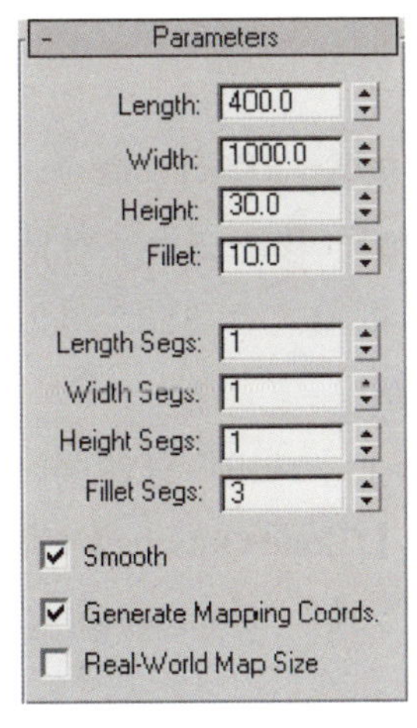

图 3-2 倒角方体参数面板

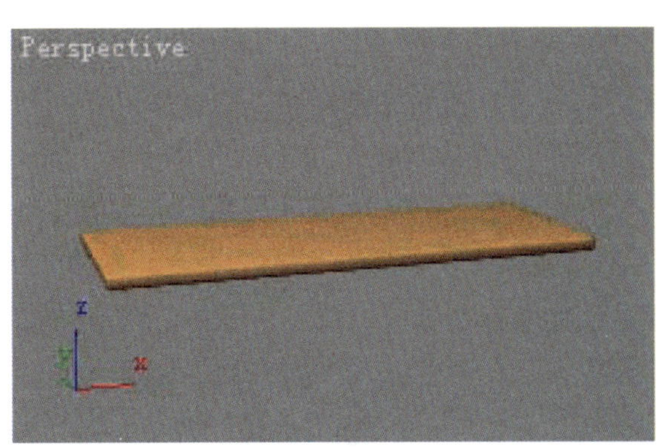

图 3-3 桌面形态

3.1.2 制作桌腿

1）单击创建命令面板（创建）下的（三维几何体）按钮，在【Standard Primitives】（标准几何体）选项类下，单击 Box （长方体）按钮，在【Keyboard Entry】（键盘输入）卷展栏中输入长方体的长度为 50mm，宽度为 50mm，高度为–350mm，激活顶视图创建长方体，并命名为“桌腿 01”。

2）单击创建命令面板【Standard Primitives】（标准几何体）选项类下的 Box （长方体）按钮，在【Keyboard Entry】（键盘输入）卷展栏中输入长方体的长度为 250mm，宽度为 50mm，高度为 30mm，激活顶视图创建长方体，并命名为“桌腿支撑 01”。

3）激活前视图，选择“桌腿支撑 01”。单击标准工具栏中的（对齐）按钮，将光标移至“桌腿 01”位置，待出现对齐符号时，单击鼠标左键，弹出【Align Selection】（对齐选项）对话框。设置参数如图 3-4 所示，单击 OK 按钮。

4）“桌腿支撑 01”在前视图中的位置如图 3-5 所示。

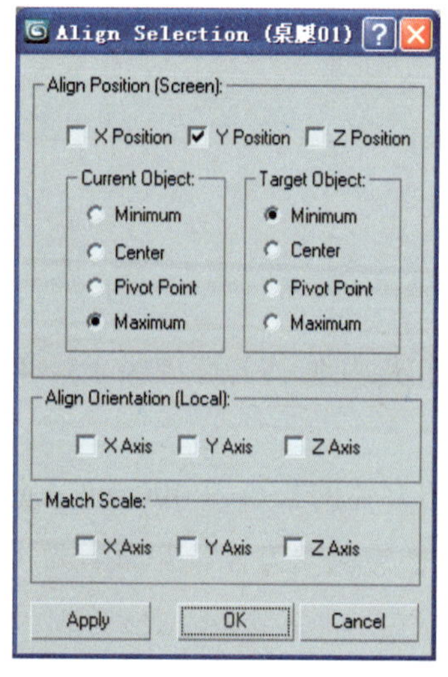

图 3-4 【Align Selection】对话框

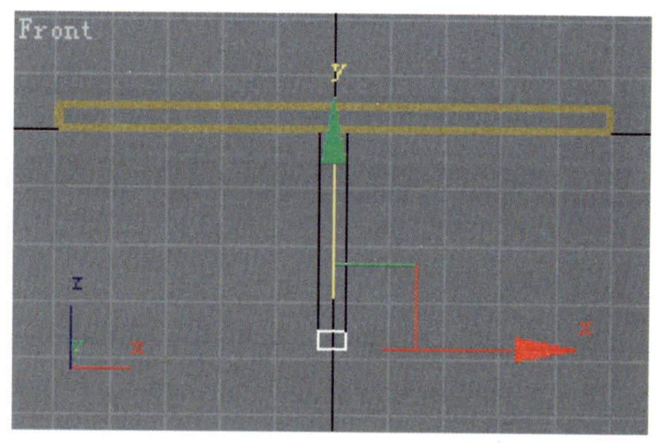

图 3-5 “桌腿支撑 01”位置

5）同时选择“桌腿 01”和“桌腿支撑 01”，激活工具栏中的（移动）命令，将鼠标移至按钮上，单击鼠标右键，弹出【Move Transform Type-In】（移动变换）对话框。

6）在“Offset :Screen”（偏移：屏幕）选项框中，“X”文本框输入“–350”并回车，前视图的位置如图 3-6 所示。

7）激活工具栏中的（移动）命令，锁定 X 轴，按住键盘上“Shift”键的同时，在前视图中按住鼠标左键向右拖曳至合适位置松开鼠标左键，弹出【Clone Options】（克隆选项）对话框。设置“Object”（对象）选项框为“Instance”（关联）方式，“Number Of Copys”（复制数量）为 2，单击 OK 按钮，效果如图 3-7 所示。

8）透视图最终效果如图 3-1 所示。

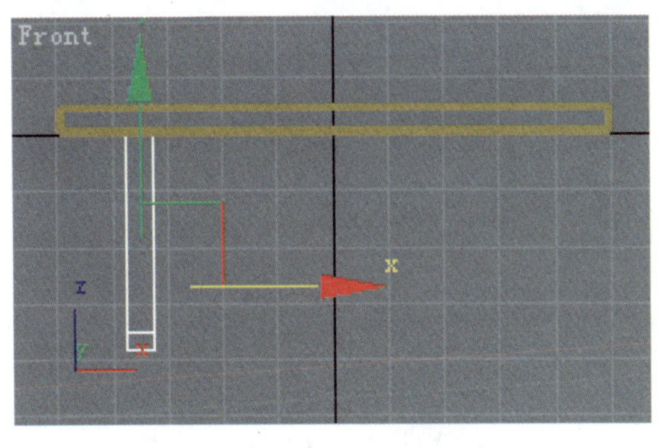

图 3-6　移动桌腿到适当位置

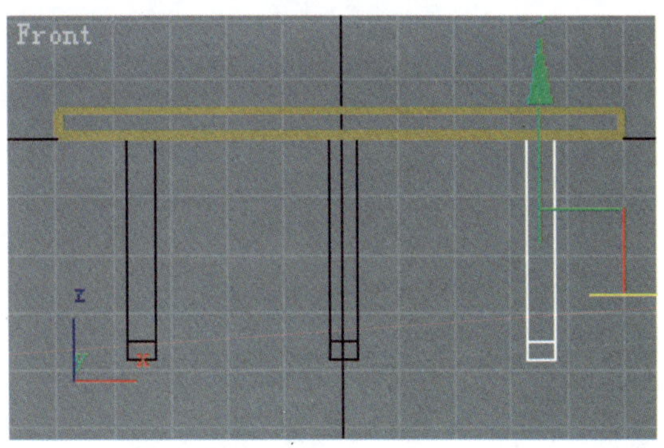

图 3-7　复制桌腿

3.2　制作电脑椅

本节主要介绍绘制如图 3-8 所示的电脑椅，涉及的操作命令主要有直线命令、圆命令、长方体命令、Loft（放样）命令、倒角长方体命令、弯曲命令、拉伸命令和 FFD 命令等。

图 3-8　电脑椅

3.2.1　制作椅子腿

1）重新设置系统。

2）单击（创建）按钮，进入创建命令面板。

3）单击其下的（二维图形）按钮，在【Spline】（样条线）选项类下，单击创建命令面板上的 Line （直线）按钮。

4）激活左视图，在左视图中绘制高度约为 600mm、形状如图 3-9 所示的直线。

5）激活工具栏中的（移动）命令，锁定 X 轴，按住键盘上“Shift”键的同时，在前视图中按住鼠标左键向右拖曳至合适位置松开鼠标左键，弹出【Clone Options】（克隆选项）对话框。设置“Object”（对象）选项框为“Copy”（复制）方式，“Number Of Copys”（复制数量）为 1，单击 OK 按钮，效果如图 3-10 所示。

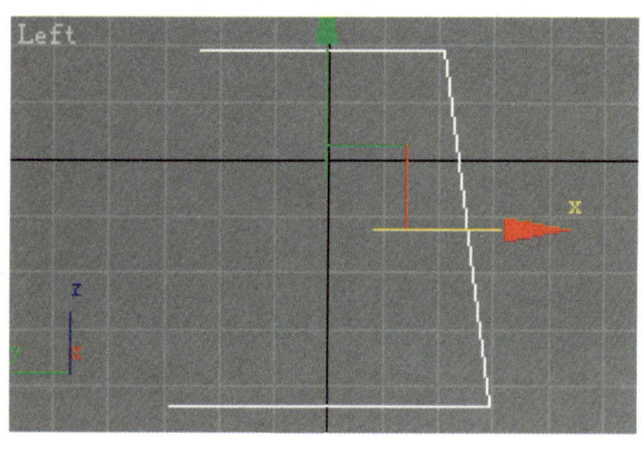

图 3-9　直线

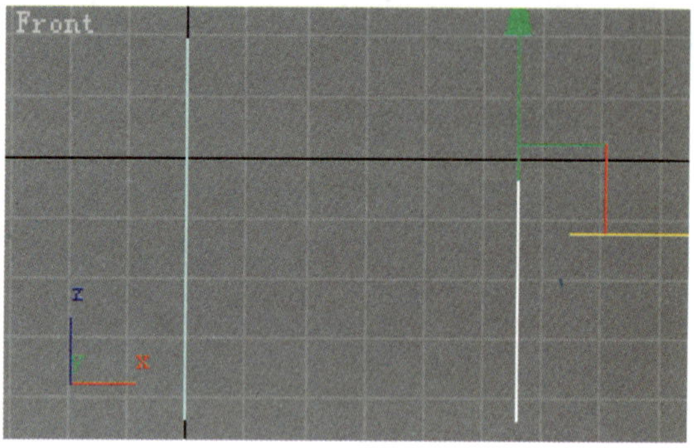

图 3-10　复制直线

6）将鼠标移至工具栏中的按钮上，单击鼠标右键，弹出【Grid And Snap Settings】（栅格与捕捉设置）对话框。设置捕捉模式如图 3-11 所示。

7）单击关闭【Grid And Snap Settings】（网格与捕捉设置）对话框。激活工具栏中的命令。

8）单击 Line （直线）按钮，在透视图中绘制直线连接两条直线的端点，如图 3-12 所示。

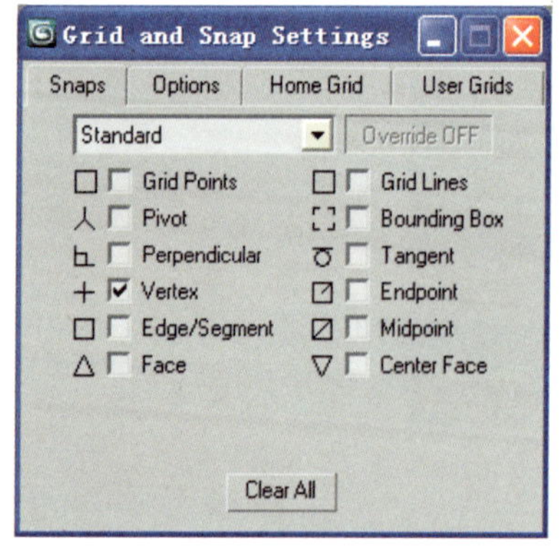

图 3-11　【Grid And Snap Settings】对话框

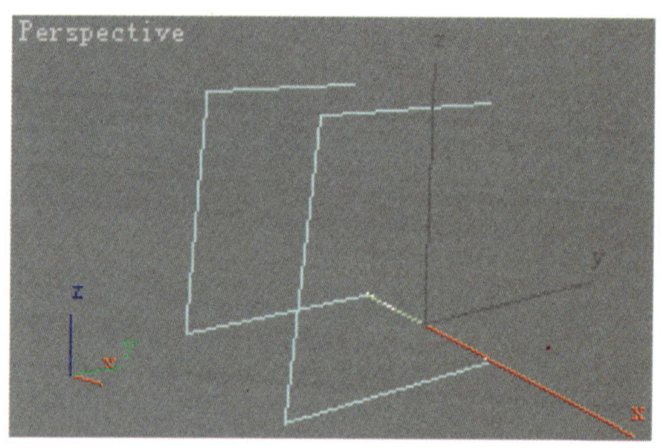

图 3-12　连接直线端点

9）将创建的所有二维图形附加到一起。选择一条直线，进入修改命令面板，选择修改命令列表中的【Edit Spline】（编辑样条线）命令。

10）单击【Geometry】（几何）卷展栏中的 Attach Mult. （多重附加）按钮，弹出【Attach Multiple】（多重结合）对话框，将全部对象选中。

11）单击 Attach （附加）按钮，关闭对话框，所有对象被结合在一起，如图 3-13 所示。将名称修改为“椅子腿”。

12）在透视图中框选相应的节点，如图 3-14 所示，单击 Weld （焊接）按钮，对相应的节点进行焊接。

13）修改圆角。激活【Edit Spline】（编辑样条线）左侧的“+”号，展开其子对象，选择其下“Vertex”（点）选项。

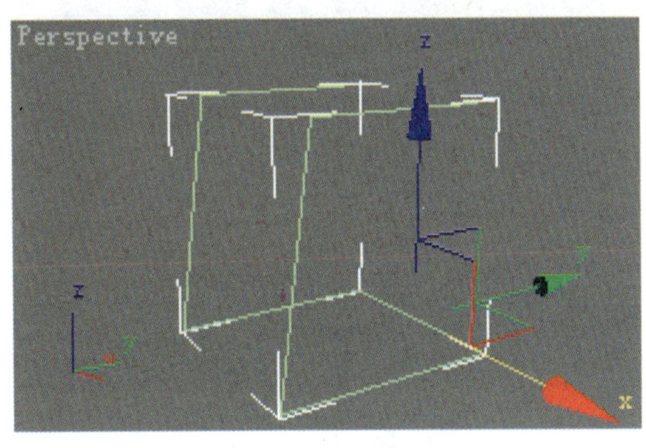

图 3-13 附加直线

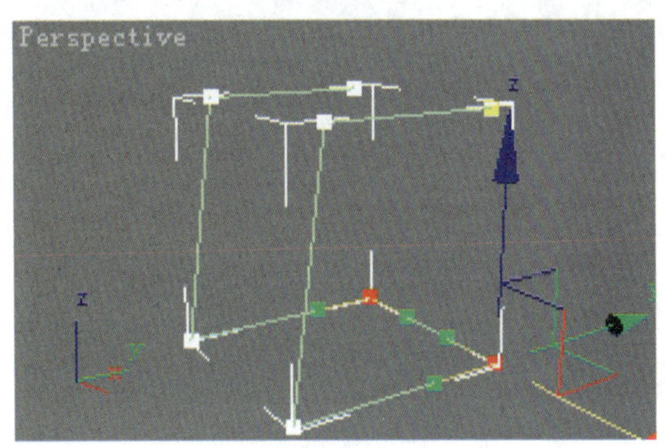

图 3-14 焊接端点

14）在左视图中框选直线下端 4 个节点，单击参数中的 Fillet （圆角）按钮， 在其后的文本框中输入“40”并回车，效果如图 3-15 所示。

15）框选左视图右上角的两个节点，单击参数中的 Fillet （圆角）按钮， 在其后的文本框中输入“200”并回车，效果如图 3-16 所示。

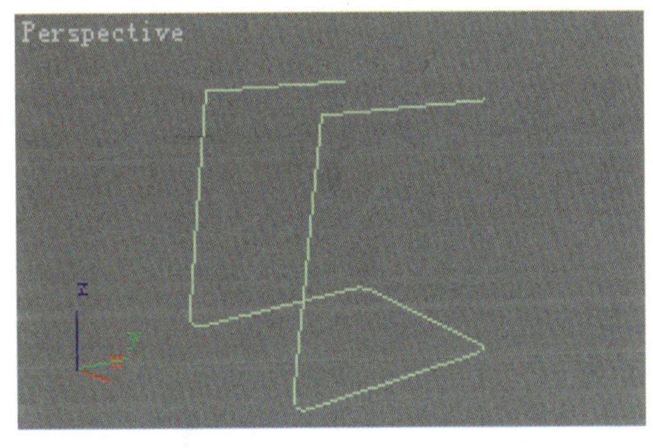

图 3-15 修改半径为 40 的圆角

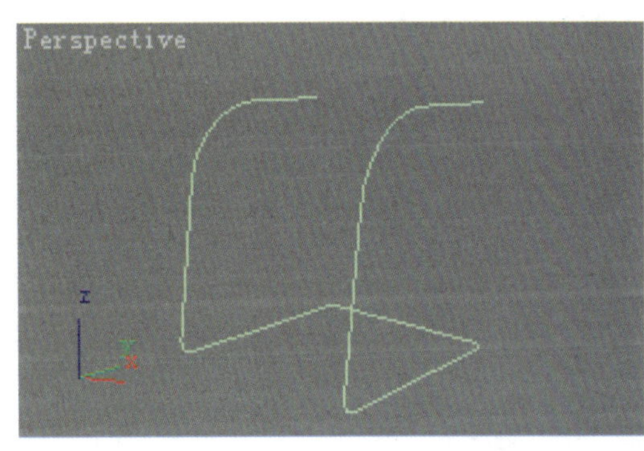

图 3-16 修改半径为 200 的圆角

16）单击 Circle （圆）按钮，激活【Keyboard Entry】（键盘输入）卷展栏左侧的“+”号，在“Radius”（半径）文本框中输入圆的半径“10”，再激活顶视图，单击 Create （创建）按钮创建小圆，命名为“放样截面”。

17）确认椅子腿处于选择状态。单击按钮，进入创建命令面板。

18）单击其下的（几何体）按钮，在【Compound Objects】（复合物体）选项类下，单击 Loft （放样）按钮。

19）单击【Creation Method】（创建方法）卷展栏中的 Get Shape （获取截面）按钮，到视图中单击小圆，放样效果如图 3-17 所示。

20）绘制椅子腿支撑。单击按钮，进入创建命令面板。单击其下的（二维图形）按钮，在【Spline】（样条线）选项类下，单击创建命令面板上的 Line （直线）按钮。

21）激活顶视图绘制直线，命名为“支撑”，如图 3-18 所示。

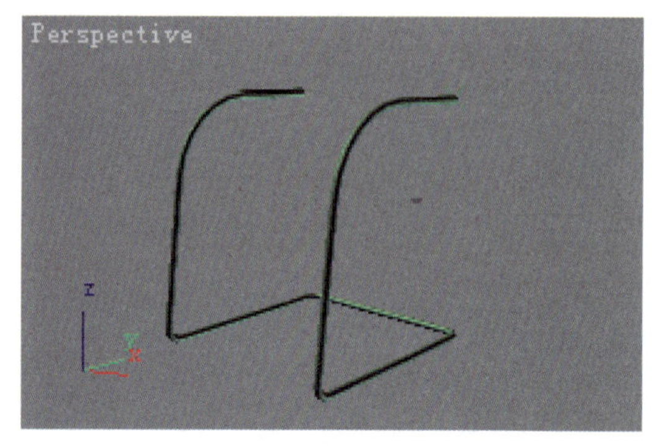

图 3-17　放样出的椅子腿效果

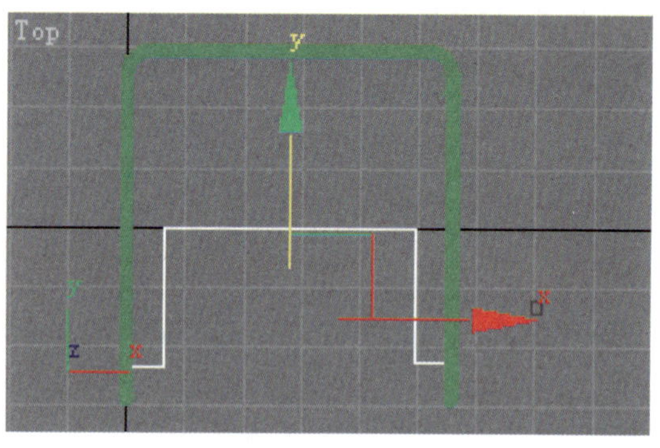

图 3-18　绘制直线

22）进入修改命令面板，选择修改命令列表中的【Edit Spline】（编辑样条线）命令。激活【Edit Spline】左侧的“+”号，展开其子对象，选择其下“Vertex”（点）选项。

23）框选相应的 4 个节点，单击参数中的 Fillet （圆角）按钮，在其后的文本框中输入“40”并回车，效果如图 3-19 所示。

24）激活标准工具栏中的✥（移动）命令，锁定 Y 轴，在前视图调整支撑的位置，如图 3-20 所示。

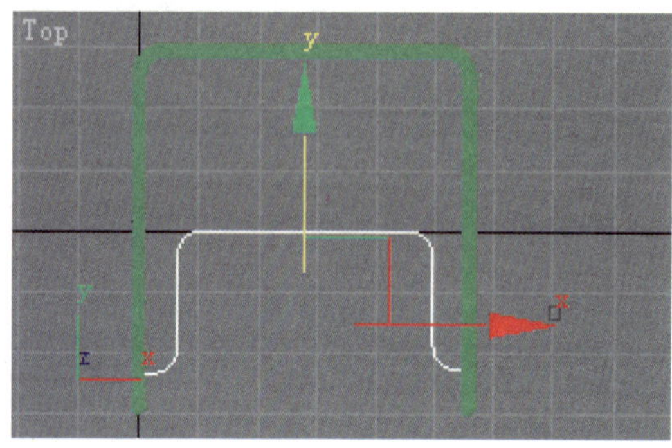

图 3-19　修改圆角

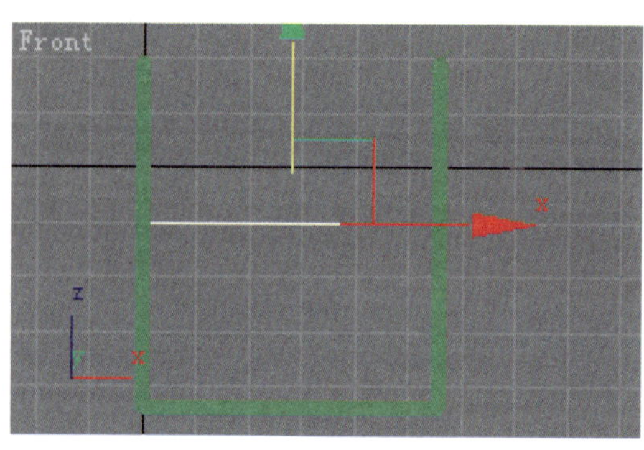

图 3-20　移动直线

25）确认支撑处于选择状态。单击按钮，进入创建命令面板。单击其下的（几何体）按钮，在【Compound Objects】（复合物体）选项类下，单击 Loft （放样）按钮。

26）单击【Creation Method】（创建方法）卷展栏中的 Get Shape （获取截面）按钮，到视图中单击半径为 10mm 的小圆，放样效果如图 3-21 所示。

27）选择椅子腿，进入修改命令面板，选择修改命令列表中的【Edit Mesh】（编辑网格）命令。

28）单击【Edit Geometry】（几何编辑）卷展栏中的 Attach （附加）命令按钮，将鼠标移至视图中支撑位置，待出现附加符号时单击鼠标左键，支撑被附加在一起，如图 3-22 所示。

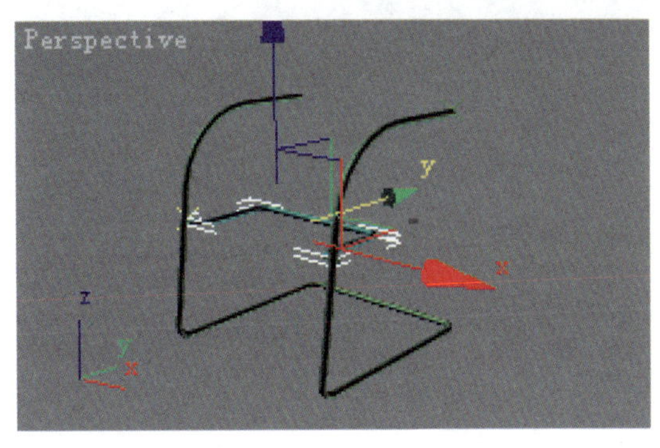

图 3-21 放样出的椅子腿支撑

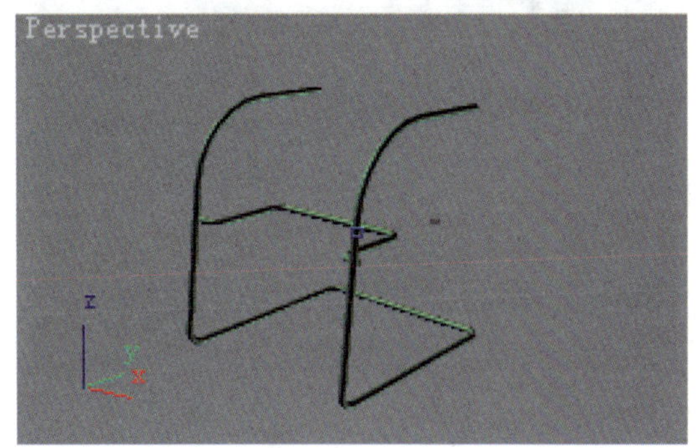

图 3-22 附加椅子腿支撑

3.2.2 制作椅垫

1）单击创建面板“Extend Primitives”（扩展几何体）命令组中的 ChamferBox （倒角方体）按钮，在顶视图创建椅垫，修改其参数如图 3-23 所示。

2）调整椅垫的位置，其顶视图和左视图的位置如图 3-24 和图 3-25 所示。

3）单击（修改）按钮，进入修改命令面板。

4）单击【Modifier List】（修改命令列表）中的【FFD 3×3×3】命令。

5）激活【FFD3×3×3】左侧的“+”号，展开其子对象，选择其下“Control Points”（控制点）选项。

6）激活顶视图。框选如图 3-26 所示的点，沿 Y 轴向下移动。

7）激活前视图。框选如图 3-27 所示的点，沿 Y 轴向下移动。透视图效果如图 3-28 所示。

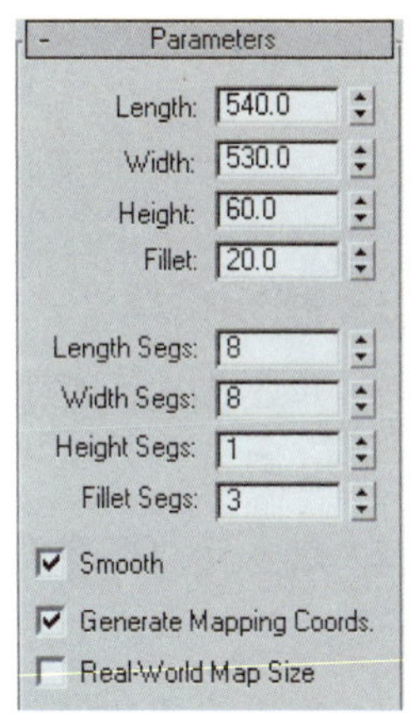

图 3-23 椅垫参数

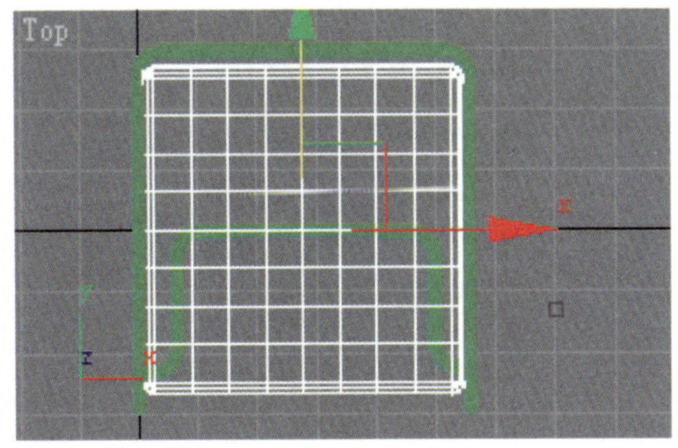

图 3-24 顶视图中椅垫的位置

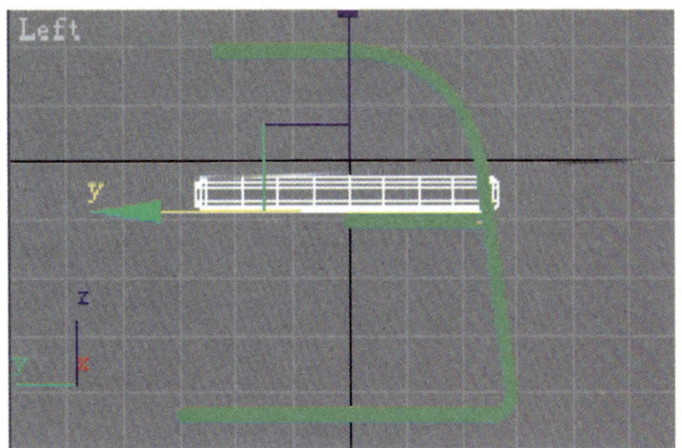

图 3-25 左视图中椅垫的位置

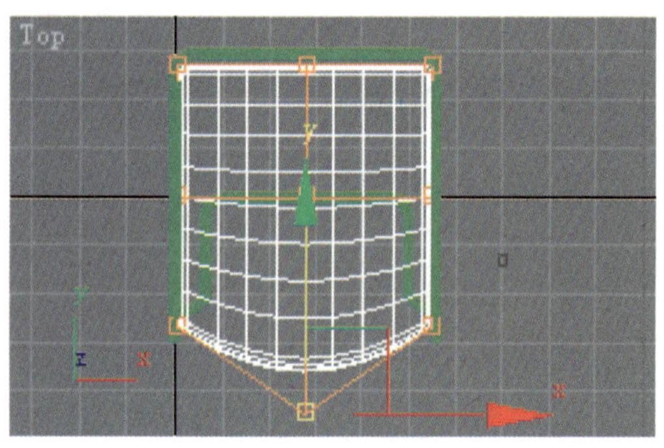

图 3-26　修改椅垫的节点

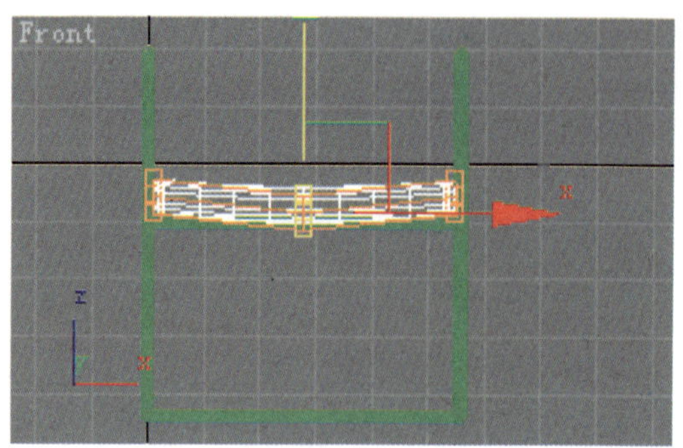

图 3-27　修改后椅垫的效果

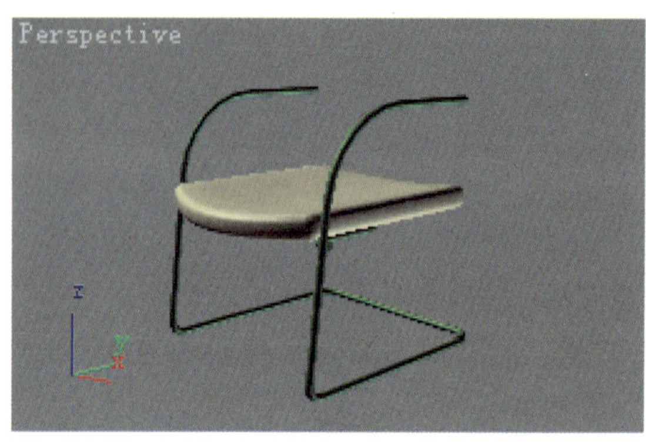

图 3-28　椅垫最终效果

3.2.3　制作椅背

1）单击创建面板中的 ChamferBox（倒角方体）按钮，在顶视图创建椅背，修改其参数如图 3-29 所示。

2）进入修改命令面板。单击【Modifier List】（修改命令列表）中的【Bend】（弯曲）命令。

3）设置弯曲命令的参数如图 3-30 所示。

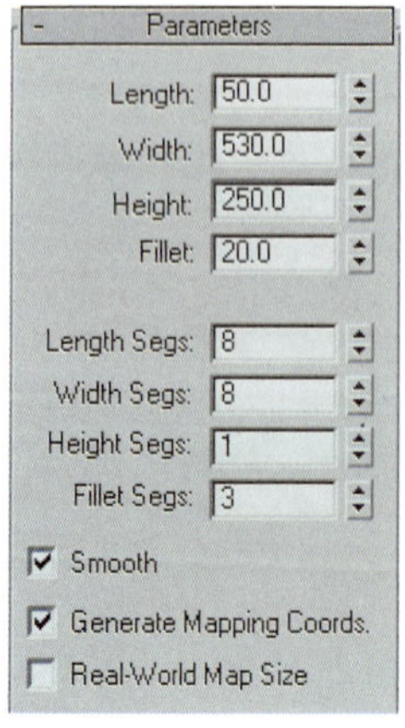

图 3-29　倒角方体参数

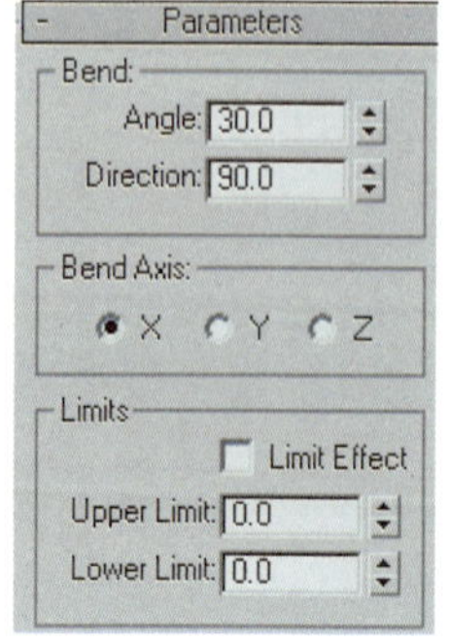

图 3-30　弯曲参数

4）单击 （修改）按钮，进入修改命令面板。单击【Modifier List】（修改命令列表）中的【FFD 3×3×3】命令。

5）激活【FFD 3×3×3】左侧的“+”号，展开其子对象，选择其下“Control Points”（控制点）选项。

6）激活顶视图。框选如图 3-31 所示的点，沿 Y 轴向下移动。

7）单击工具栏中的 （旋转）按钮，在左视图旋转椅背至合适角度，并调整其位置，其左视图效果如图 3-32 所示。

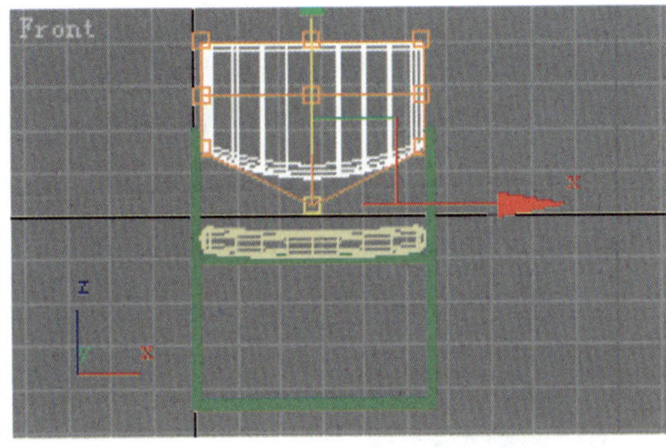

图 3-31 调整控制点的位置

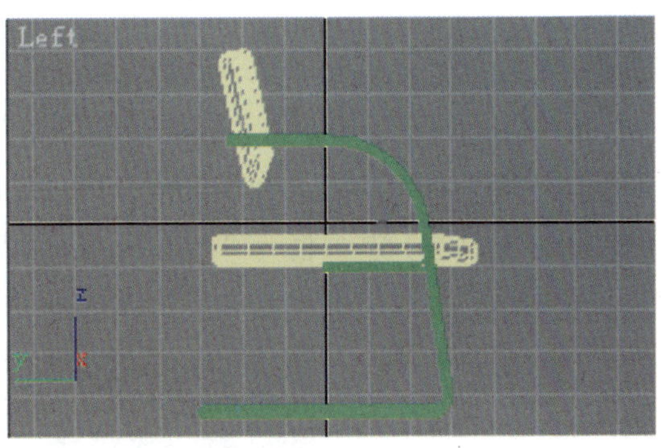

图 3-32 在左视图中旋转椅背至适当角度

8）椅背制作完成的最终效果如图 3-33 所示。

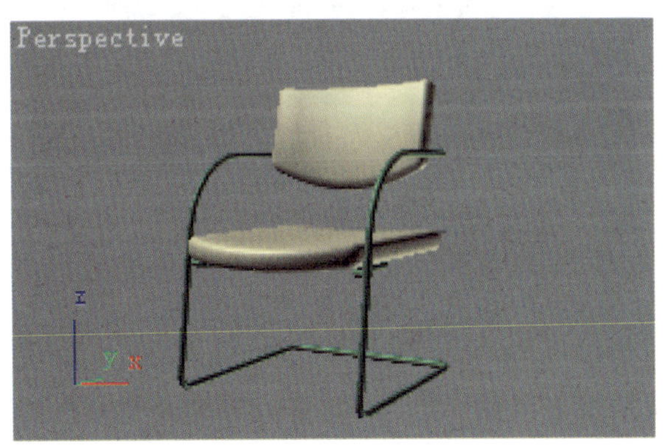

图 3-33 透视图中椅背的效果

3.2.4 制作扶手

1）单击 （创建）按钮，再单击 （二维图形）按钮，在【Spline】（样条线）选项类下，单击 Line （直线）按钮，在左视图创建如图 3-34 所示的扶手。

2）进入修改命令面板。单击【Modifier List】（修改命令列表）中的【Extrude】（拉伸）命令，将【Parameters】（参数）卷展栏中的“Amount”（数量）设置为 45。

3）单击标准工具栏中的 （移动）命令，锁定 X 轴，在顶视图调整扶手的位置，如图 3-35 所示。

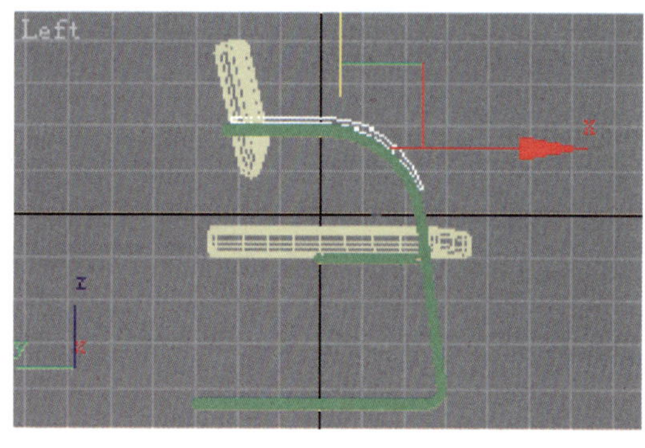

图 3-34　直线形状

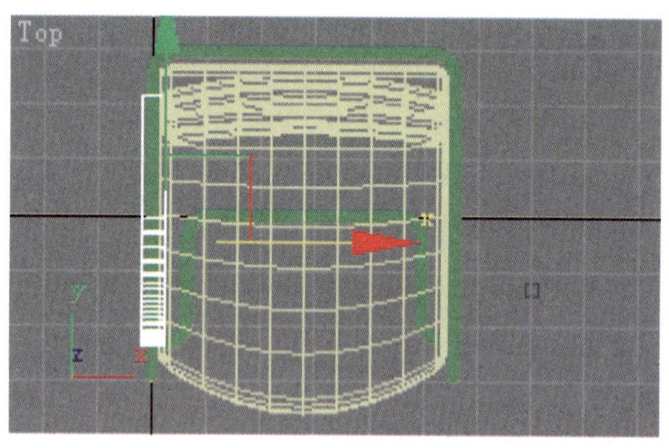

图 3-35　扶手在顶视图中的位置

4）激活工具栏中的 （移动）命令，锁定 X 轴，按住键盘上“Shift”键的同时，在顶视图中拖曳至合适位置松开鼠标左键，弹出【Clone Options】（克隆选项）对话框。设置“Object”（对象）选项框为“Instance”（关联）方式，“Number Of Copys”（复制数量）为 1，单击 OK 按钮，透视图效果如图 3-36 所示。

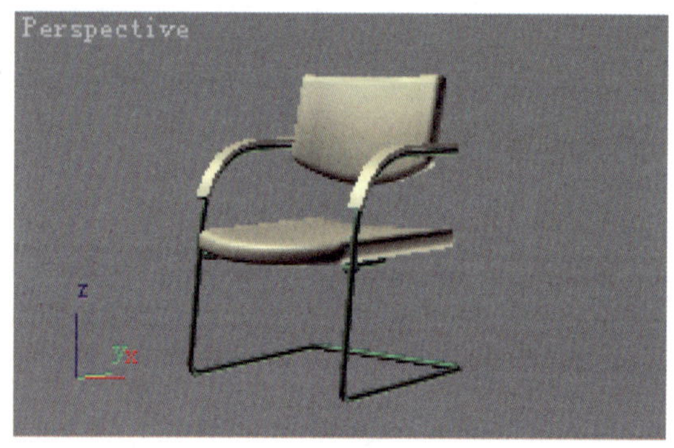

图 3-36　电脑椅最终效果

3.3　制作窗帘

本节主要介绍绘制如图 3-37 所示的窗帘，涉及的命令主要有 Loft（放样）命令、直线命令、镜像命令等。

图 3-37　窗帘

3.3.1 制作放样物体

1）重新设置系统。

2）单击 （创建）按钮，进入创建命令面板。

3）单击其下的 （二维图形）按钮，在【Spline】（样条线）选项类下，单击创建命令面板上的 Line （直线）按钮。

4）设置【Creation Method】（创建方法）卷展栏为【Corner】（角）、【Corner】（角）方式，如图 3-38 所示。并在前视图绘制直线作为放样路径，如图 3-39 所示，将其命名为“窗帘路径”。

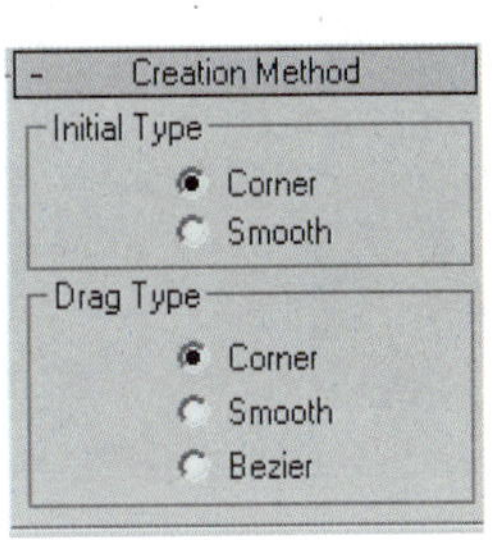

图 3-38 【Creation Method】卷展栏

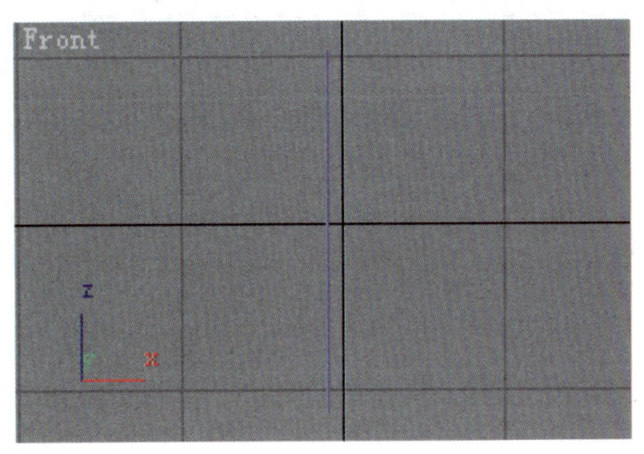

图 3-39 窗帘路径

5）设置【Creation Method】（创建方法）卷展栏为【Smooth】（平滑）、【Smooth】（平滑）方式，如图 3-40 所示。并在顶视图绘制曲线作为放样截面，如图 3-41 所示，将其命名为“窗帘截面”。

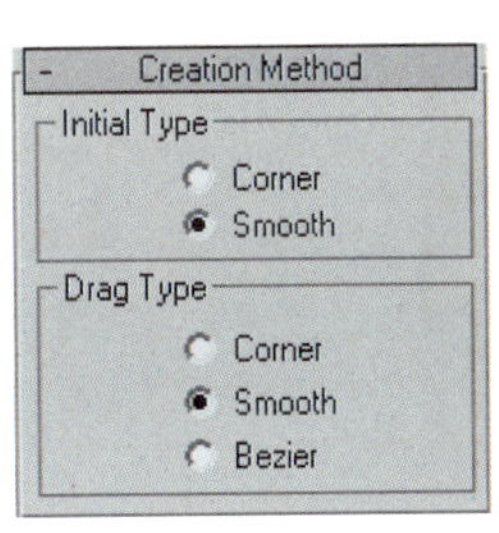

图 3-40 【Creation Method】卷展栏

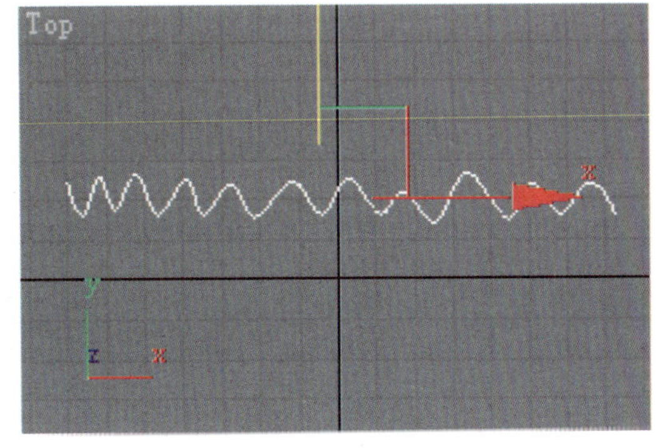

图 3-41 窗帘截面

6）确认“窗帘路径”处于选择状态。单击 （创建）按钮，进入创建命令面板。

7）单击其下的 （几何体）按钮，在【Compound Objects】（复合物体）选项类下，单击 Loft （放样）按钮。

8）单击【Creation Method】（创建方法）卷展栏中的 Get Shape （获取截面）按钮，到视图中单击窗帘截面，得到放样体，命名为“窗帘 01”，效果如图 3-42 所示，此时看不见窗帘。

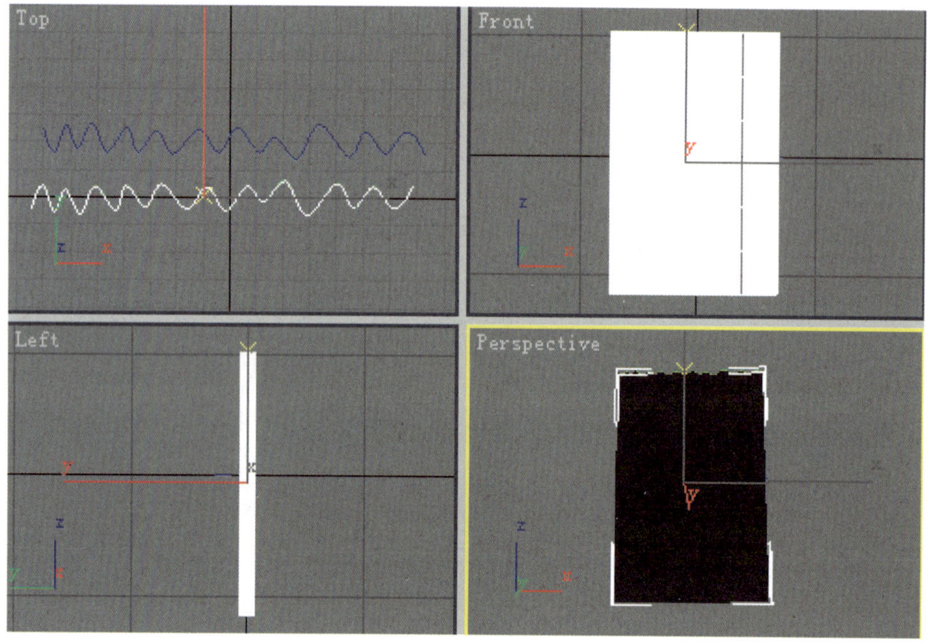

图 3-42　放样效果

9）确认“窗帘 01”处于选择状态。单击 （修改）按钮，进入修改命令面板。单击【Skin Parameters】（表皮参数）卷展栏中的 Flip Normals （翻转法向）按钮，透视图中的窗帘造型显现出来，效果如图 3-43 所示。

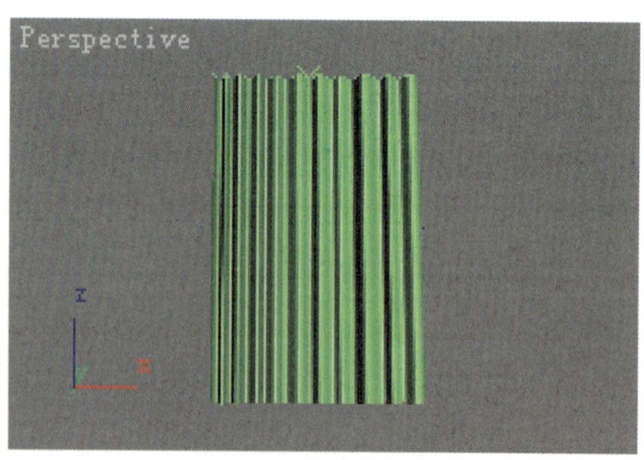

图 3-43　显现后的窗帘造型

10）在【Skin Parameters】（表皮参数）卷展栏中，设置【Path Steps】（路径步数）文本框的值为 10，可以使窗帘更加光滑。

3.3.2　修改放样物体

1）确认“窗帘 01”处于选择状态。单击 （修改）按钮，进入修改命令面板。

2）单击【Deformations】（变形）卷展栏中的 Scale （比例）按钮，弹出【Scale Deformation】（缩放变形）对话框，如图 3-44 所示。

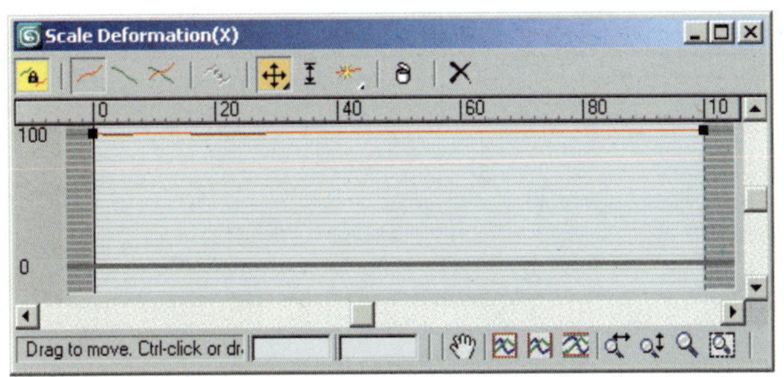

图 3-44 【Scale Deformation】（缩放变形）对话框

3）单击【Scale Deformation】（缩放变形）对话框内工具栏中的按钮，在对话框红色控制线上单击插入两个节点。单击工具栏中的按钮，将节点移至如图 3-45 所示的位置。从左至右节点的坐标分别为（0，100）、（30，20）、（70，26）、（100，36）。

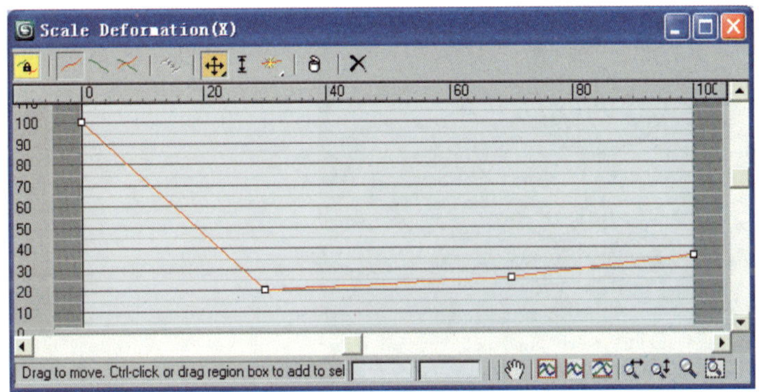

图 3-45 插入并移动节点

4）框选所有的节点，将鼠标移至点上单击鼠标右键，在弹出的菜单中选择【Bezier-Smooth】（贝塞尔光滑）选项，如图 3-46 所示。

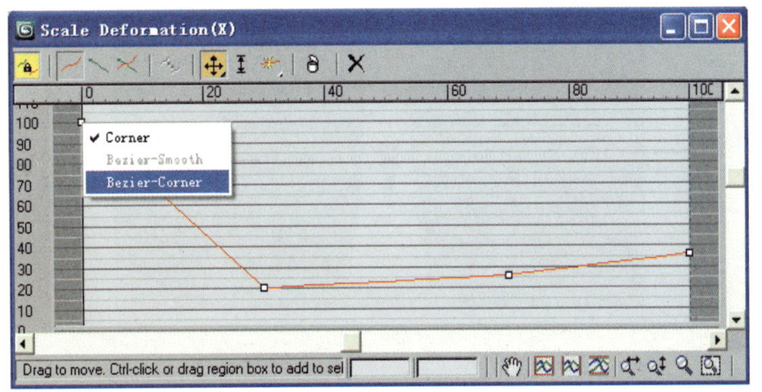

图 3-46 设置节点属性

5）通过调整节点上的调节杆，使节点间曲线变得光滑，如图 3-47 所示。

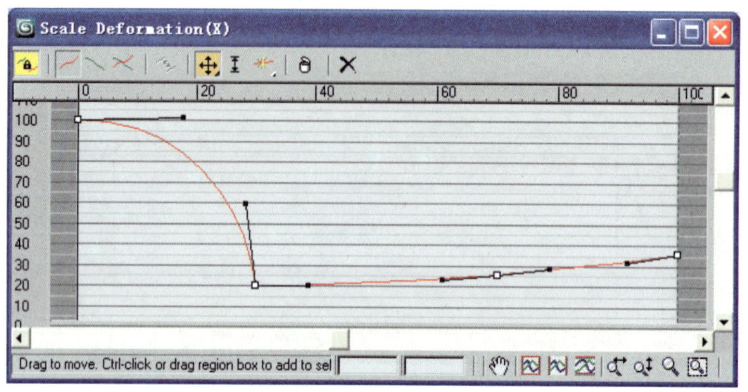

图 3-47　节点光滑效果

6）关闭对话框，透视图中的效果如图 3-48 所示。

7）单击【Loft】（放样）左侧的“+”号，展开其子对象，选择【Shape】（截面）选项，如图 3-49 所示。

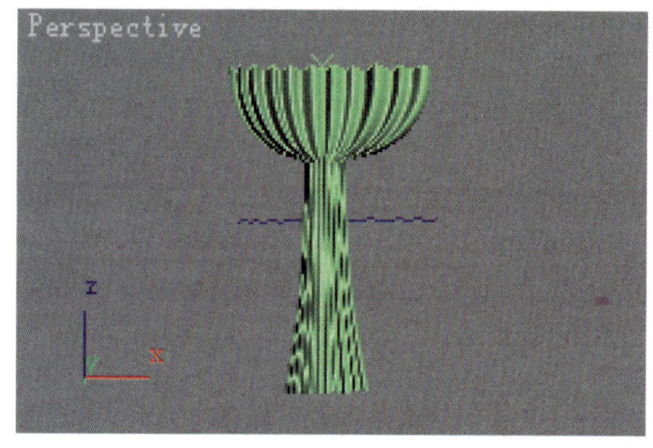

图 3-48　透视图效果

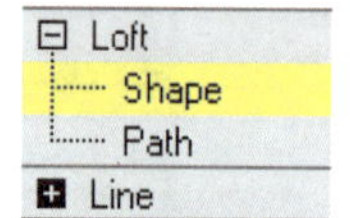

图 3-49　选择【Shape】（截面）选项

8）在前视图中，选择放样物体的截面，显示为红色，如图 3-50 所示。

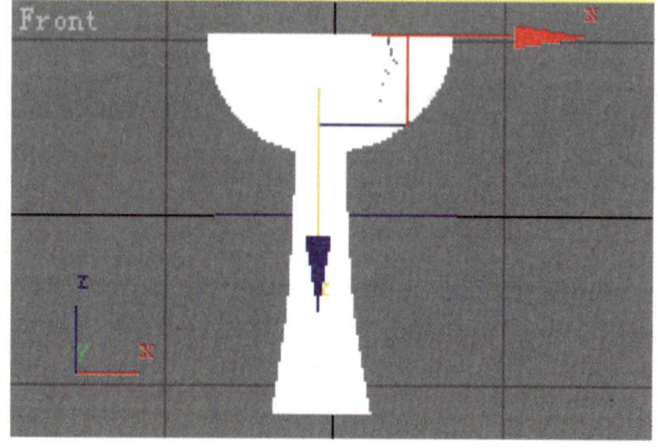

图 3-50　选择放样物体的截面

9）展开【Shape Commands】（截面编辑）面板，单击【Align】（对齐）选项中的 Left

（左对齐）按钮，其形态如图 3-51 所示。

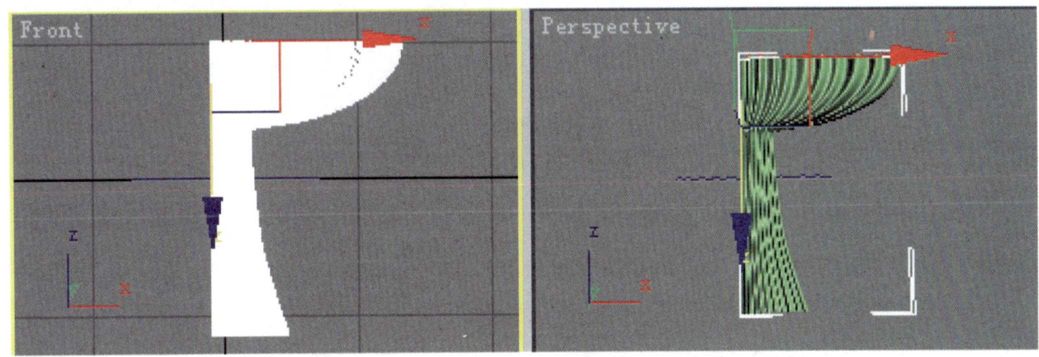

图 3-51　左对齐截面后的形态

10）关闭子对象。

3.3.3　镜像放样物体

1）激活前视图，确认“窗帘 01”处于选择状态。

2）单击标准工具栏中的（镜像）按钮，弹出【Mirror】（镜像）对话框，设置各项参数如图 3-52 所示。

3）单击 OK 按钮，镜像出“窗帘 02”。

4）单击标准工具栏中的（移动）按钮，锁定 X 轴，调整“窗帘 02”的位置，最终效果如图 3-53 所示。

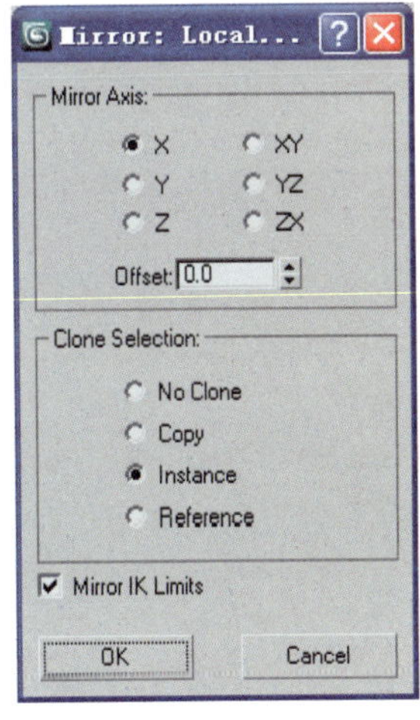

图 3-52　【Mirror】（镜像）对话框

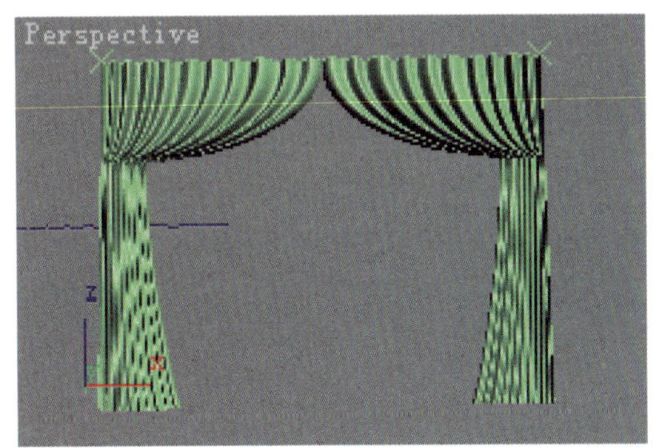

图 3-53　窗帘最终效果

本章小结

本章通过实例讲解了基本三维几何体的创建方法和修改方法，并着重讲解了放样命令的使用方法。利用放样命令能够基于二维图形创建各类复杂的三维几何造型，是效果图制作中常用的方法之一。

思考题与习题

1. Box（长方体）命令和 ChamferBox（倒角方体）命令有什么区别？同样对比一下 Cylinder（圆柱体）命令和 ChamferCyl（倒角柱体）命令。

2. Loft（放样）命令适用于创建什么样的模型？

3. 制作图 3-54 和图 3-55 所示的模型。

图 3-54　椅子效果图

图 3-55　桌子效果图

第4章　3ds Max 三维对象的修改

学 习 目 标

- 掌握修改三维对象的方法。
- 掌握 Edit Mesh（编辑网格）命令的使用方法。
- 学会运用各种修改命令修改三维模型。

学 习 重 点

利用修改命令创建三维对象的方法。

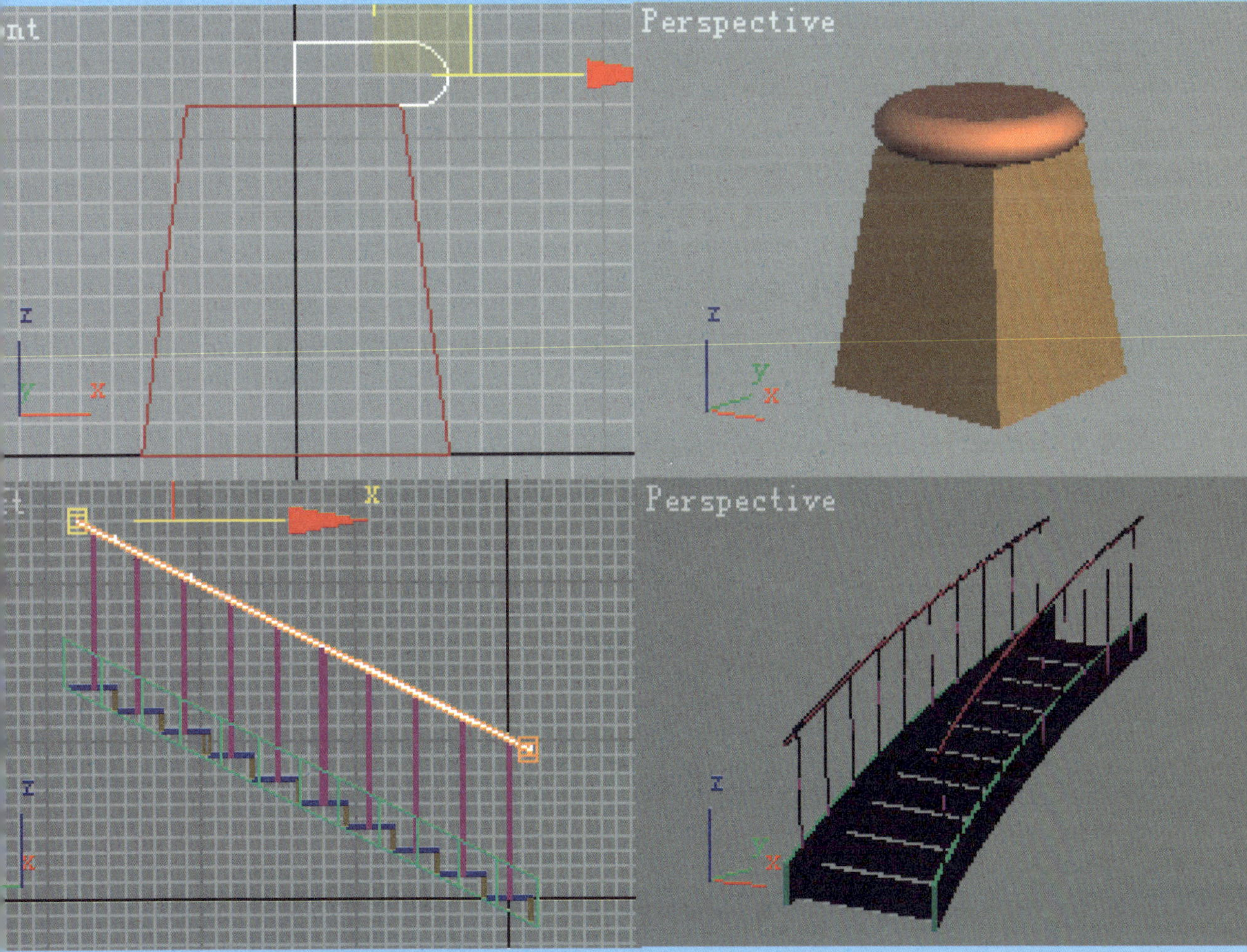

4.1 制作弧形楼梯

本节以图 4-1 所示的弧形楼梯的制作过程为例，主要讲述 Bend（弯曲）命令的使用方法。涉及的命令还有长方体命令、圆柱体命令、阵列命令、FFD 命令等。

图 4-1 弧形楼梯

4.1.1 制作楼梯踏步

1）重新设置系统。

2）单击（创建）按钮，进入创建命令面板。

3）单击其下的（几何体）按钮，在【Standard Primitives】（标准几何体）选项类下，单击创建命令面板上的 Box （长方体）按钮。

4）在【Keyboard Entry】（键盘输入）卷展栏中输入长方体的长度为 300mm，宽度为 1100mm，高度为 20mm，激活顶视图创建长方体，命名为“楼梯踏步板 01”。

5）同样，在【Keyboard Entry】（键盘输入）卷展栏中输入长方体的长度为 130mm，宽度为 1100mm，高度为 20mm，激活前视图创建长方体，命名为“楼梯踏步侧面 01”。

6）激活左视图，选择“楼梯踏步侧面 01”，单击标准工具栏中的（对齐）按钮，将光标移至“楼梯踏步板 01”位置，待出现对齐符号时，单击鼠标左键，弹出【Align Selection】（对齐选项）对话框。设置 X 轴对齐参数如图 4-2 所示，单击 Apply （应用）按钮。设置 Y 轴对齐参数如图 4-3 所示，单击 OK 按钮。

7）对齐后左视图效果如图 4-4 所示。

8）激活左视图，确认“楼梯踏步板 01”和“楼梯踏步侧面 01”处于选择状态。单击菜单栏中的【Tools】（工具）|【Array】（阵列）命令，弹出【Array】（阵列）对话框。设置其参数如图 4-5 所示。

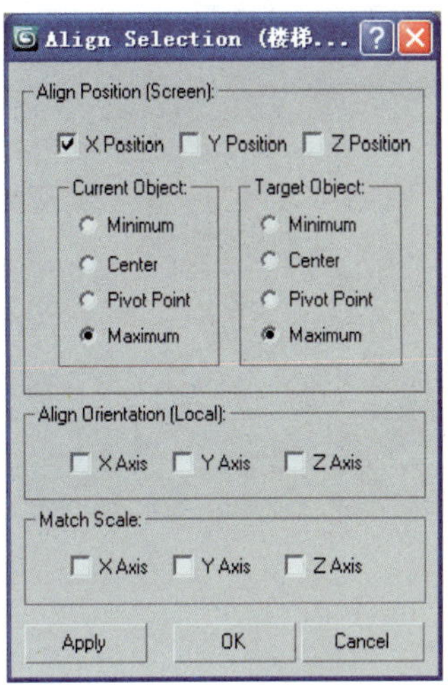

图 4-2 设置沿 X 轴方向对齐

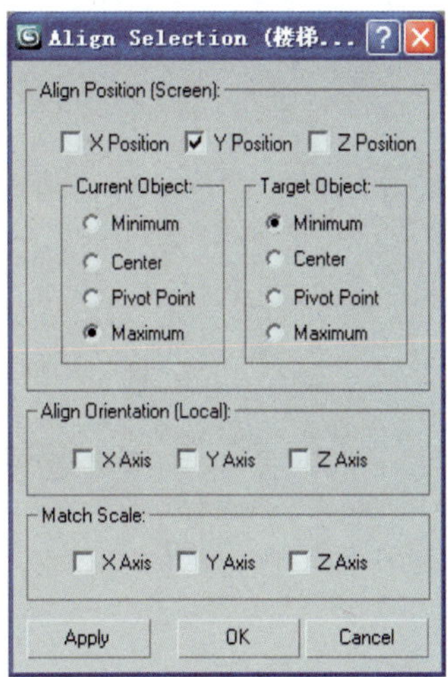

图 4-3 设置沿 Y 轴方向对齐

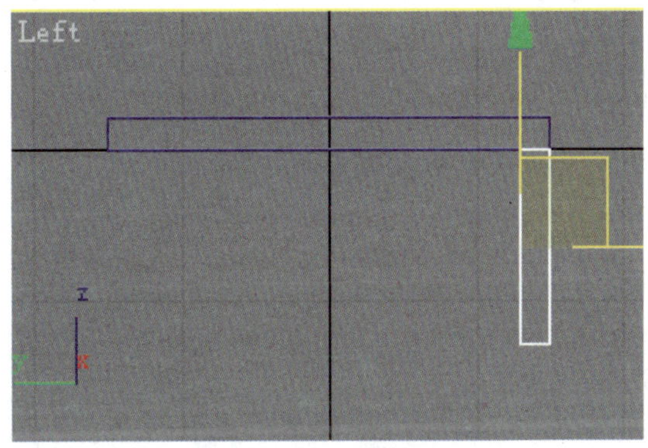

图 4-4 对齐后左视图的效果

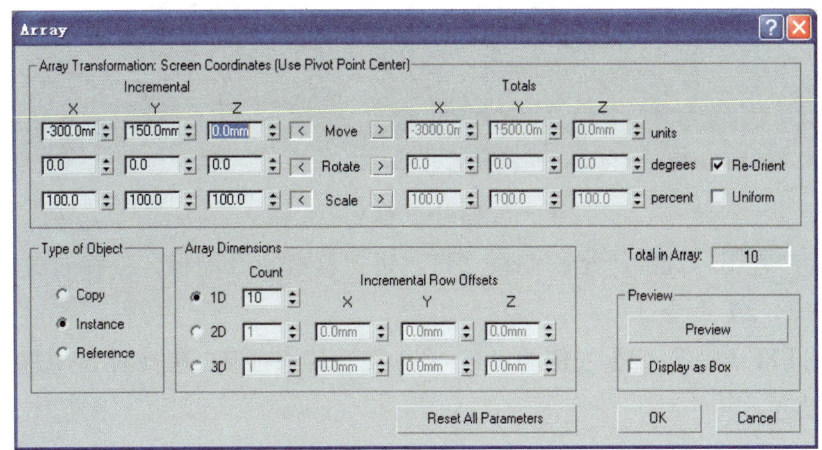

图 4-5 【Array】（阵列）对话框

9）单击视图控制区的 （全部缩放到最大）按钮，在窗口中最大化显示所有的对象，效果如图 4-6 所示。

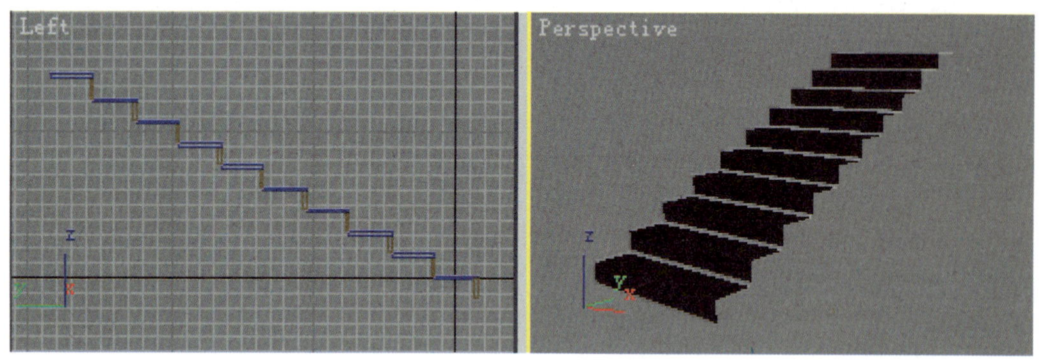

图 4-6　踏步效果图

4.1.2　制作楼梯侧板

1）单击的（三维几何体）按钮，在【Standard Primitives】（标准几何体）选项类下，单击创建命令面板上的 Box （长方体）按钮。

2）在【Keyboard Entry】（键盘输入）卷展栏中输入长方体的长度为 300mm，宽度为 3000mm，高度为 400mm，激活左视图创建长方体，命名为“楼梯侧板 01”。

3）修改“楼梯侧板 01”的【Width Segs】（宽度段数）为 12，并调整“楼梯侧板 01”的位置，如图 4-7 所示。

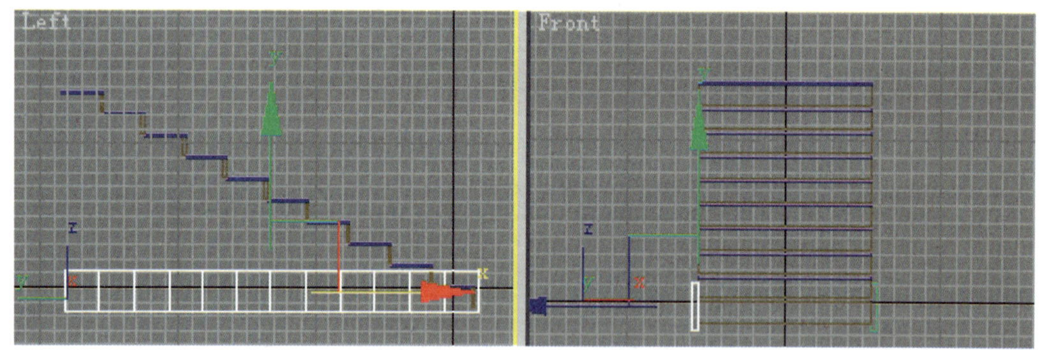

图 4-7　“楼梯侧板 01”位置

4）激活左视图，选择“楼梯侧板 01”。进入修改命令面板，选择修改命令列表中的【FFD 2×2×2】命令。

5）激活【FFD 2×2×2】左侧的“+”号，展开其子对象，选择其下“Control Points”（控制点）选项。

6）单击工具栏中的（移动）命令，在左视图框选最左面一列点，调整其位置，修改后效果如图 4-8 所示。

7）关闭子对象“Control Points”（控制点）选项。

8）选择“楼梯侧板 01”，单击工具栏中的（移动）命令，按住键盘上的“Shift”键，在前视图关联复制出“楼梯侧板 02”，调整“楼梯侧板 02”的位置，如图 4-9 所示。

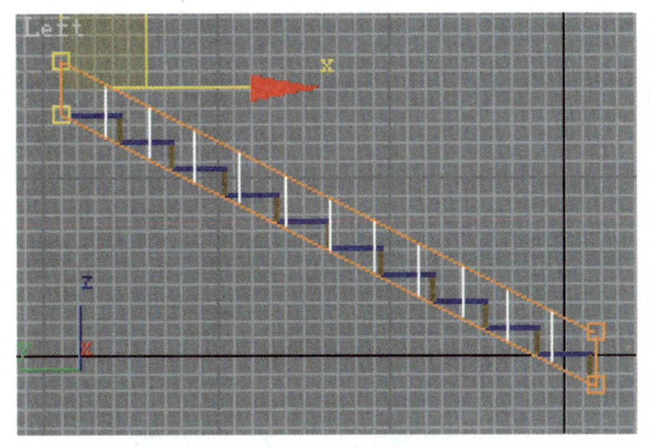

图 4-8 “楼梯侧板 01”修改后效果

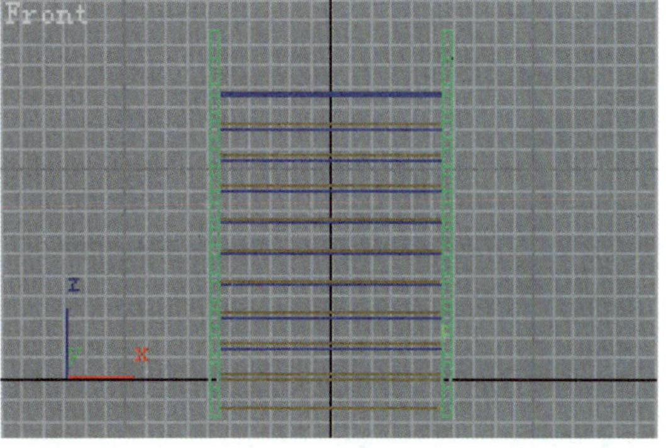

图 4-9 “楼梯侧板 02”效果

4.1.3 制作栏杆

1）单击创建命令面板上的 Cylinder （圆柱体）按钮，在【Keyboard Entry】（键盘输入）卷展栏中输入圆柱体的半径为 10mm，高度为 1000mm，激活顶视图创建圆柱体，并命名为“楼梯栏杆 01”。

2）激活前视图，单击工具栏中的 （对齐）按钮，将鼠标移至视图中“楼梯侧板 01”的位置，待出现对齐符号时，单击鼠标左键，弹出【Align Selection】（对齐选项）对话框。设置其参数如图 4-10 所示，单击 OK 按钮，前视图效果如图 4-11 所示。

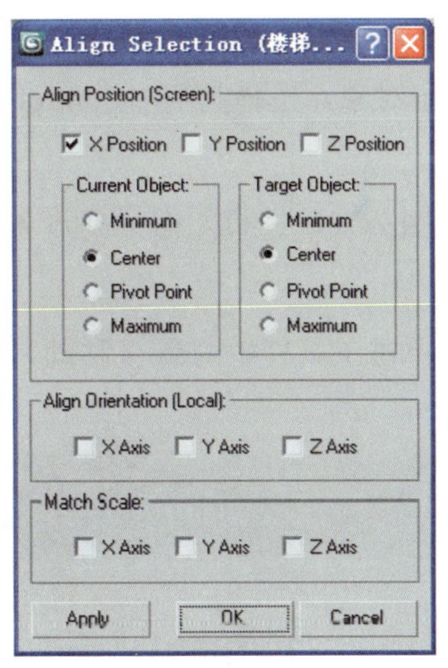

图 4-10 【Align Selection】（对齐选项）对话框

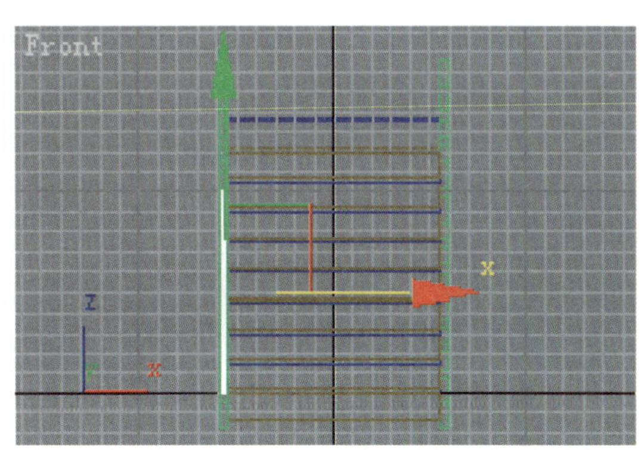

图 4-11 前视图效果

3）单击工具栏中的 （移动）命令按钮，按住键盘上的“Shift”键，锁定 X 轴，在前视图中按住鼠标左键向右拖曳至合适位置松开鼠标左键，弹出【Clone Options】（克隆选项）对话框。设置“Object”（对象）选项框为“Instance”（关联）选项，“Number Of Copys”“拷贝数量”为“1”，单击 OK 按钮，复制出“楼梯栏杆 02”，调整其位置，前视图中的效果如

图 4-12 所示。

4）激活左视图，确认“楼梯栏杆 01”和“楼梯栏杆 02”处于选择状态。单击菜单栏中的【Tools】（工具）|【Array】（阵列）命令，弹出【Array】（阵列）对话框。设置其参数如图 4-5 所示。

5）单击 OK 按钮。视图效果如图 4-13 所示。

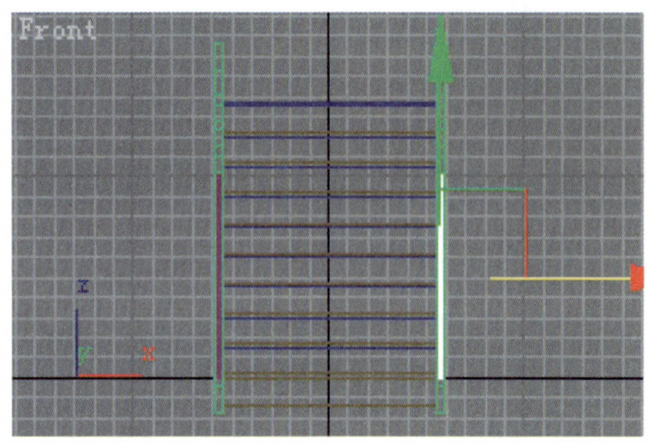

图 4-12　前视图位置

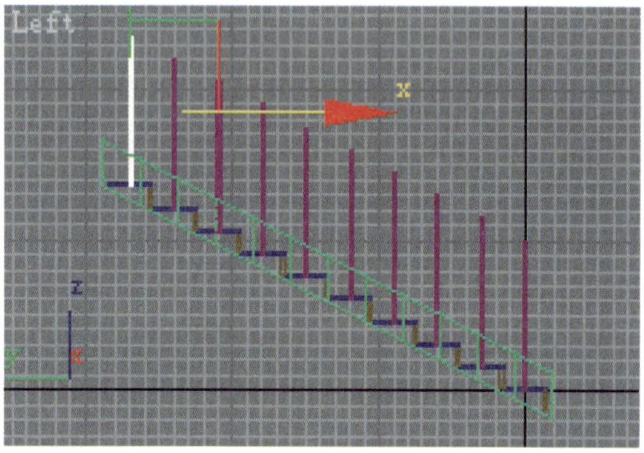

图 4-13　阵列楼梯栏杆效果

4.1.4　制作扶手

1）单击创建命令面板上的 Cylinder （圆柱体）按钮，在前视图创建半径为 2mm，高度为 300mm，高度段数为 12 的圆柱体，命名为“楼梯扶手 01”。

2）进入修改命令面板，选择修改命令列表中的【FFD 2×2×2】命令。

3）激活【FFD 2×2×2】左侧的“+”号，展开其子对象，选择其下“Control Points”（控制点）选项。

4）单击标准工具栏中的 （移动）命令，在左视图分别框选最左面一列点和最右面一列点，调整其位置，效果图如图 4-14 所示。

5）关闭子对象“Control Points”（控制点）选项。单击工具栏中的 （移动）命令，调整楼梯扶手在前视图的位置，如图 4-15 所示。

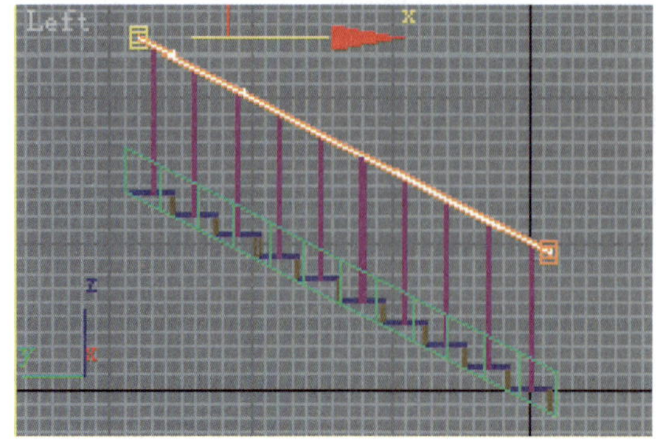

图 4-14　“楼梯扶手 01”变形后

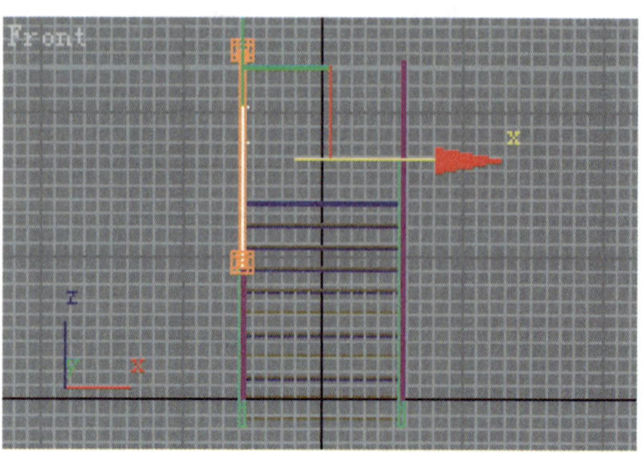

图 4-15　调整“楼梯扶手 01”位置

6）选择“楼梯扶手 01”，单击工具栏中的（移动）命令，按住键盘上的“Shift”键，在前视图关联复制出“楼梯扶手 02”，如图 4-16 所示。

7）激活顶视图，选择场景中所有的对象，进入修改命令面板。

8）选择修改命令列表中的【Bend】（弯曲）命令，设置其参数如图 4-17 所示。透视图效果如图 4-18 所示。

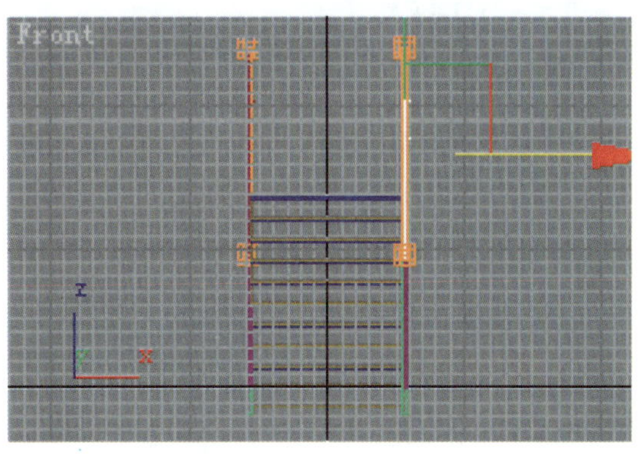

图 4-16 “楼梯扶手 02”位置及效果

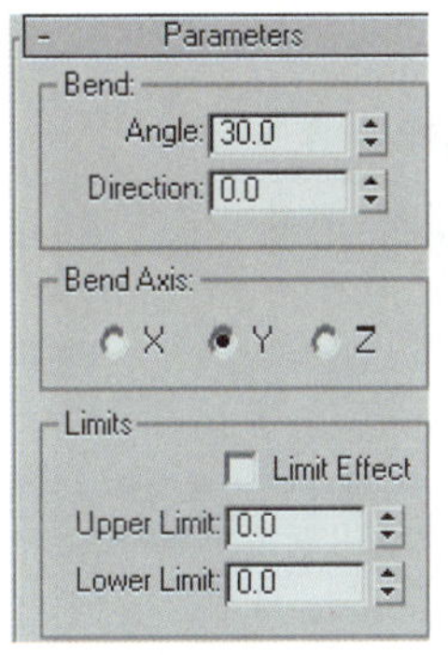

图 4-17 【Bend】（弯曲）命令参数

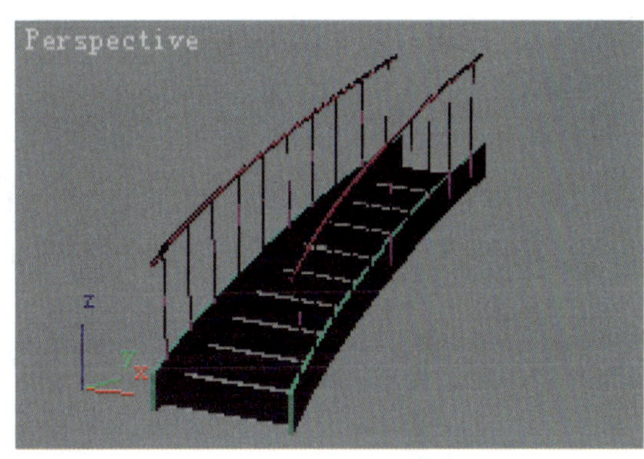

图 4-18 弧形楼梯最终效果

4.2 制作柱头

本节主要介绍绘制图 4-19 所示的柱头，涉及的操作命令主要有长方体命令、直线命令、星形命令、拉伸命令、Taper（锥化）命令、旋转命令、对齐命令等。

图 4-19 柱头效果图

4.2.1 制作柱头底部

1）重新设置系统。

2）单击 （创建）按钮，进入创建命令面板。

3）单击其下的 （三维几何体）按钮，在【Standard Primitives】（标准几何体）选项类下，单击创建命令面板上的 Box （长方体）按钮。

4）在【Keyboard Entry】（键盘输入）卷展栏中输入长方体的长度为 1000mm，宽度为 1000mm，高度为 1100mm，激活顶视图创建长方体。

5）单击视图控制区的 （全部缩放到最大）按钮，使长方体在窗口中最大化显示。

6）进入修改命令面板，选择修改命令列表中的【Taper】（锥化）命令，设置参数如图 4-20 所示。透视图效果如图 4-21 所示。

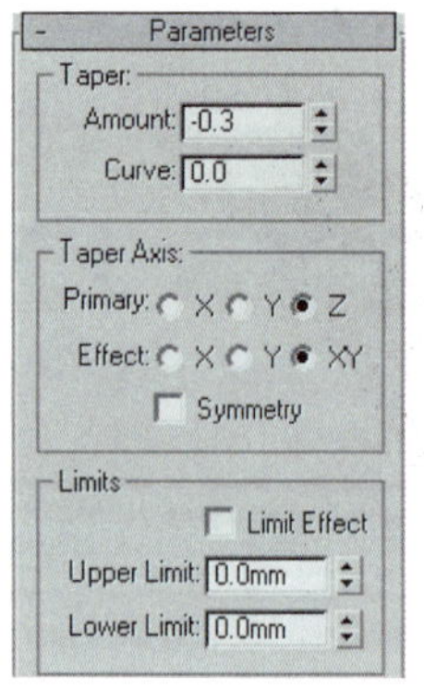

图 4-20 【Taper】（锥化）参数

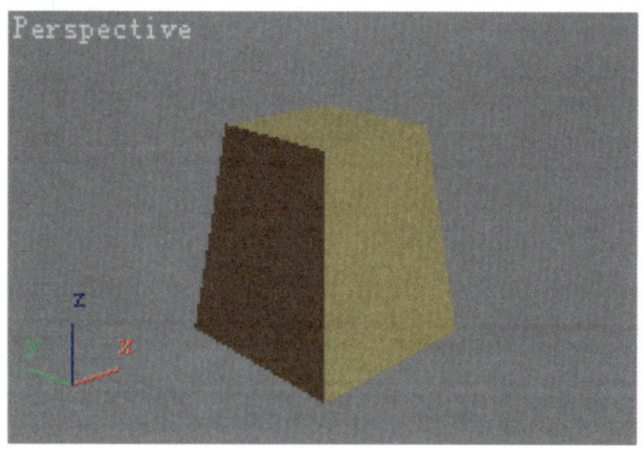

图 4-21 锥化长方体效果

7）单击创建命令面板上的 Line （直线）按钮，激活前视图，在长方体的上方绘制直线，如图 4-22 所示。

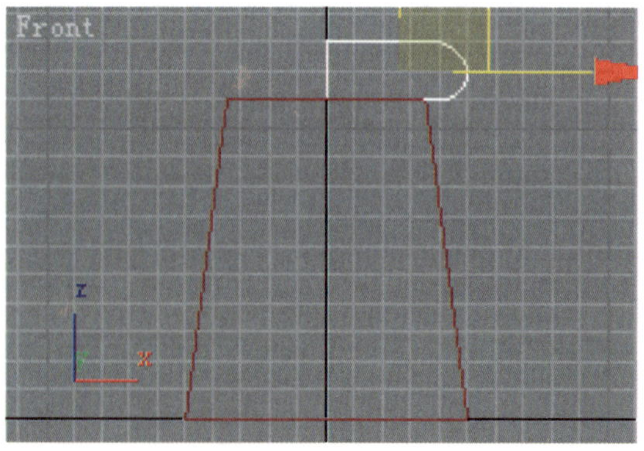

图 4-22 直线效果图

8）单击【Modifier List】（修改命令列表）中的【Lathe】（旋转）命令。

9）单击“Direction”（方向）选项中的 Y 按钮，单击“Align”（对齐）选项中的 Min 按钮，设置“Segments”（分段数）为 32，勾选“Weld Core”（焊接核心）复选框。其旋转后的形态效果如图 4-23 所示。

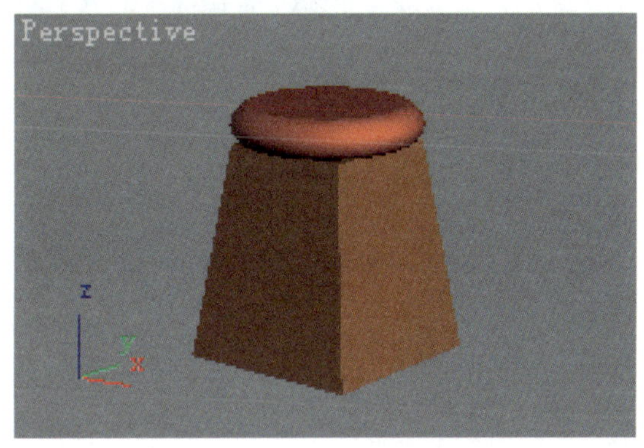

图 4-23　旋转效果

4.2.2　制作柱头中部

1）单击创建面板上的 Star （星形）按钮，在顶视图创建星形，设置其参数如图 4-24 所示。

2）进入修改命令面板。单击【Modifier List】（修改命令列表）中的【Extrude】（拉伸）命令，将【Parameters】（参数）卷展栏中的“Amount”（数量）设置为 4000。调整其位置，使其位于柱头底部的上方。拉伸后的形态及位置如图 4-25 所示。

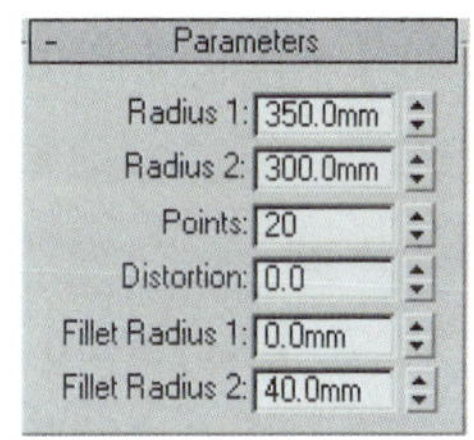

图 4-24　星形参数

3）进入修改命令面板。单击【Modifier List】（修改命令列表）中的【Taper】（锥化）命令，设置参数如图 4-26 所示。透视图效果如图 4-27 所示。

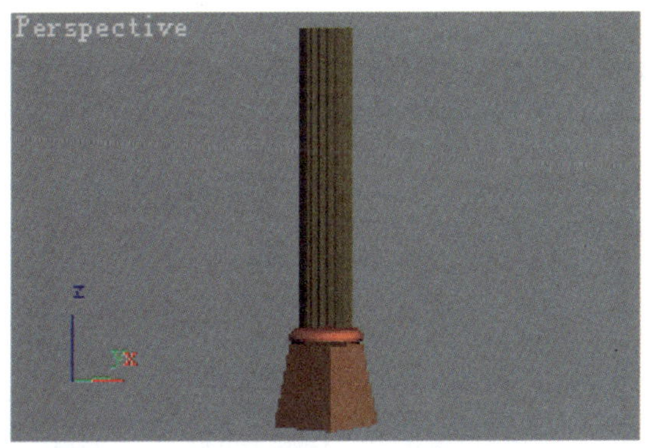

图 4-25　拉伸效果

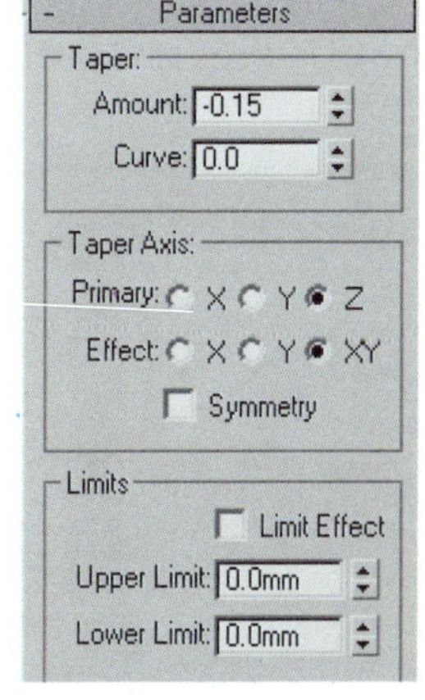

图 4-26　【Taper】（锥化）参数

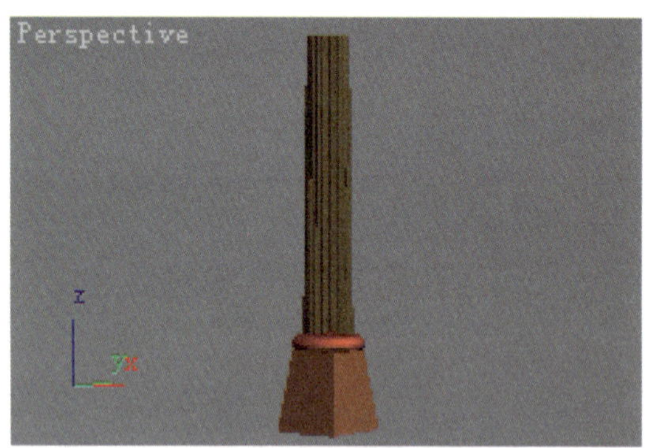

图 4-27　锥化后的效果

4.2.3　制作柱头顶部

1）单击创建命令面板上的 Line （直线）按钮，激活前视图，在星形体的上方绘制直线，如图 4-28 所示。

2）单击【Modifier List】（修改命令列表）中的【Lathe】（旋转）命令。

3）单击“Direction”（方向）选项中的 Y 按钮，单击“Align”（对齐）选项中的 Min 按钮，设置“Segments”（分段数）为 32，勾选“Weld Core”（焊接核心）复选框。其形态如图 4-29 所示。

4）单击按钮下的（三维几何体）按钮，在【Standard Primitives】（标准几何体）选项类下，单击创建命令面板上的 Box （长方体）按钮。

5）在【Keyboard Entry】（键盘输入）卷展栏中输入长方体的长度为 1400mm，宽度为 1400mm，高度为 150mm，激活顶视图创建长方体。

6）调整其位置位于柱头的顶部，如图 4-30 所示。

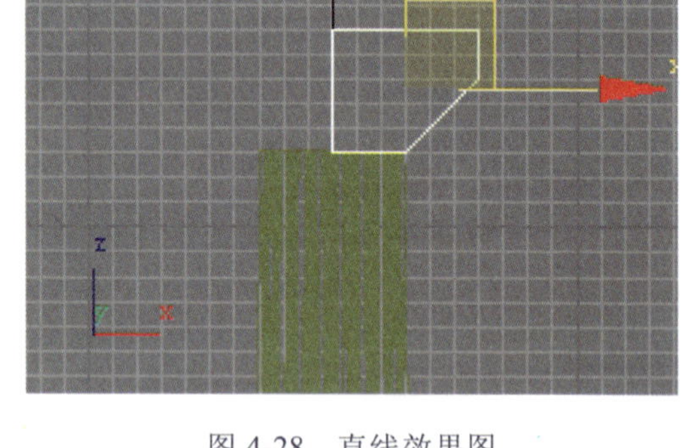

图 4-28　直线效果图

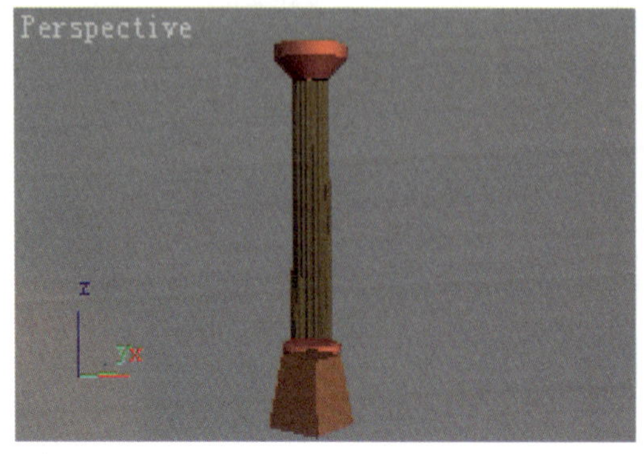

图 4-29　旋转效果

图 4-30　柱头最终效果

4.3 制作水龙头

本节通过制作如图4-31所示的水龙头，介绍相关的操作命令，涉及的操作命令主要有长方体命令、Edit Mesh（编辑网格）命令、Mesh Smooth（光滑网格对象）命令等。

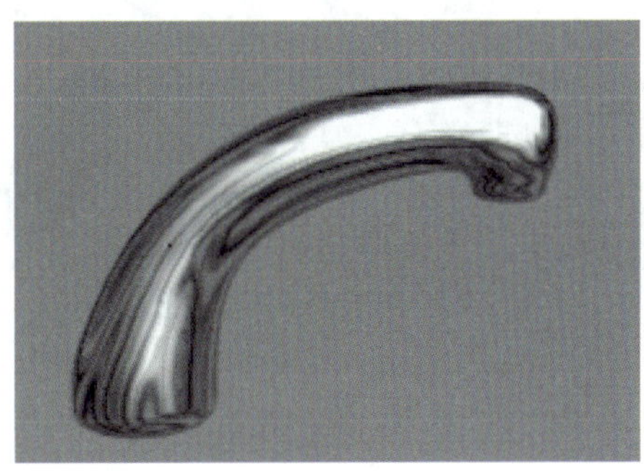

图4-31 水龙头

4.3.1 制作长方体

1）重新设置系统。

2）单击（创建）按钮，进入创建命令面板。

3）单击其下的（几何体）按钮，在【Standard Primitives】（标准几何体）选项类下，单击创建命令面板上的 Box （长方体）按钮。

4）在【Keyboard Entry】（键盘输入）卷展栏中输入长方体的长度为40mm，宽度为40mm，高度为10mm，激活顶视图创建长方体。

4.3.2 修改长方体

1）选择长方体，进入修改命令面板，选择修改命令列表中的【Edit Mesh】（编辑网格）命令。

2）激活【Edit Mesh】（编辑网格）左侧的“+”号，展开其子对象，选择其下“Polygon”（四边形面）选项。

3）选择长方体的上表面（选中后呈红色显示），如图4-32所示。

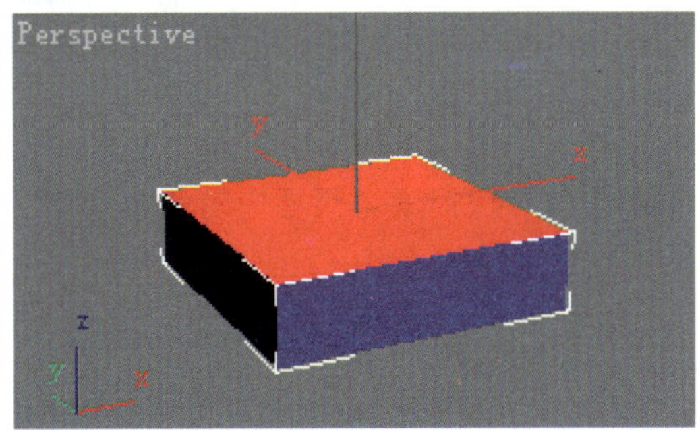

图4-32 选择上表面

4）单击【Edit Geometry】（几何编辑）卷展栏中的 Extrude （拉伸）按钮，在其后的文本框中输入“10”并回车，如图 4-33 所示。

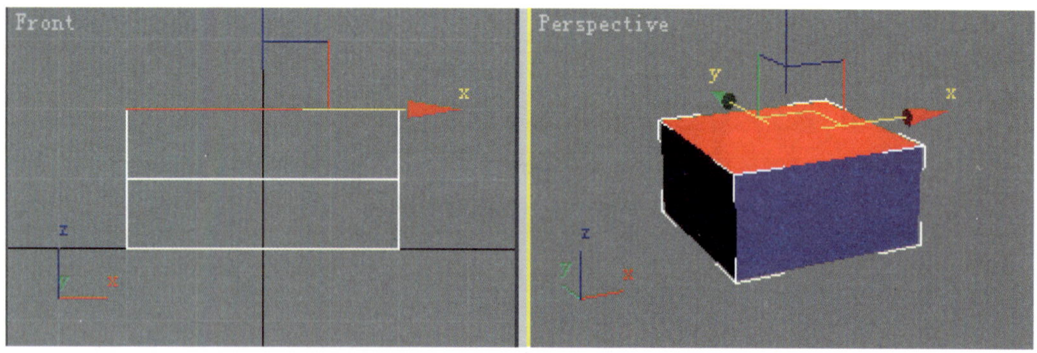

图 4-33　拉伸选择面后效果

5）单击【Edit Geometry】（几何编辑）卷展栏中的 Extrude （拉伸）按钮，在其后的文本框中输入“30”并回车。单击【Edit Geometry】（几何编辑）卷展栏中的 Bevel （斜切）按钮，在其后的文本框中输入“–6”并回车。

6）激活前视图，运用标准工具栏中的（移动）命令和（旋转）命令调整所选择面的位置和角度，修改后效果如图 4-34 所示。

7）同样操作，继续修改图 4-34 所示选中面。单击【Edit Geometry】（几何编辑）卷展栏中的 Extrude （拉伸）按钮，在其后的文本框中输入“30”并回车，运用标准工具栏中的（移动）命令和（旋转）命令调整所选择面的位置和角度，修改后效果如图 4-35 所示。

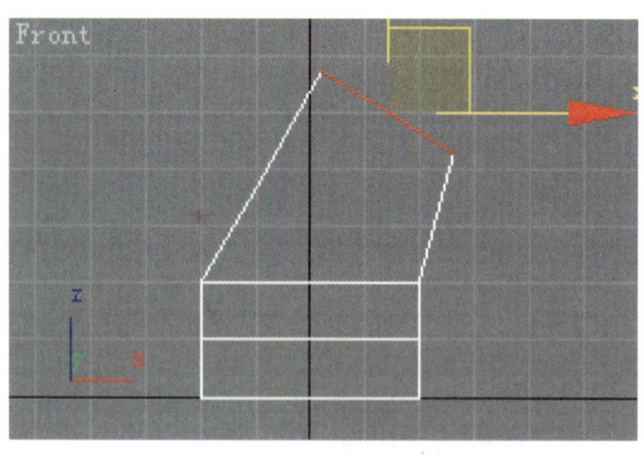

图 4-34　二次修改效果

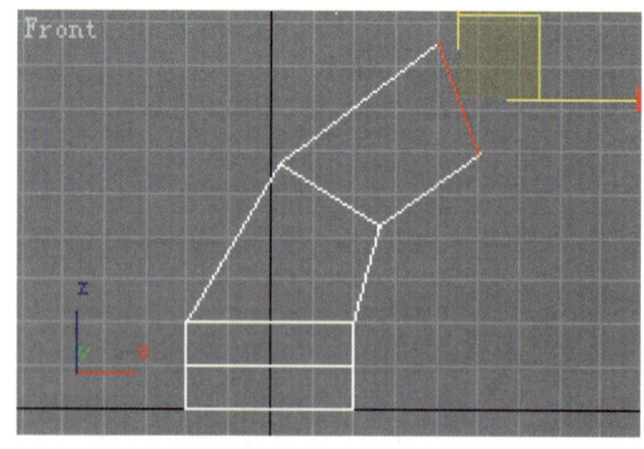

图 4-35　三次修改效果

8）单击【Edit Geometry】（几何编辑）卷展栏中的 Extrude （拉伸）按钮，在其后的文本框中输入“30”并回车，单击 Bevel （斜切）按钮，在其后的文本框中输入“–4”并回车。调整所选择面的位置和角度后，修改后效果如图 4-36 所示。

9）单击【Edit Geometry】（几何编辑）卷展栏中的 Extrude （拉伸）按钮，在其后的文本框中输入“25”并回车，修改后效果如图 4-37 所示。

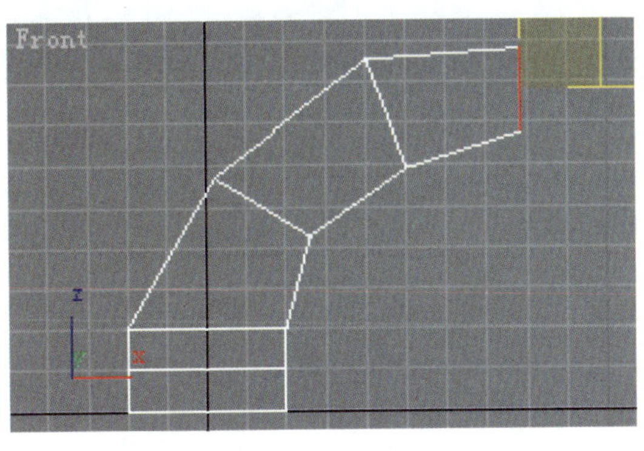

图 4-36 四次修改效果

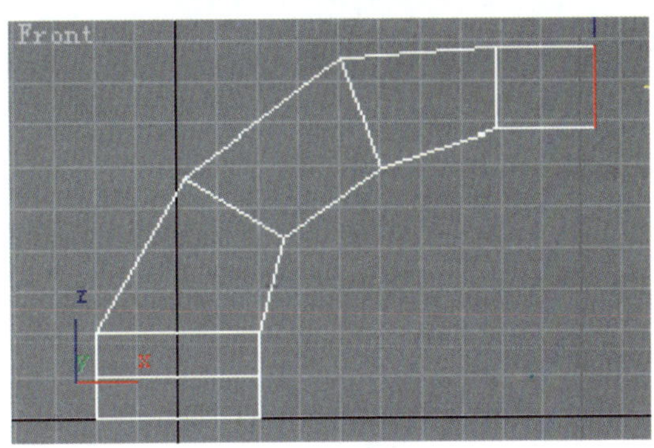

图 4-37 五次修改效果

10）选择如图 4-38 所示的面。

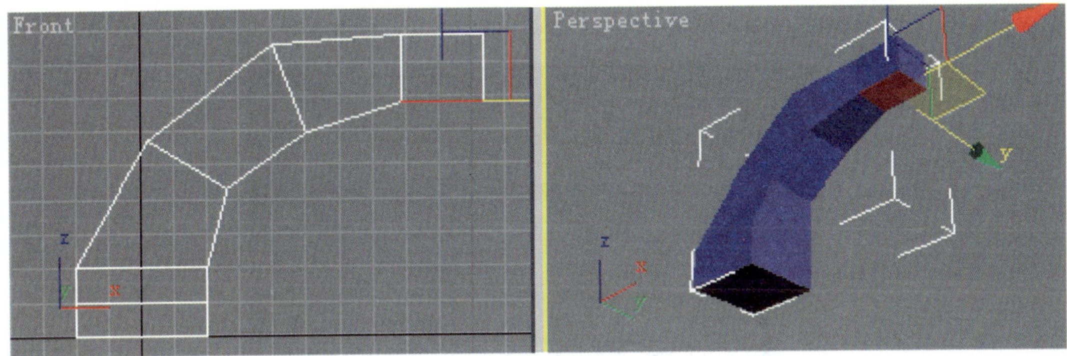

图 4-38 选择四边面

11）单击【Edit Geometry】（几何编辑）卷展栏中的 Extrude （拉伸）按钮，在其后的文本框中输入“4”并回车，单击 Bevel （斜切）按钮，在其后的文本框中输入“–3”并回车。再一次单击 Extrude （拉伸）按钮，在其后的文本框中输入“5”并回车，修改后效果如图 4-39 所示。

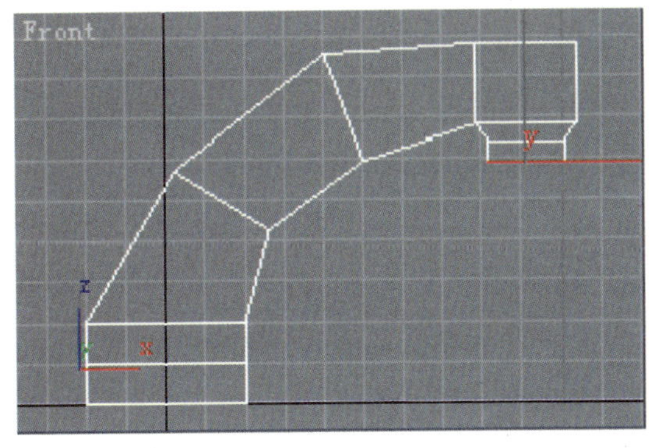

图 4-39 修改四边面

12）关闭子对象。

4.3.3 光滑网格对象

1）选择长方体，进入修改命令面板，选择修改命令列表中的【MeshSmooth】（光滑网格对象）命令。

2）修改【Subdivision Amount】（细分数量）卷展栏中的【Iterations】（复杂度）的值为“2”，如图4-40 所示。

3）透视图效果如图 4-31 所示。

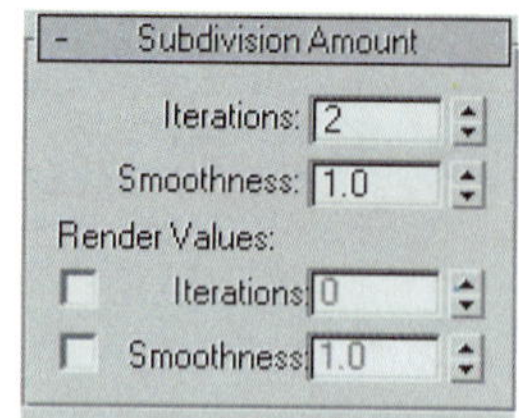

图 4-40 【Subdivision Amount】卷展栏

4.4 制作建筑外墙

本节通过制作图 4-41 所示的建筑外墙，主要介绍三维布尔运算命令的使用方法，涉及的操作命令还有长方体命令、矩形命令、编辑网格命令、编辑样条线命令等。

图 4-41 建筑外墙

4.4.1 制作墙体

1）重新设置系统。

2）单击（创建）按钮，进入创建命令面板。

3）单击其下的（三维几何体）按钮，在【Standard Primitives】（标准几何体）选项类下，单击创建命令面板上的 Box （长方体）按钮。

4）在【Keyboard Entry】（键盘输入）卷展栏中输入长方体的长度为 2500mm，宽度为 6500mm，高度为 240mm，激活前视图创建长方体，命名为“墙体”。

5）在前视图创建长度为 1500mm，宽度为 1500mm，高度为 500mm 的小长方体，命名为“窗洞 01”。调整位置如图 4-42 所示。

6）单击标准工具栏中的（移动）命令，按住键盘上的“Shift”键，在前视图复制出“窗洞 02”和“窗洞 03”，如图 4-43 所示。

7）选择“窗洞 01”，进入修改命令面板，选择修改命令列表中的【Edit Mesh】（编辑网格）命令。

8）单击【Edit Geometry】（几何编辑）卷展栏中的 Attach （附加）按钮，将光标移至视图中“窗洞02”和“窗洞03”位置附近，待出现连接符号时单击鼠标左键，三个窗洞被附加到一起。

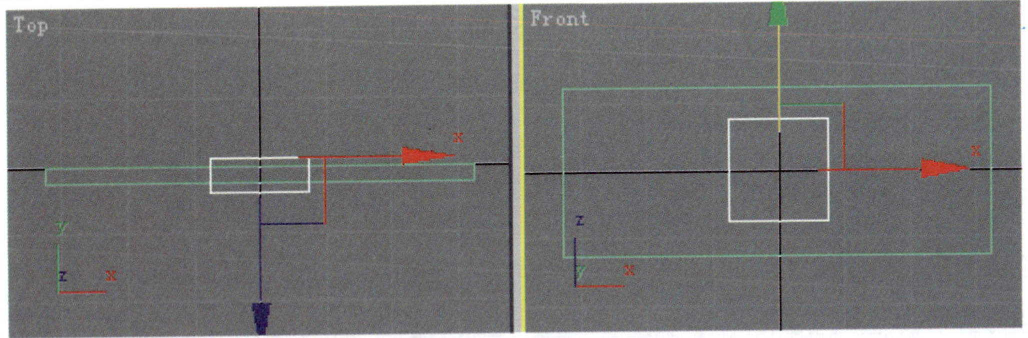

图 4-42 建筑外墙

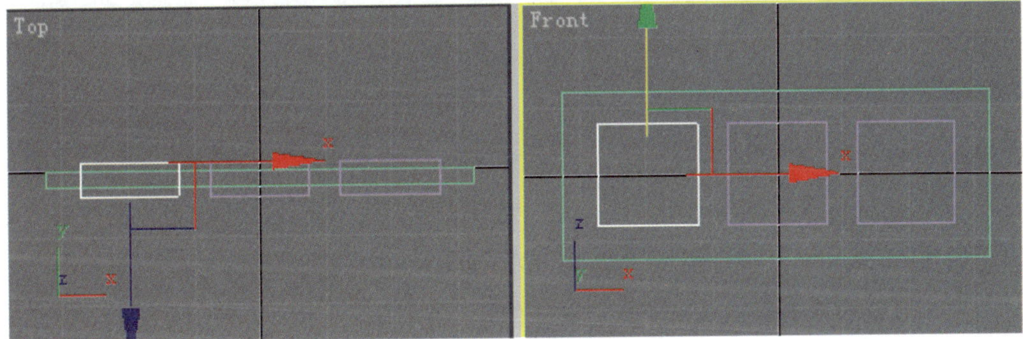

图 4-43 窗洞位置

9）确认墙体处于选择状态。单击 （创建）按钮，进入创建命令面板。

10）单击其下的 （几何体）按钮，在【Compound Objects】（复合物体）选项类下，单击 Boolean （布尔运算）按钮。

11）选择【Pick Boolean】卷展栏中的“Move”选项，单击 Pick Operand B （点取操作数B）按钮，将鼠标移至视图的窗洞上，单击鼠标左键，其效果如图4-44所示。

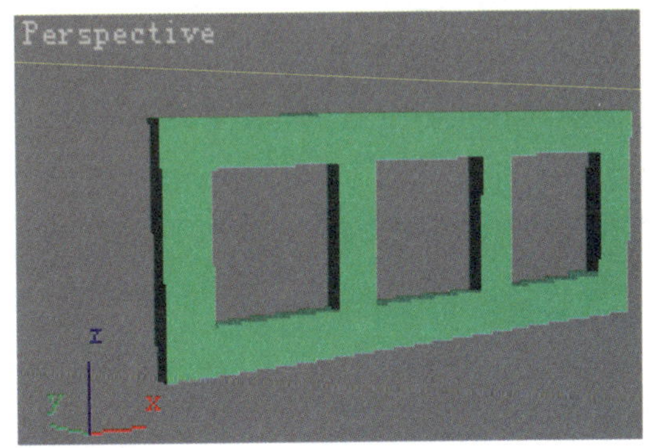

图 4-44 布尔运算结果

4.4.2 制作窗框

1）单击 （创建）按钮，进入创建命令面板。

2）单击其下的 （二维图形）按钮，在【Spline】选项类下，单击创建命令面板上的

Rectangle（矩形）按钮。

3）在【Keyboard Entry】（键盘输入）卷展栏中输入矩形的长度为 1500mm，宽度为 1500mm，激活前视图创建矩形，命名为“窗框”。

4）利用“Alt+Q”快捷键，进入隔离模式。

5）在前视图创建长度为 600mm，宽度为 600mm 的矩形，调整位置如图 4-45 所示。

6）激活标准工具栏中的（移动）命令，按住键盘上的“Shift”键，在前视图复制 3 个小矩形，调整位置，如图 4-46 所示。

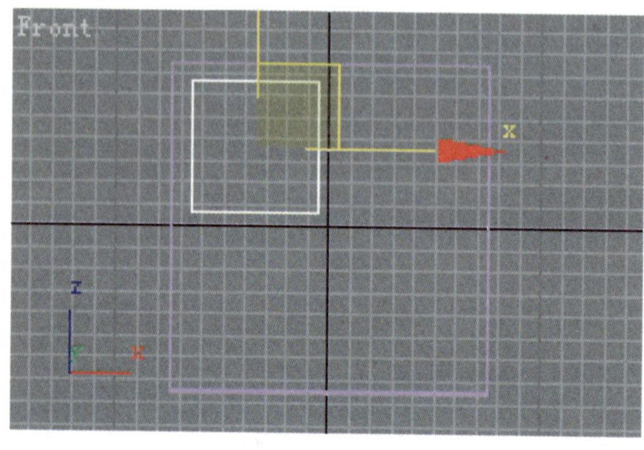

图 4-45　矩形位置

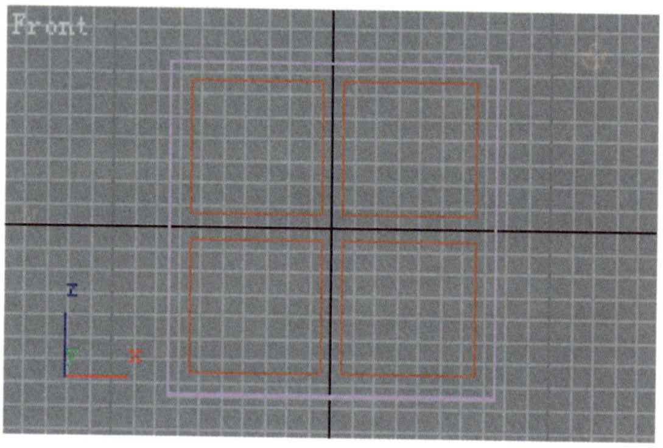

图 4-46　复制小矩形

7）将创建的所有二维图形附加到一起。选择窗框，进入修改命令面板，选择修改命令列表中的【Edit Spline】（编辑样条线）命令。

8）单击【Geometry】卷展栏中的 Attach Mult.（多重结合）按钮，弹出【Attach Multiple】（多重结合）对话框，将全部对象选中。

9）单击 Attach（附加）按钮，关闭对话框，所有对象被附加到一起，如图 4-47 所示。

10）选择修改命令列表中的【Extrude】（拉伸）命令。将【Parameters】（参数）卷展栏中的“Amount”（数量）设置为 50mm，将“Segments”（段数）设置为 1。透视图效果如图 4-48 所示。

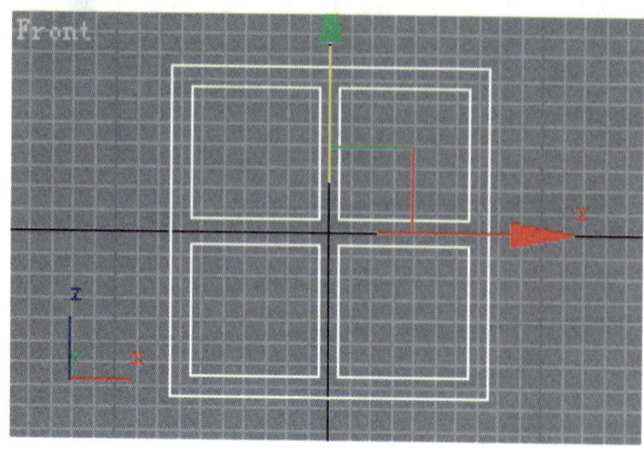

图 4-47　附加后效果

图 4-48　拉伸效果

4.4.3 制作玻璃

1）单击下的（三维几何体）按钮，在【Standard Primitives】（标准几何体）选项类下，单击创建命令面板上的 Box （长方体）按钮。

2）在【Keyboard Entry】（键盘输入）卷展栏中输入长方体的长度为 2500mm，宽度为 6500mm，高度为 240mm，激活前视图创建长方体，命名为“玻璃”。调整位置如图 4-49 所示。

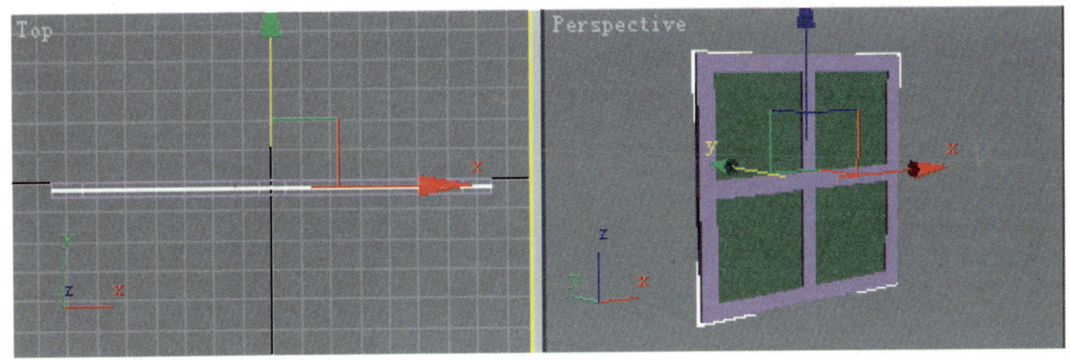

图 4-49 玻璃位置

3）单击 Exit Isolation Mode 按钮，退出孤立模式。

4）同时选择窗框和玻璃，调整其位置位于墙体的正中间，如图 4-50 所示。

5）单击标准工具栏中的（移动）命令，按住键盘上的“Shift”键，在前视图向左向右分别复制窗框和玻璃，如图 4-51 所示。

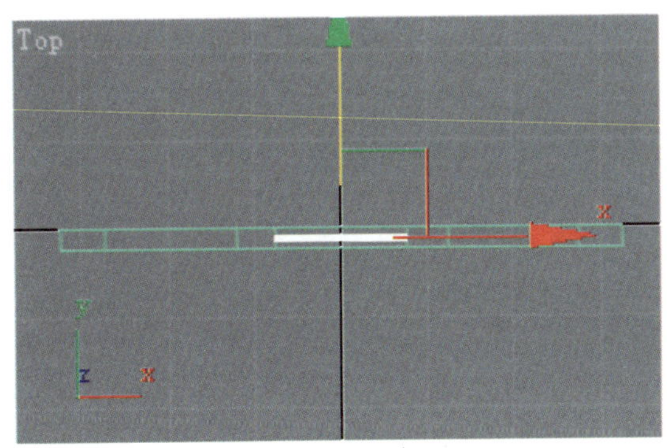

图 4-50 调整位置

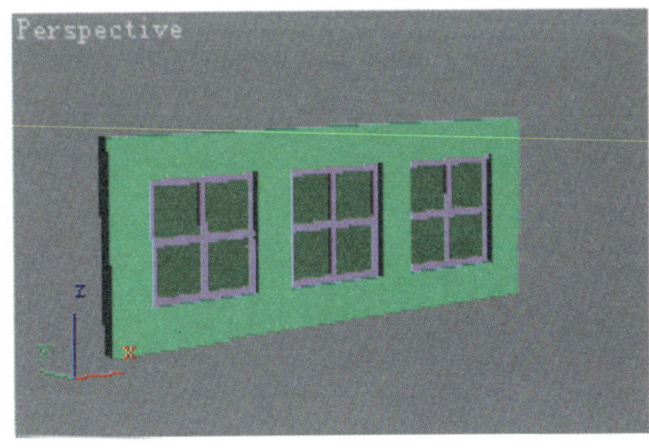

图 4-51 复制后的效果

本章小结

本章通过实例讲解了三维几何体的修改方法。主要修改命令包括 Edit Mesh(编辑网格)

命令，Bend（弯曲）命令，Taper（锥化）命令，Mesh Smooth（光滑网格对象）命令，FFD命令，Boolean（布尔运算）等。这些命令是三维造型常用的修改命令，学会运用这些命令制作各种建筑造型，可为制作建筑效果图打下坚实的基础。

思考题与习题

1. Edit Mesh（编辑网格）命令有哪些子对象？
2. Mesh Smooth（光滑网格对象）命令中常用的参数有哪些？
3. 制作如图 4-52 和图 4-53 所示的模型。

图 4-52　浴房效果图

图 4-53　椅子效果图

第 5 章　3ds Max 材质编辑实例

学 习 目 标

- 掌握材质编辑器的使用方法。
- 掌握常用材质和贴图的使用方法。
- 掌握常用贴图通道的使用方法。

学 习 重 点

材质编辑器、常用材质和贴图、常用贴图通道的使用方法。

5.1 制作乳胶漆材质

乳胶漆墙面材质的特点是表面光滑，但不具备反光效果，是室内装饰中应用最频繁的材质之一。3ds Max 中对这种材质的表现一般是通过设置漫反射颜色和控制材质的反光强度来完成的。

本节通过制作如图 5-1 所示的客厅墙面的材质，介绍制作乳胶漆材质的基本方法。

图 5-1　客厅效果图

操作步骤如下

1）打开本书配套光盘中的文件“客厅效果图.max”。

2）单击标准工具栏中的命令按钮（材质编辑器），弹出【Material Editor】（材质编辑器）对话框，如图 5-2 所示。

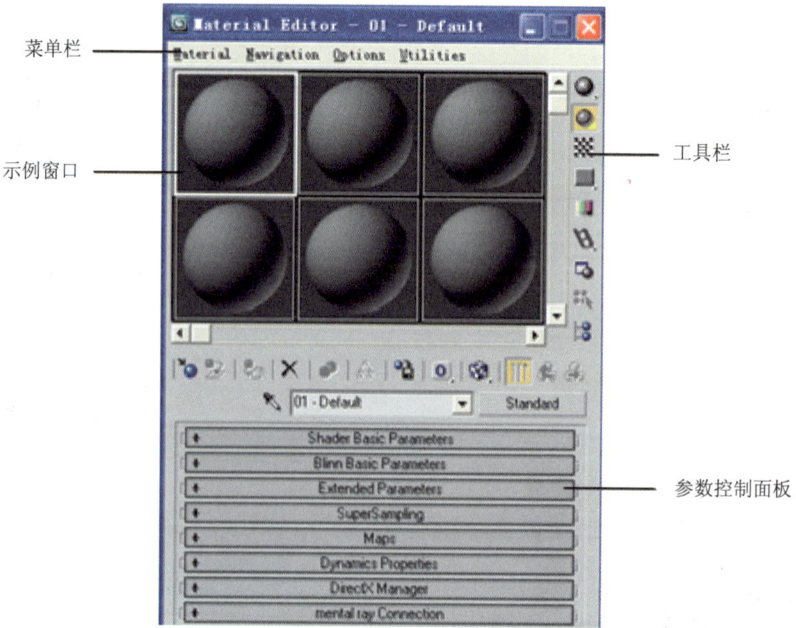

图 5-2　材质编辑器面板

注意： 单击菜单【Rendering】(渲染)|【Material Editor】(材质编辑器)命令，或者利用快捷键“M”，也可以展开材质编辑器面板。

3）激活一个未使用的示例球，重命名为“乳胶漆”，如图 5-3 所示。

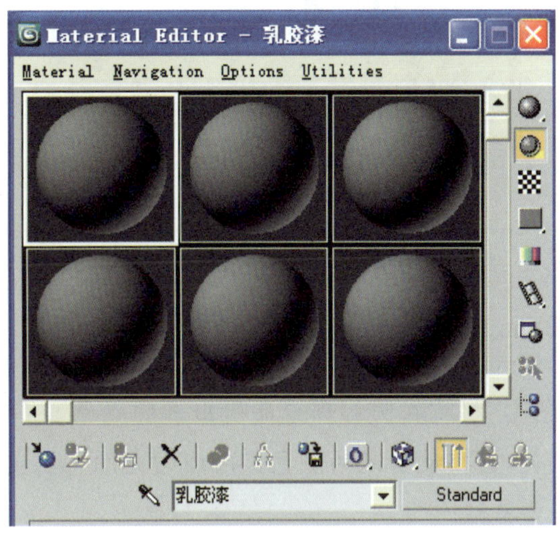

图 5-3 重命名

4）单击【Blinn Basic Parameters】(Blinn 基本参数）左侧的“+”号，展开该卷展栏。单击 Diffuse:（漫反射）后面的颜色按钮，在弹出的【Color Selector】(颜色选择器）对话框中设置颜色为 Red:（红）248、Green:（绿）245、Blue:（蓝）236，如图 5-4 所示。

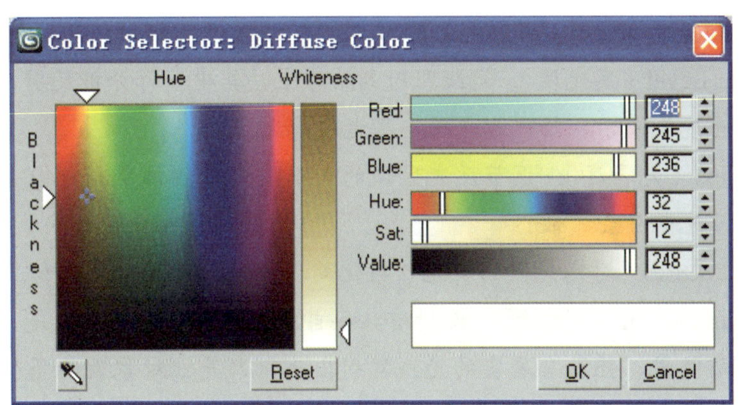

图 5-4 设置乳胶漆的颜色

5）单击 OK 按钮返回材质编辑面板，设置 Self-Illumination（自发光）栏中的 Color（颜色）参数为 10，用于模拟高级乳胶漆材质，再设置 Specular Highlights（反射高光）栏中的参数值，如图 5-5 所示。

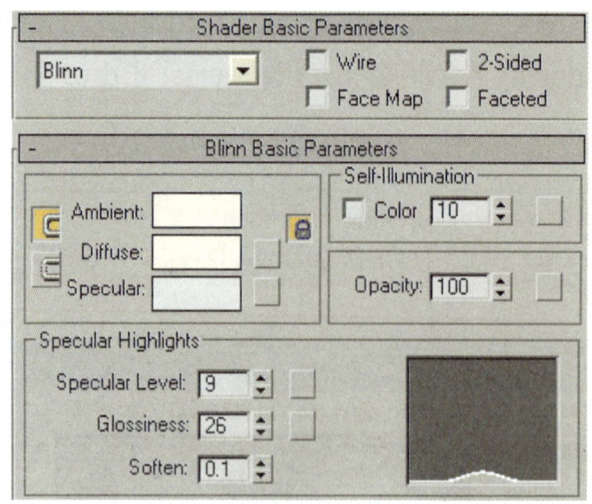

图 5-5　设置乳胶漆反射高光

注意：当选择不同明暗器时，会出现对应的基本参数卷展栏。Blinn 为默认的明暗器类型，对应【Blinn Basic Parameters】（Blinn 基本参数）卷展栏。

- Ambient（阴影色）：材质在阴影部分反射出来的颜色，即背向光源区域的颜色。
- Diffuse（过渡色）：直接反射光的颜色，即迎向光源的主要区域的颜色，是反映对象表面颜色的重要参数。
- Specular（高光色）：对象高光点直接反射的颜色，一般反射强度越大，高光色的颜色越白。
- ：可以把两种颜色锁定在一起。
- ：添加贴图的快捷方式。当贴图被载入且激活时，它将出现在 Map 卷展栏中，此时在按钮上会出现大写字母 M。
- ：是否将 Ambient（阴影色）和 Diffuse（过渡色）贴图锁定在一起。
- Specular Level（高光度）：光线照射到物体上，其中一部分被反射，这个反光的强度用高光度来表示，物体越光滑，高光度越大。
- Glossiness（光泽度）：调节反光区域的大小，光滑物体反光点很小，而表面粗糙的物体反光部分会扩散。
- Soften（柔化）：对高光区的反光作柔化处理，使它变模糊、柔和。
- Self-Illumination（自发光）：使材质具备自发光效果。要注意的是，这里的自发光只是材质效果，并没有真实的光线发射出来，只是让对象表面亮度增加。常用于制作灯泡等光源物体。设定自发光有两种方式：一种是勾选复选框，通过色块确定某个颜色，使对象表面蒙上这种颜色的光芒；另一种是关闭复选框，通过调节参数，使对象根据自身的过渡色或图案发光。
- Opacity（不透明）：设置材质的透明度，值为 100 表示完全不透明，值为 0 表示完全透明。

6）在场景中选择墙体和顶棚，单击材质编辑器工具栏中的（赋予材质）按钮，将当前材质赋予对象。这时，示例球周围出现4个三角形图标，表示该材质为同步材质。

7）激活摄像机视图，单击标准工具栏中的（快速渲染）按钮渲染摄像机视图，结果如图5-1所示。

5.2 制作地砖材质

地砖材质是室内装饰中最重要的材质之一。3ds Max 中地砖材质的表现一般是通过添加 Diffuse Color（漫反射颜色）贴图制作纹理，通过添加 Reflection（反射）中的光线跟踪表现材质的反射特性。

本节通过制作如图5-6所示的餐厅地面的材质，介绍制作地砖材质的基本方法。

图5-6 餐厅效果图

操作步骤如下

1）打开本书配套光盘中的文件“餐厅效果图.max”。

2）单击标准工具栏中的命令按钮（材质编辑器），弹出【Material Editor】（材质编辑器）对话框。

3）激活一个未使用的示例球，重命名为“地砖”。

4）展开【Blinn Basic Parameters】（Blinn 基本参数）卷展栏，单击 Diffuse:（漫反射）后面的按钮，弹出【Material /Map Browser】（材质/贴图浏览器）对话框。双击 Tiles（平铺）选项，进入平铺贴图面板。展开【Advanced Controls】（高级控制）卷展栏，修改 Tiles Setup（平铺设置）选择框中 Texture:（质地）的颜色为 Red:（红）205、Green:（绿）227、Blue:（蓝）225，修改 Grout Setup（砂浆设置）选择框中的 Horizontal Gap:（水平空隙）的值为0.2，Vertical Gap:（竖直空隙）的值也为0.2，如图5-7所示。

5）单击（返回）按钮返回顶层材质编辑面板。

6）设置反射高光参数如图5-8所示。

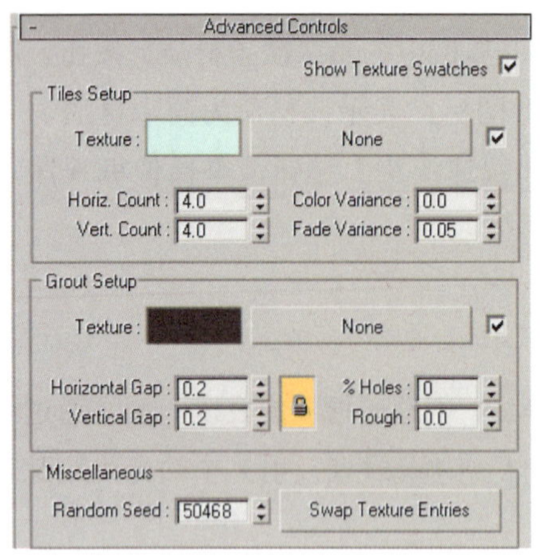

图 5-7 【Advanced Controls】卷展栏设置

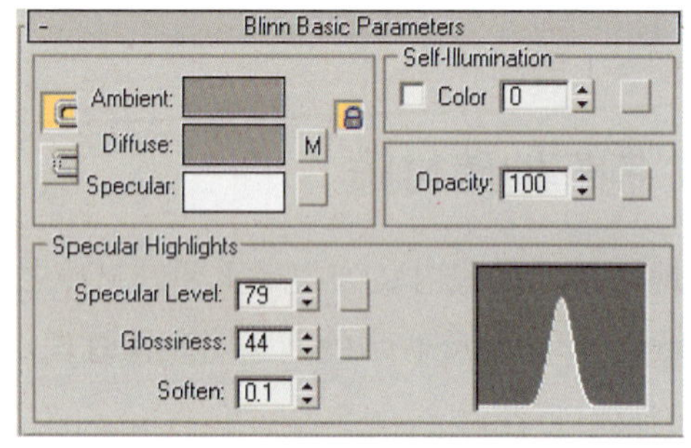

图 5-8 设置反射高光参数

7）展开【Map】（贴图）卷展栏，将“Reflection”（反射）后的数值改为 30，单击 None 按钮，弹出【Material/Map Browser】（材质/贴图浏览器）对话框，双击“Raytrace”（光线跟踪）选项，进入光线跟踪面板。

8）单击（返回）按钮返回顶层材质编辑面板。

9）在视图中选择地面，单击（赋予材质）按钮，将当前材质赋予地面。单击（显示贴图）按钮，在视图中显示贴图效果。

10）激活摄像机视图，单击标准工具栏中的（快速渲染）按钮渲染摄像机视图，结果如图 5-9 所示。

注意： 通过渲染可以看到地砖纹理，但以上纹理没有按照地砖实际尺寸进行铺设，而是直接以地面的尺寸进行铺设，这是因为没有给地面指定贴图坐标所造成的。下面将解决这一问题。

11）确认地面处于选择状态。单击（修改）按钮，进入修改命令面板。选择修改命令列表中的【UVW Map】（贴图坐标）选项，设置地面贴图的坐标如图 5-10 所示。

图 5-9 渲染效果

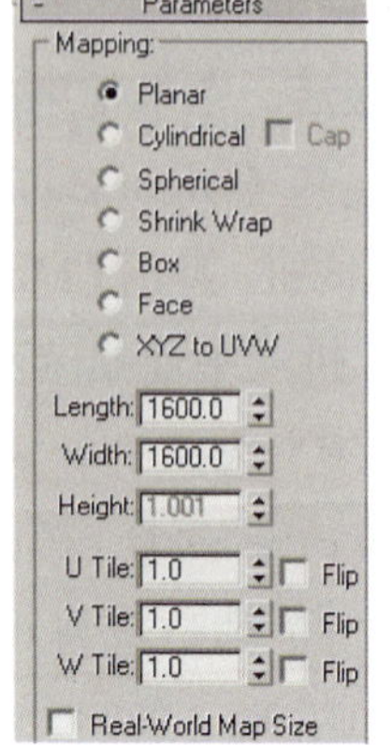

图 5-10 设置 UVW 贴图坐标

12）激活摄像机视图，单击标准工具栏中的 （快速渲染）按钮渲染相机视图，结果如图 5-6 所示。

5.3 制作玻璃材质

玻璃材质主要通过调整材质的不透明度参数值来表现玻璃的透明程度，通过添加光线跟踪阴影来制作玻璃反射效果。本节通过制作如图 5-11 所示的餐桌桌面的材质，介绍制作玻璃材质的基本方法。

图 5-11 餐桌效果图

操作步骤如下

1）打开本书配套光盘中的文件“玻璃材质.max”。

2）单击标准工具栏中的命令按钮 （材质编辑器），弹出【Material Editor】（材质编辑器）对话框。

3）激活一个未使用的示例球，重命名为“玻璃”。

4）单击 Standard （标准）按钮，弹出【Material /Map Browser】（材质/贴图浏览器）对话框。双击 Multi/Sub-Object （多维/子对象）选项，弹出【Replace Material】（替换材质）对话框。选择第一个复选框，如图 5-12 所示，单击 OK 按钮，进入多维/子对象面板。

图 5-12 【Replace Material】对话框

5）单击【Multi/Sub-Object Basic Parameters】（多维/子对象材质基本参数）卷展栏下的 Set Number （设置数量）按钮，弹出【Set Number of Materials】（设置材质数）对话框，设置数量为 2，如图 5-13 所示，单击 OK 按钮，面板状态如图 5-14 所示。

6）单击 ID 为 1 的材质后面的 Material #36 (Standard) 按钮，进入该材质编辑面板。展开【Shader Basic Parameters】（明暗基本参数）卷展栏，在明暗器类型列表中选择 Anisotropic

（各向异性）。

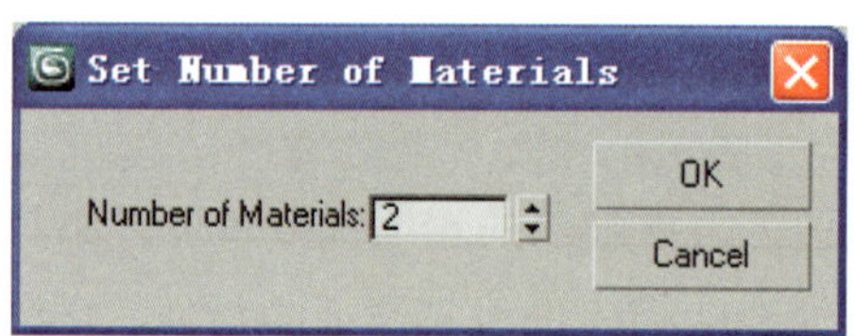

图 5-13 【Set Number of Materials】对话框

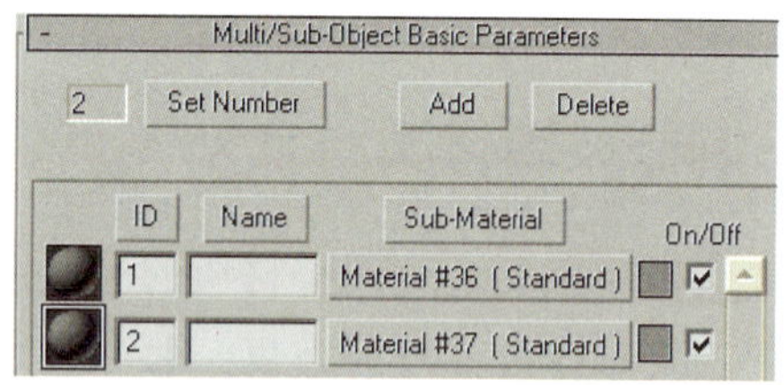

图 5-14 多维材质面板状态

7）展开【Anisotropic Basic Parameters】卷展栏，设置 Diffuse:（漫反射）的颜色为 Red:（红）150、Green:（绿）199、Blue:（蓝）200，并将该颜色按钮拖到【Extended Parameters】（扩展参数）卷展栏中 Filter: 后面的颜色按钮上进行颜色复制，其他参数设置如图 5-15 所示。

8）展开【Map】（贴图）卷展栏，将“Reflection”后的数值改为 30，单击 None 按钮，弹出【Material/Map Browser】（材质/贴图浏览器）对话框，双击“Raytrace”（光线跟踪）选项，进入光线跟踪面板。

9）单击 （返回）按钮返回最顶层材质编辑面板。单击 ID 为 2 的材质后面的 Material #26 (Standard) 按钮，进入该材质编辑面板，设置 Diffuse:（漫反射）的颜色为 Red:（红）54、Green:（绿）121、Blue:（蓝）131，并将该颜色按钮拖到【Extended Parameters】（扩展参数）卷展栏中 Filter: 后面的颜色按钮上进行颜色复制，其他参数设置如图 5-16 所示。

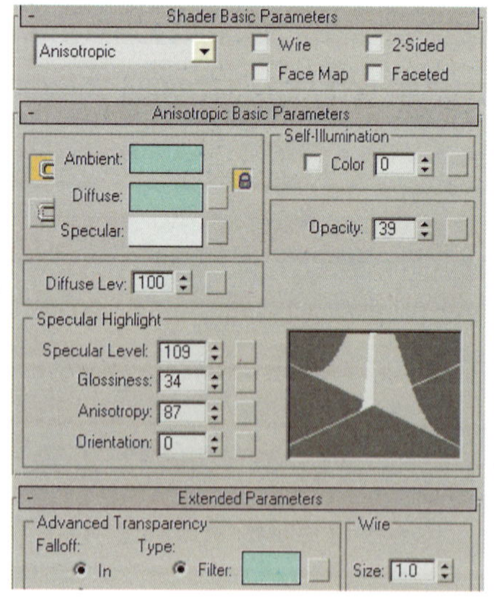

图 5-15 ID 为 1 的材质编辑面板

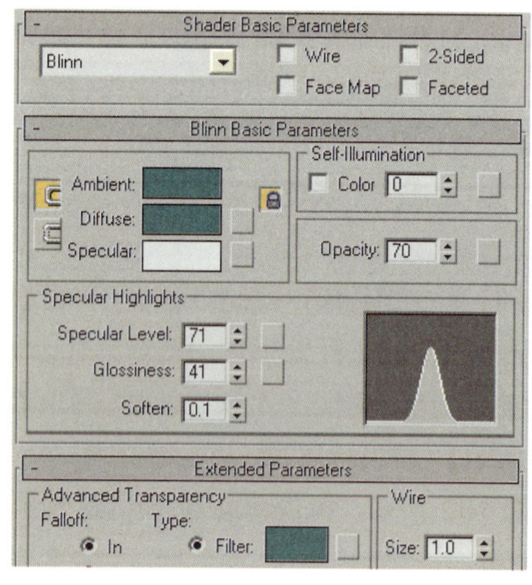

图 5-16 ID 为 2 的材质编辑面板

10）展开【Map】（贴图）卷展栏，将“Reflection”（反射）后的数值改为 30，单击 None 按钮，弹出【Material/Map Browser】（材质/贴图浏览器）对话框，双击“Raytrace”（光线跟踪）选项，进入光线跟踪面板。

11）单击 （返回）按钮返回最顶层材质编辑面板，多维材质球效果如图 5-17 所示。

12）在视图中选择桌面，单击（赋予材质）按钮，将当前材质赋予桌面。

13）激活摄像机视图，单击标准工具栏中的（快速渲染）按钮渲染摄像机视图，结果如图 5-18 所示。

图 5-17 多维材质球效果

图 5-18 渲染效果

注意：给物体赋予多维材质时，物体的 ID 号必须与材质的 ID 号相一致，这样系统才会将 ID 材质正确地匹配给 ID 号相同的物体面。下面将解决这一问题。

14）确认桌面处于选择状态。单击（修改）按钮，进入修改面板。选择修改命令列表中的【Edit Mesh】（编辑网格）选项，激活【Edit Mesh】（编辑网格）左侧的“+”号，展开其子对象，选择其下“Polygon”（四边形面）选项。

15）激活标准工具栏中的按钮，按住键盘上的“Ctrl”键，在顶视图框选轮廓边缘，如图 5-19 所示，在【Surface Properties】（表面材质）卷展栏中，设置 Set ID: 的值为 2。

16）单击菜单栏中的【Edit/Select Invert】（编辑/反选）命令，对面进行反选，如图 5-20 所示，在【Surface Properties】（表面材质）卷展栏中，设置 Set ID: 的值为 1。

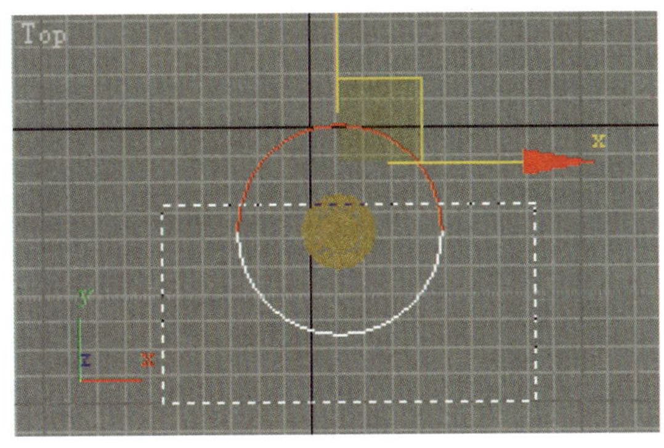

图 5-19 框选轮廓边缘

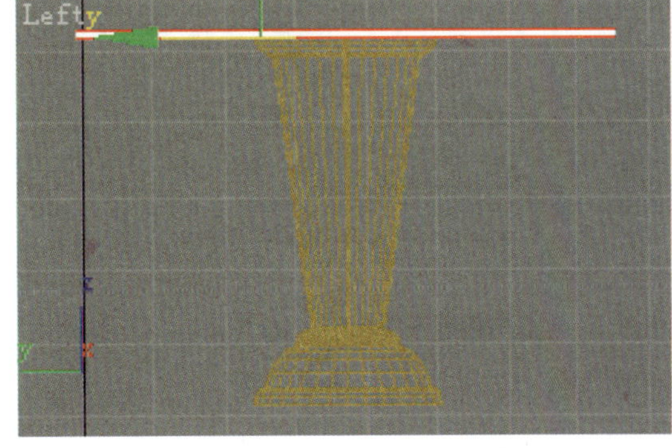

图 5-20 反选面

17）激活透视图，单击标准工具栏中的（快速渲染）按钮渲染透视图，结果如图 5-11 所示。

5.4 制作金属材质和发光材质

本节通过制作如图 5-21 所示的壁灯的材质，介绍制作金属材质和发光体材质的基本方法。

图 5-21 壁灯效果图

5.4.1 制作金属材质

1）打开本书配套光盘中的文件“壁灯.max”。

2）单击标准工具栏中的命令按钮（材质编辑器），弹出【Material Editor】（材质编辑器）对话框。

3）激活一个未使用的示例球，重命名为“金属”。

4）展开【Shader Basic Parameters】（明暗基本参数）卷展栏，在明暗器类型列表中选择 Metal（金属），如图 5-22 所示。

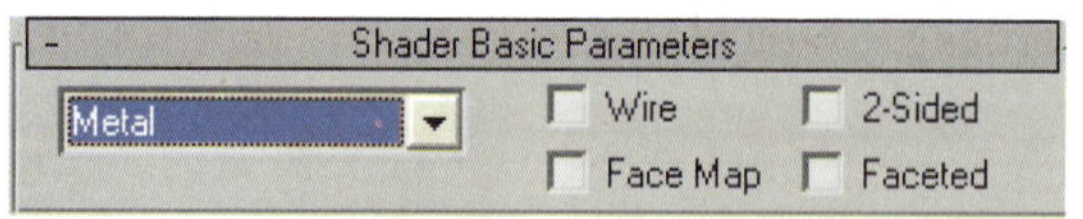

图 5-22 【Shader Basic Parameters】卷展栏

注意：【Shader Basic Parameters】（明暗基本参数）用于选择明暗器类型和渲染方式。

a．明暗器类型。明暗器类型用于改变材质表面对灯光照射的反映情况，共有 8 种明暗器类型。

- Blinn 与 Phong：都是以光滑的方式进行表面渲染，效果非常相似，基本参数完全相同。Blinn 是默认的明暗方式，与 Phong 相比，Blinn 把对象的高光部分处理得更柔和，表现出光泽逐渐扩散的效果，能够恰当的表现出场景的柔和度。
- Anisotropic（各向异性）：通过调节两个垂直正交方向上可见高光尺寸之间的差额，

可以表现非圆形的，具有方向性的高光区域。适合于表现毛发、玻璃和被擦拭过的金属等。

- Metal（金属）：专用于金属材质的制作，可以提供金属所需的强烈反光。
- Multi-Layer（多层）：与 Anisotropic 有相似之处，不同在于 Multi-Layer 有两个高光区域控制，通过高光区域的分层，可以创建很多特效。
- Oren-Nayar-Blinn：比 Blinn 增加了 Diffuse Level（过渡色级别）和 Roughness（粗糙度）两个设置，常用于表现织物、陶制品等不光滑粗糙物体的表面。
- Strauss：创建金属材质的另一种方法，通过 Strauss（金属加强）参数设定可以影响主要和次要的高光，使材质更像金属。
- Translucent Shader（半透明）：与 Blinn 类似，区别在于能够设置半透明的效果。光线可以穿透这些半透明效果的对象，并且在穿过内部时离散。常用来模拟薄物体，如窗帘、毛玻璃等。

b. 渲染方式。

- Wire：不渲染对象的面，只以线框的形式来表现对象，如栅栏等。
- 2-Sided：对象双面都能看到，适用于不封闭的对象或表现透明材质。
- Face Map：给对象每个面都进行贴图。
- Faceted：使对象每个面渲染之后出现棱角。

5）展开【Metal Basic Parameters】（金属基本参数）卷展栏，设置 Diffuse:（漫反射）的颜色为 Red:（红）225、Green:（绿）147、Blue:（蓝）12，设置 Ambient:（阴影色）的颜色为 Red:（红）49、Green:（绿）20、Blue:（蓝）20，其他参数如图 5-23 所示。

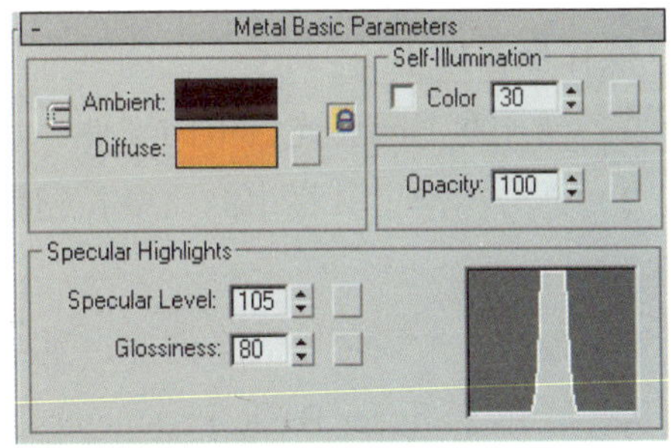

图 5-23 【Metal Basic Parameters】卷展栏

6）在视图中选择壁灯灯壁，单击（赋予材质）按钮，将当前材质赋予壁灯灯壁。

5.4.2 制作发光材质

1）激活一个未使用的示例球，重命名为“发光体”。

2）展开【Blinn Basic Parameters】卷展栏，设置 Diffuse:（漫反射）的颜色为 Red:（红）236、Green:（绿）232、Blue:（蓝）229，设置 Specular:（高光色）的颜色为 Red:（红）255、Green:（绿）255、Blue:（蓝）255，其他参数如图 5-24 所示。

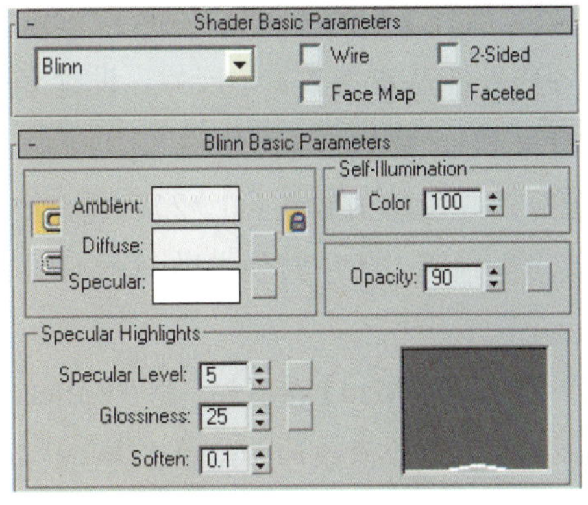

图 5-24 发光体参数

3）在视图中选择壁灯灯罩，单击 （赋予材质）按钮，将当前材质赋予壁灯灯罩。

4）激活透视图，单击标准工具栏中的 （快速渲染）按钮渲染透视图，结果如图 5-21 所示。

5.5 制作陶瓷材质

本节通过制作如图 5-25 所示的坐便器的材质，介绍制作陶瓷材质的基本方法。

图 5-25 坐便器效果图

操作步骤如下

1）打开本书配套光盘中的文件“陶瓷材质.max”。

2）单击标准工具栏中的命令按钮 （材质编辑器），弹出【Material Editor】（材质编辑器）对话框。

3）激活一个未使用的示例球，重命名为“陶瓷”。

4）展开【Shader Basic Parameters】（明暗基本参数）卷展栏，在明暗器类型列表中选择 Anisotropic（各向异性）。

5）展开【Anisotropic Basic Parameters】（各向异性基本参数）卷展栏，设置 Diffuse:（漫反射）、Ambient:（阴影色）、Specular:（高光色）的颜色均为 Red:（红）255、Green:（绿）255、Blue:（蓝）255，其他参数设置如图 5-26 所示。

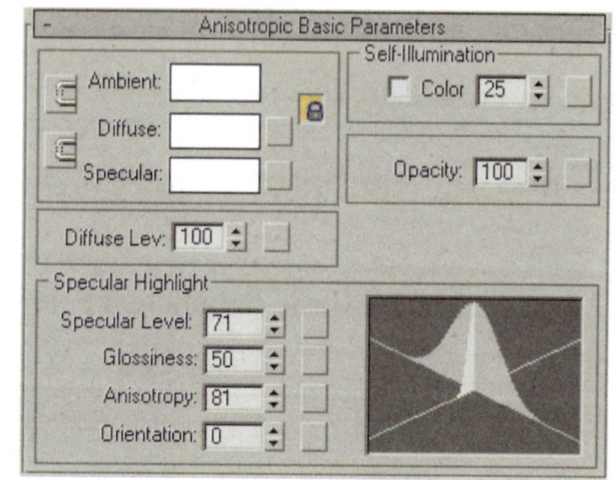

图 5-26 【Anisotropic Basic Parameters】卷展栏

6）展开【Map】卷展栏，将“Reflection”（反射）后的数值改为 20，单击 None 按钮，弹出【Material/Map Browser】（材质/贴图浏

览器）对话框，双击“Raytrace”（光线跟踪）选项，进入光线跟踪面板。

7）单击（返回）按钮返回顶层材质编辑面板。

8）在视图中选择坐便器，单击（赋予材质）按钮，将当前材质赋予坐便器。

9）激活透视图，单击标准工具栏中的（快速渲染）按钮渲染透视图，结果如图 5-25 所示。

5.6 制作木纹材质

本节通过制作如图 5-27 所示的桌子的材质，介绍制作木纹材质的基本方法。

图 5-27 桌子效果图

操作步骤如下

1）打开本书配套光盘中的文件“木纹材质.max”。

2）单击标准工具栏中的命令按钮（材质编辑器），弹出【Material Editor】（材质编辑器）对话框。

3）激活一个未使用的示例球，重命名为“木纹”。

4）展开【Blinn Basic Parameters】（Blinn 基本参数）卷展栏，单击 Diffuse:（漫反射）后面的按钮，弹出【Material /Map Browser】（材质/贴图浏览器）对话框，双击 Bitmap（位图）选项，弹出【Select Bitmap Image File】（选择贴图文件）对话框，选择本书配套光盘中的图片“木纹.TIF”。

5）这时，自动进入 Bitmap（贴图）层级，如图 5-28 所示。

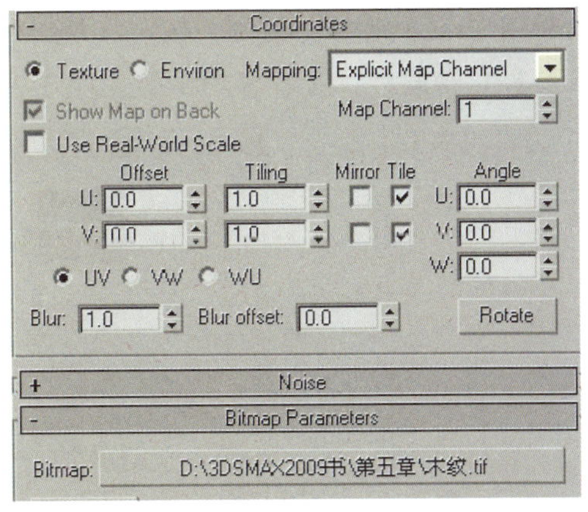

图 5-28 Bitmap（贴图）层级

注意：贴图层级中各参数的意义如下。

- 【Coordinates】（坐标）卷展栏主要用于设定贴图的大小，重复贴图次数，以及旋转贴图的角度等。
- Texture（纹理）：系统默认选项，可以将位图作为纹理贴图到指定表面，在右侧“Mapping”列表中有四种坐标方式可供选择。
- Environ（环境）：把图片指定为场景中的背景时使用该选项，在右侧“Mapping”列表中有四种显示方式可供选择。
- Show Map on Back（显示背部贴图）：在使用平面贴图时，控制对象的背面是否也贴图。
- Offset（偏移）：改变对象 U（水平方向）、V（垂直方向）坐标，以调节贴图在对象表面的位置。
- Tiling（重复）：右侧 Tile（重复）勾选时才起作用，用于设置 U、V 方向贴图的重复次数，可以将纹理连续不断地贴在对象表面，常用于砖墙、地板的制作。如不勾选，则只能贴图一次，无重复效果。
- Mirror（镜像）：将贴图在对象表面进行镜像复制。
- Angle（角度）：控制在相应的坐标方向上产生贴图旋转的效果。既可以输入数值，也可以按 rotate（旋转）按钮实时调节。
- UV/VW/WU：选择二维贴图的坐标平面，默认为 UV 平面，VW 和 WU 平面都与对象表面垂直。
- Blur（模糊）：增加该值，可以影响图像的虚化程度，图像会显得更模糊，可用于远景物的贴图。
- Blur offset（模糊偏移）：利用图像偏移产生大幅度的模糊处理，常用于产生柔化和散焦效果。

6）单击工具栏（返回）按钮，返回材质层级。展开【Blinn Basic Parameters】（Blinn 基本参数）卷展栏，设置各项参数如图 5-29 所示。

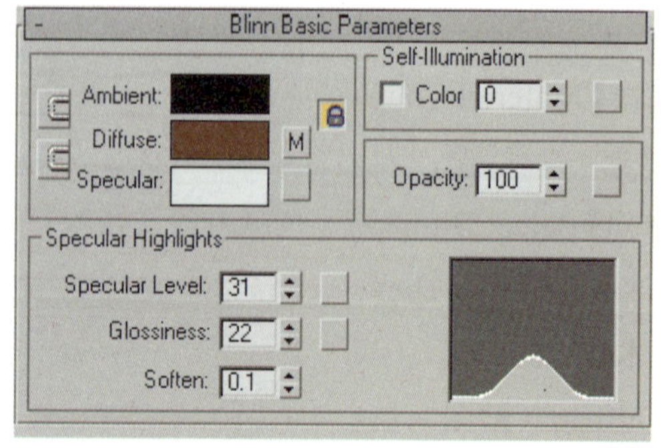

图 5-29 【Blinn Basic Parameters】卷展栏参数

7）展开【Map】卷展栏，将“Reflection”后的数值改为 5，单击 None 按钮，弹出【Material/Map Browser】（材质/贴图浏览器）对话框，双击“Raytrace”（光线跟踪）选项，进入光线跟踪面板。

8）单击（返回）按钮返回顶层材质编辑面板。

9）在视图中选择桌子，单击（赋予材质）按钮，将当前材质赋予桌子。单击（显示贴图）按钮，在视图中显示贴图效果。

10）激活透视图，单击标准工具栏中的（快速渲染）按钮渲染透视图，结果如图 5-27 所示。

5.7 制作布艺材质

本节通过制作如图 5-30 所示的沙发的材质，介绍制作布艺材质的基本方法。

图 5-30 沙发效果图

操作步骤如下

1）打开本书配套光盘中的文件“布艺材质.max”。

2）单击标准工具栏中的命令按钮（材质编辑器），弹出【Material Editor】（材质编辑器）对话框。

3）激活一个未使用的示例球，重命名为“布艺”。

4）展开【Blinn Basic Parameters】（Blinn 基本参数）卷展栏，单击 Diffuse:（漫反射）后面的按钮，弹出【Material /Map Browser】（材质/贴图浏览器）对话框，双击 Bitmap（位图）选项，弹出【Select Bitmap Image File】（选择贴图文件）对话框，选择本书配套光盘中的图片“布艺.TIF”。

5）这时，自动进入 Bitmap（贴图）层级，单击工具栏（返回）按钮，返回材质层级。展开【Blinn Basic Parameters】（Blinn 基本参数）卷展栏，设置各项参数如图 5-31 所示。

6）展开【Map】（材质）卷展栏，将“Bump”（凸凹）后的数值改为 40，单击 None 按钮，弹出【Material/Map Browser】（材质/贴图浏览器）对话框，双击“Noise”（噪波）选项，进入噪波面板，设置【Coordinates】（匹配）卷展栏中的各项参数如图 5-32 所示。

7）单击（返回）按钮返回顶层材质编辑面板。

8）在视图中选择沙发，单击（赋予材质）按钮，将当前材质赋予沙发。单击（显示贴图）按钮，在视图中显示贴图效果。

9）激活透视图，单击标准工具栏中的（快速渲染）按钮渲染透视图，结果如图 5-30 所示。

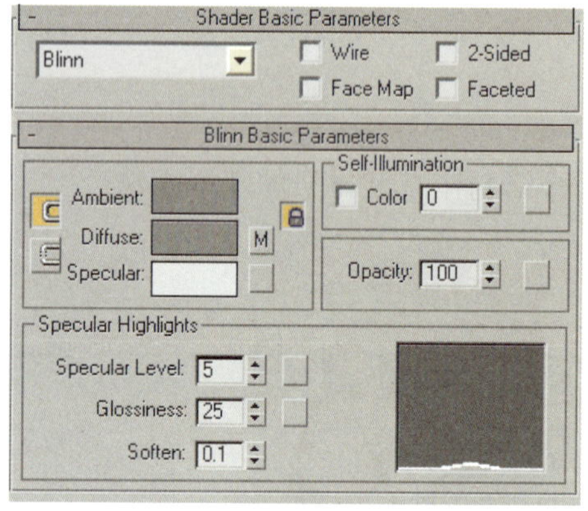

图 5-31 【Blinn Basic Parameters】卷展栏参数

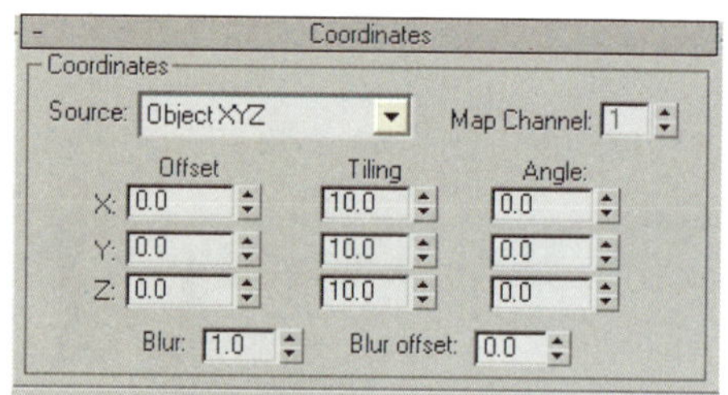

图 5-32 【Coordinates】卷展栏参数

5.8 制作镂空材质

本节通过制作如图 5-33 所示的花瓶的材质，介绍制作镂空材质的基本方法。

图 5-33 镂空材质效果图

操作步骤如下

1）打开本书配套光盘中的文件“镂空材质.max”。

2）单击标准工具栏中的命令按钮（材质编辑器），弹出【Material Editor】（材质编辑器）对话框。

3）激活一个未使用的示例球，重命名为“镂空”。

4）展开【Blinn Basic Parameters】（Blinn 基本参数）卷展栏，单击 Diffuse:（漫反射）后面的按钮，弹出【Material /Map Browser】（材质/贴图浏览器）对话框，双击 Bitmap（位图）选项，弹出【Select Bitmap Image File】（选择贴图文件）对话框，选择本书配套光盘中的图片“花.TIF”。

5）这时，自动进入 Bitmap 贴图层级，单击工具栏（返回）按钮，返回材质层级。展开【Blinn Basic Parameters】（Blinn 基本参数）卷展栏，设置各项参数如图 5-34 所示。

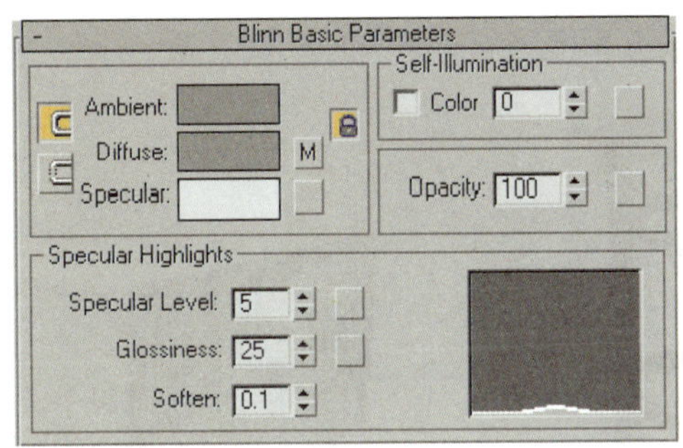

图 5-34 【Blinn Basic Parameters】卷展栏的参数设置

6）展开【Maps】卷展栏，单击“Opacity”（透明度）后的 None 按钮，弹出【Material/Map Browser】对话框，双击 Bitmap（位图）选项，弹出【Select Bitmap Image File】对话框，选择本书配套光盘中的图片“花 01.tif”，【Maps】卷展栏如图 5-35 所示。

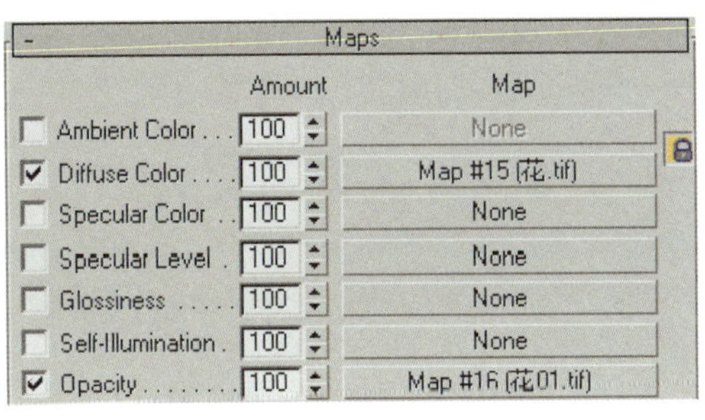

图 5-35 【Maps】卷展栏

7）在视图中选择长方体，单击（赋予材质）按钮，将当前材质赋予长方体。单击（显示贴图）按钮，在视图中显示贴图效果。

8）激活透视图，单击标准工具栏中的（快速渲染）按钮渲染相机视图，结果如图 5-33 所示。

本章小结

本章通过实例讲解了如何在 3ds Max 中利用材质编辑器制作常用材质和 3ds Max 贴图的知识，介绍了材质编辑器中常用参数的含义及设置方法。通过这些操作，可以实现非常完美的材质效果，要在生活中多观察实物，才能够创作出更逼真的材质。

思考题与习题

1. 常用的贴图通道有哪些？
2. 简述制作金属材质的方法。
3. 为图 5-36 所示的茶几和图 5-37 所示的床赋材质。

图 5-36　茶几效果图

图 5-37　床效果图

第6章　灯光与摄像机的应用

学习目标

- 掌握3ds Max中灯光的类型。
- 掌握Autodesk 3ds Max 2009 32-bit中光度学灯光的使用方法。
- 掌握3ds Max中标准灯光的使用方法。
- 掌握建筑效果图布光的基本理论和需注意的问题。
- 掌握摄像机的使用方法。

学习重点

用灯光调整场景中的光感效果，使场景表现得真实、富有立体感和层次感。

用摄像机调整场景的视角和透视关系，以实现合理构图。

灯光是在 3ds Max 三维场景中起照明作用的对象，其作用不仅局限于照亮环境以识别对象，还可以通过逼真的照明和阴影增强场景的真实感、通过灯光向场景中投射贴图画面、为场景中的光源模型产生对应的照明效果。

摄像机是 3ds Max 三维场景中不可缺少的组成元素，建筑效果图和建筑动画都必须通过摄像机视图来表现。

6.1 了解灯光的类型

Autodesk 3ds Max 2009 32-bit 提供两大类灯光：Photometric（光度学灯光）和 Standard（标准灯光），每一类灯光又包含了一些具体的灯光对象。

6.1.1 光度学灯光

光度学灯光用光度学物理参量（如光的分布、强度、色温和其他真实灯光的特性）描述灯光的技术性能，它可以更精确地定义灯光，可产生非常真实的照明效果，也可以导入照明制造商的特定光度学文件设计基于商用灯光的照明。

单击 （创建）按钮，再单击 （灯光）按钮，即进入如图 6-1 所示的灯光命令面板。Photometric（光度学灯光）是 Autodesk 3ds Max 2009 32-bit 默认的灯光系统。

图 6-1 创建 Photometric（光度学灯光）命令面板

Autodesk 3ds Max 2009 32-bit 提供了 Target Light（目标灯光）、Free Light（自由灯光）和 mr Sky Portal（mr 入口天光）三种光度学灯光，它们在视图中的显示状态如图 6-2 所示。

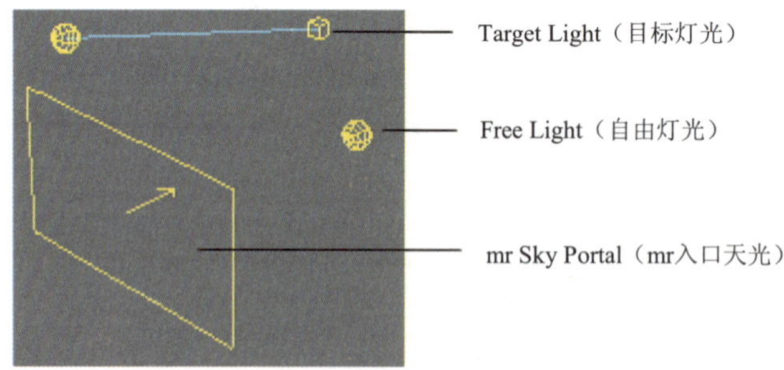

图 6-2 光度学灯光在视图中的显示状态

- Target Light（目标灯光）：单击 Target Light 按钮，在视图中拖曳即可创建目标灯光。它是一种投射光束，具有一定的照射方向，通过设置参数可使物体产生逼真的投影效果。可以在场景中移动该灯光光源的位置和目标点的位置。通过【General Parameters】（一般参数）卷展栏下【Light Distribution（Type）】（灯光分布类型）下拉列表可修改灯光的分布类型。

- Free Light（自由灯光）：单击 Free Light 按钮，在视图中单击即可创建自由灯光。自由灯光没有投射目标，向各方向均射出灯光。通过【General Parameters】（一般参数）卷展栏下【Light Distribution（Type）】（灯光分布类型）下拉列表可修改灯光的分布类型。
- mr Sky Portal（mr 入口天光）：单击 mr Sky Portal 按钮，在视图中拖曳即可创建 mr 入口天光。mr 入口天光是 mental ray 渲染器提供的一种灯光类型，可模拟透过室内开口的天光进行室内补光。在 3ds Max 默认渲染器下，渲染时不起作用。

6.1.2 标准灯光

标准灯光用来模拟自然和人工光源的照明作用，但它不具有基于物理特性的强度值。

单击 （创建）按钮后单击 （灯光）按钮，在灯具类型下拉列表中选择【Standard】（标准灯光），此时的灯光命令面板如图 6-3 所示。

图 6-3 创建 Standard（标准灯光）命令面板

Autodesk 3ds Max 2009 32-bit 的 8 种标准灯光在视图中的显示状态如图 6-4 所示。图 6-4 中的大图是灯光被选择的状态，右上角对应的小图是灯光未被选择时的状态。

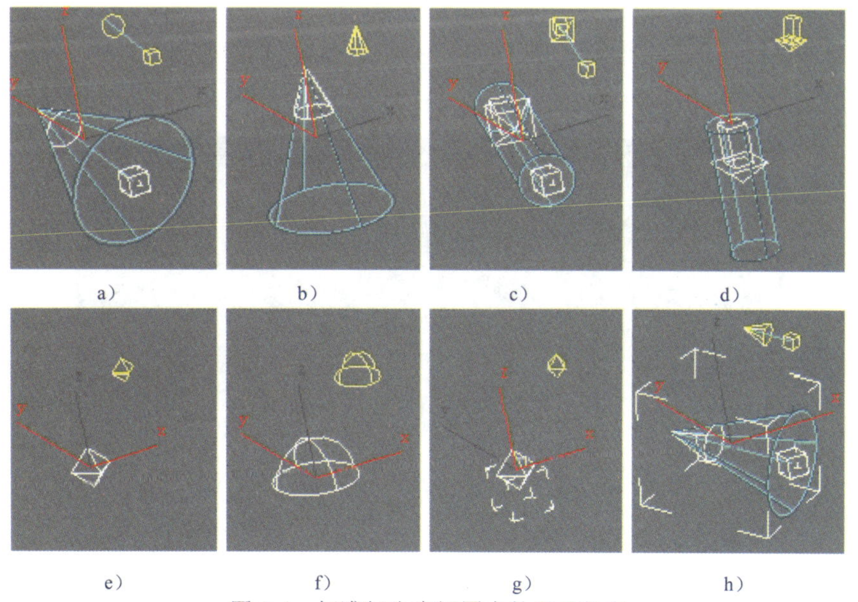

图 6-4 标准灯光在视图中的显示状态

a）Target Spot（目标聚光灯） b）Free Spot（自由聚光灯） c）Target Direct（目标平行光）
d）Free Direct（自由平行光） e）Omni（泛光灯） f）Skylight（天光） g）mr Area Omni（mr 区域泛光灯）
h）mr Area Spot（mr 区域聚光灯）

- Target Spot（目标聚光灯）：目标聚光灯是点光源，产生锥形的照射区域。它的照射范围有“聚光区”和“衰减区”。目标聚光灯有矩形和圆形两种光锥形式，适合作投影照明。
- Free Spot（自由聚光灯）：自由聚光灯是没有目标点的聚光灯。常用于制作动画。
- Target Direct（目标平行光）：目标平行光产生单方向的平行照射区域，可改变注视目标，用于模拟太阳光。
- Free Direct（自由平行光）：与目标平行光类似，但没有目标点，它适合作运动动画。
- Omni（泛光灯）：泛光灯是向四周均匀发射光线的点光源，主要用作辅助光照。
- Skylight（天光）：天光模拟天空漫射光的照明效果。
- mr Area Omni（mr 区域泛光灯）：mr 区域泛光灯是 mental ray 渲染器提供的灯光类型，在利用 mental ray 渲染器渲染场景时，可以模拟从球体或圆柱体发射光线，产生柔和的照明和阴影效果。在 3ds Max 默认渲染器下，渲染时不起作用。
- mr Area Spot（mr 区域聚光灯）：mr 区域聚光灯是 mental ray 渲染器提供的另一种灯光类型，在利用 mental ray 渲染器渲染场景时，可以从矩形或圆形等平面区域发射光线。在 3ds Max 默认渲染器下，渲染时不起作用。

6.2 光度学灯光应用实例

6.2.1 光度学灯光下的楼梯

本节以图 6-5 所示的“灯光下的楼梯”为例，介绍光度学灯光的基本使用方法。

图 6-5　灯光下的楼梯

1. 创建楼梯

1）单击菜单栏中的【File】（文件）|【Reset】（重新设置）命令，重新设置系统。

2）单击 （创建）按钮，再单击 （几何体）按钮，然后选择几何体类型列表中的 Stairs （楼梯）命令，则进入【Stairs】（创建楼梯）命令面板，如图 6-6 所示。

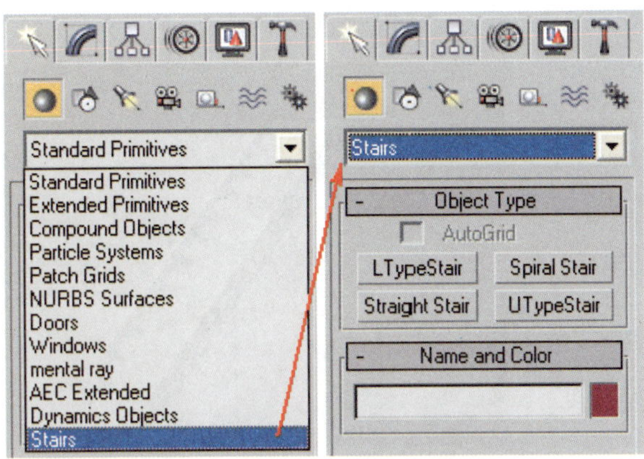

图 6-6 进入【Stairs】（创建楼梯）命令面板

3）单击【Stairs】（创建楼梯）命令面板中的 Straight Stair （直跑楼梯）命令按钮。在顶视图中按图 6-7a 所示的方向和顺序：① 从下向上拖曳，确定楼梯的方向；② 从左向右拖曳，确定楼梯的宽度；③ 从下向上拖曳，确定楼梯的高度方向。将创建的对象命名为“楼梯”，效果如图 6-7b 所示。

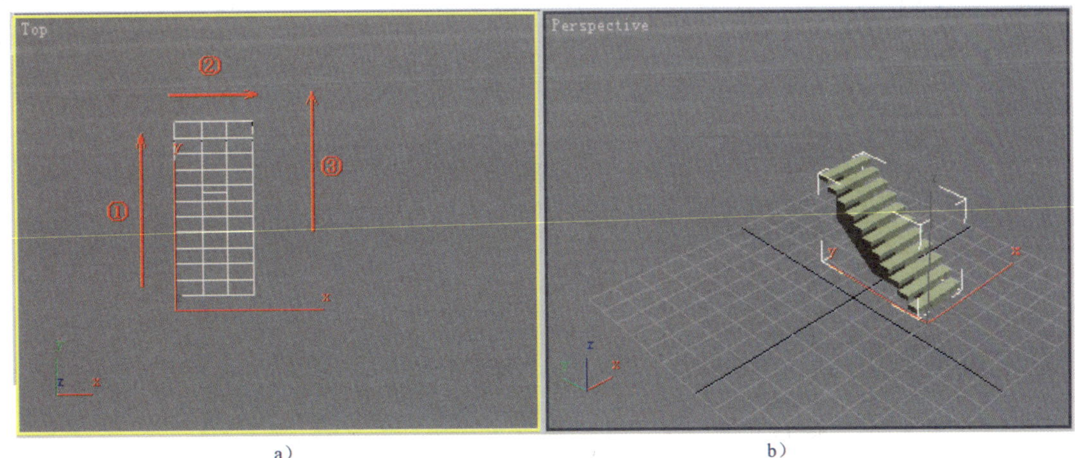

a） b）

图 6-7 创建楼梯

4）在【Parameters】（参数）卷展栏中，勾选 Stringers （承梁）选项，取消 Carriage （底座）选项，设置“Length”（长）为 2000mm，“Width”（宽）为 500mm，“Overall”（总高度）为 1500mm，“Riser Ht”（踏步高度）为 125mm，“Thickness”（踏步厚度）为 40mm。

5）在【Stringers】（承梁）卷展栏中，设置“Depth”（深度）为 300mm，“Width”（宽度）为 50mm，Offset（偏移）为 80mm，如图 6-8 所示。

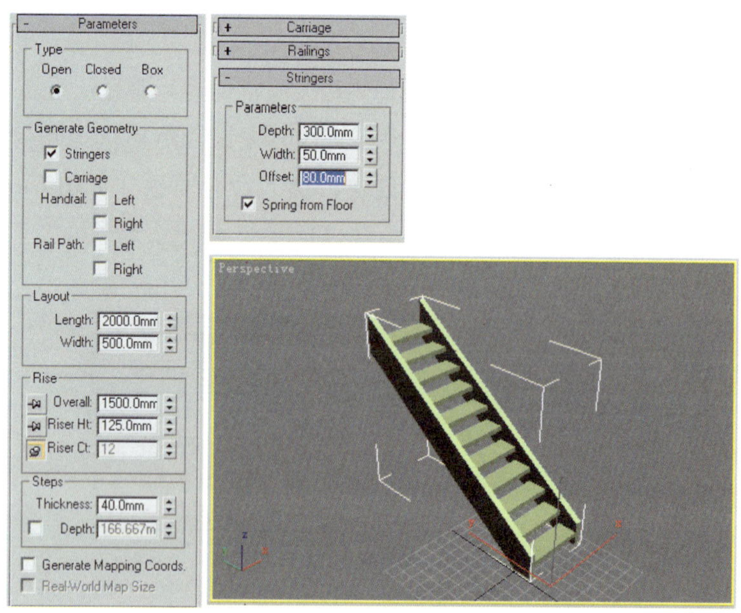

图 6-8 楼梯参数设置与楼梯的最终结果

2. 创建地面

1）单击 （创建）按钮，再单击 （几何体）按钮，然后单击几何体类型列表中的 Standard Primitives （标准几何体）命令，进入创建标准几何体命令面板。

2）单击 Box （长方体）命令按钮，在顶视图中创建一个长方体并命令为“地面”，按图 6-9a 修改长方体的参数，长、宽、高分别为 30000mm、30000mm、-20mm，并调整视图至图 6-9b 所示的状态。

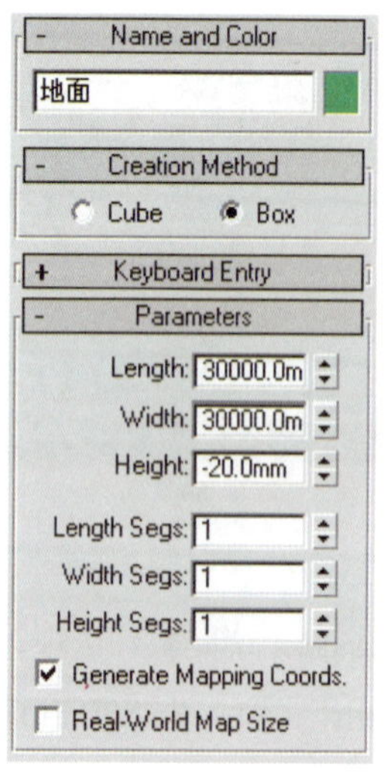

a）

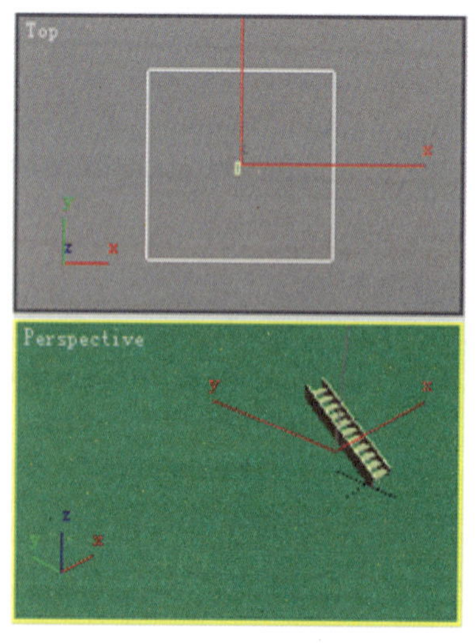

b）

图 6-9 设置“地面”的参数并调整视图

a）“地面”的参数 b）调整后的视图

3. 制作材质

1）单击标准工具栏中的（材质编辑器）按钮，弹出【Material Editor】（材质编辑器）对话框。

2）在材质编辑器中选择一个新的示例球，命名为“地面材质”，然后打开【Maps】（贴图）卷展栏。

3）单击【Maps】（贴图）卷展栏中【Diffuse Color】（漫反射颜色）后的 None 长按钮，在弹出的【Material/Map Browser】（材质/贴图浏览器）对话框中双击“Bitmap”（位图）。

4）在弹出的【Select Bitmap Image File】（选择位图图像文件）对话框中选择本书配套光盘中的“ww-002.jpg”文件作为材质的贴图。

5）在视图中选择“地面”，单击材质编辑器工具栏中的（赋予材质）按钮，将“地面材质”赋予地面。再单击（显示帖图）按钮，在视图中显示地面材质。

6）重复前面的第 2）～5）步，新建一个“楼梯材质”，以本书配套光盘中的“ww-293.jpg”文件作为贴图，再将“楼梯材质”赋予“楼梯”模型，并在视图中显示楼梯材质，效果如图 6-10 所示。

图 6-10 赋予材质后的透视图

4. 设置 Target Light（目标灯光）

1）单击（创建）按钮，再单击（灯光）按钮，进入如图 6-1 所示的【Photometric】（创建光度学灯光）命令面板。

2）单击 Target Light （目标灯光）按钮，在前视图中拖曳创建目标灯光，并命名为“灯 1”。

3）单击标准工具栏中的（移动）命令按钮，在视图中移动“灯 1”的光源和目标点位置到如图 6-11 所示的状态。

4）选择透视图，单击标准工具栏上的（快速渲染）按钮，渲染效果如图 6-12 所示。

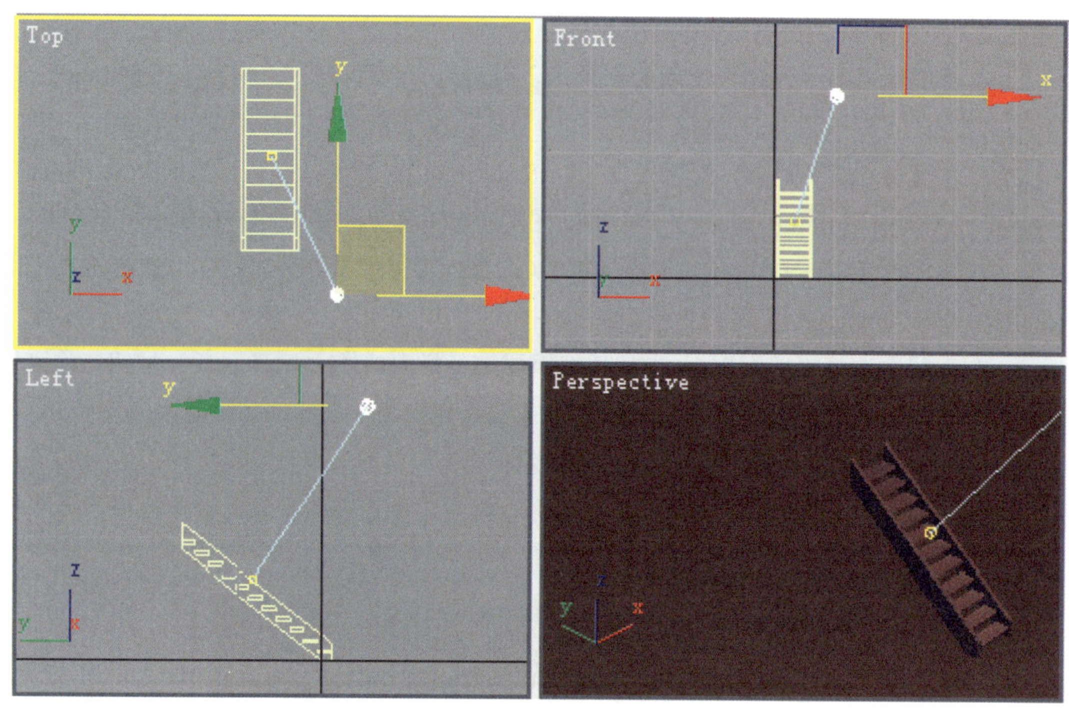

图 6-11　移动“灯 1”的位置

图 6-12　移动“灯 1”后的渲染效果

注意： 在默认的情况下 3ds Max 提供了一盏泛光灯来照亮场景，当加入新的光源之后，这盏泛光灯就会自动关闭。

5）选择“灯 1”的光源点，单击命令面板中的（修改）按钮，进入修改命令面板。

6）在【General Parameters】（一般参数）卷展栏下【Light Distribution（Type）】（灯光分布类型）下拉列表中修改灯光的分布类型为“Spotlight”（聚光灯）。此时“灯 1”变为聚光灯。

7）选择透视图，单击标准工具栏上的 （快速渲染）按钮，渲染效果如图 6-13 所示。

图 6-13 修改“灯 1”的灯光分布类型为“Spotlight”后的渲染效果

8）修改【Distribution（Spotlight）】【分布（聚光灯）】卷展栏下的“Hotspot/Beam”（聚光区/光束）为 45，“Falloff/Field”（衰减区/区域）为 70。

9）修改【Intensity/Color/Attenuation】（强度/颜色/衰减）卷展栏下的“Intensity”（强度）值为 7000cd，此时透视图的渲染效果如图 6-14 所示。

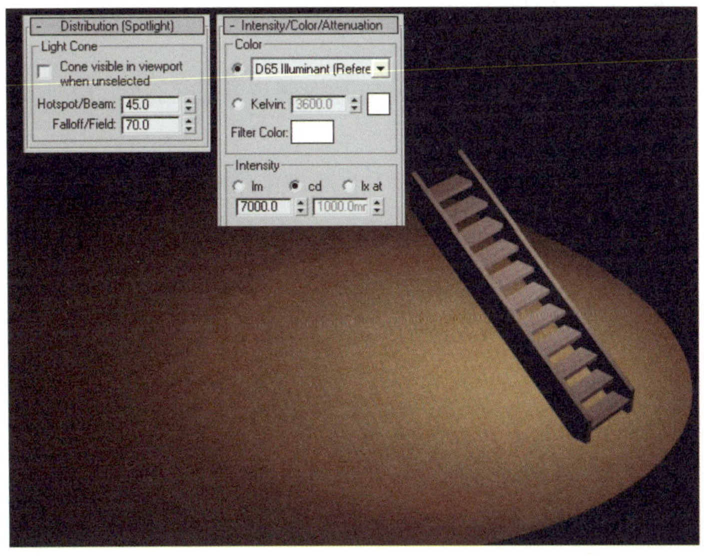

图 6-14 修改“灯 1”的灯光分布和灯光强度后的渲染效果

10）勾选【General Parameters】（一般参数）卷展栏下【Shadows】（阴影）区的 On（打开）单选按钮，打开阴影后，透视图的渲染效果如图 6-15 所示。

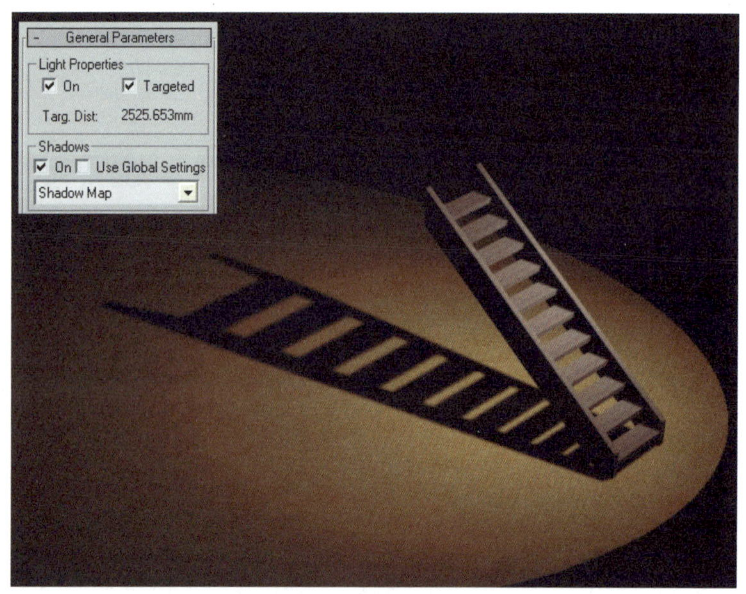

图 6-15　打开“灯 1”的阴影后的渲染效果

注意：通过调整【Shadow Parameters】（阴影参数）卷展栏下的“Color”（颜色）后色块的色彩可以改变阴影的颜色。调整【Shadow Parameters】（阴影参数）卷展栏下的“Opacity”（不透明）值可改变阴影的浓度。

5. 设置 Free Light（自由灯光）

1）单击（创建）按钮，再单击（灯光）按钮，进入如图 6-1 所示的【Photometric】（创建光度学灯光）命令面板。

2）单击 Free Light（自由灯光）按钮，在前视图中单击创建自由灯光，并命名为“灯 2”。

3）选择灯 2，单击命令面板中的（修改）按钮，进入修改命令面板。

4）在【General Parameters】（一般参数）卷展栏下【Light Distribution（Type）】（灯光分布类型）下拉列表中修改灯光的分布类型为“Uniform Spherical”（统一球形）。此时“灯 1”变为向各方向均匀射出光线的点光源。

5）修改【Intensity/Color/Attenuation】（强度/颜色/衰减）卷展栏下的“Intensity”（强度）值为 3000cd。

6）在各视图中移动“灯 2”到如图 6-16 所示的位置。

7）选择透视图，单击标准工具栏上的（快速渲染）按钮，渲染效果如图 6-5 所示。

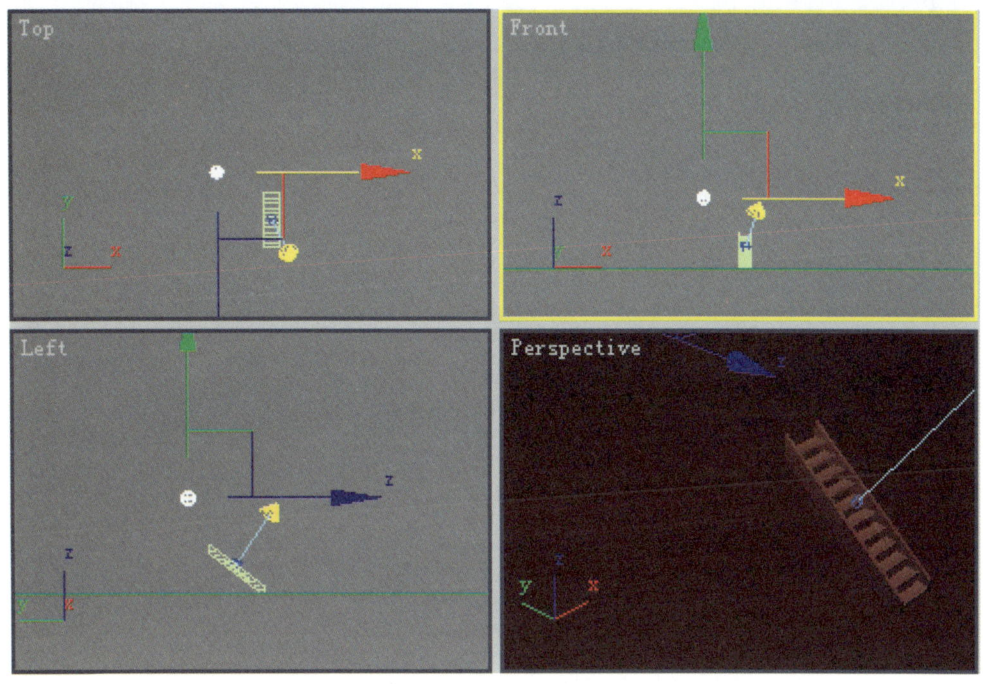

图 6-16 “灯 2”的位置

6.2.2 线光源和面光源应用与光能传递实例

本节以图 6-17 所示的“吸顶荧光灯与扁圆吸顶灯光效”为例，介绍光度学灯光中线光源和面光源的使用方法。

图 6-17 吸顶荧光灯与扁圆吸顶灯光效

1. 打开场景文件

单击下拉菜单中的【File】（文件）/【Open】（打开）命令，打开本书配套光盘中的“线面光源.max”场景文件，如图 6-18 所示。

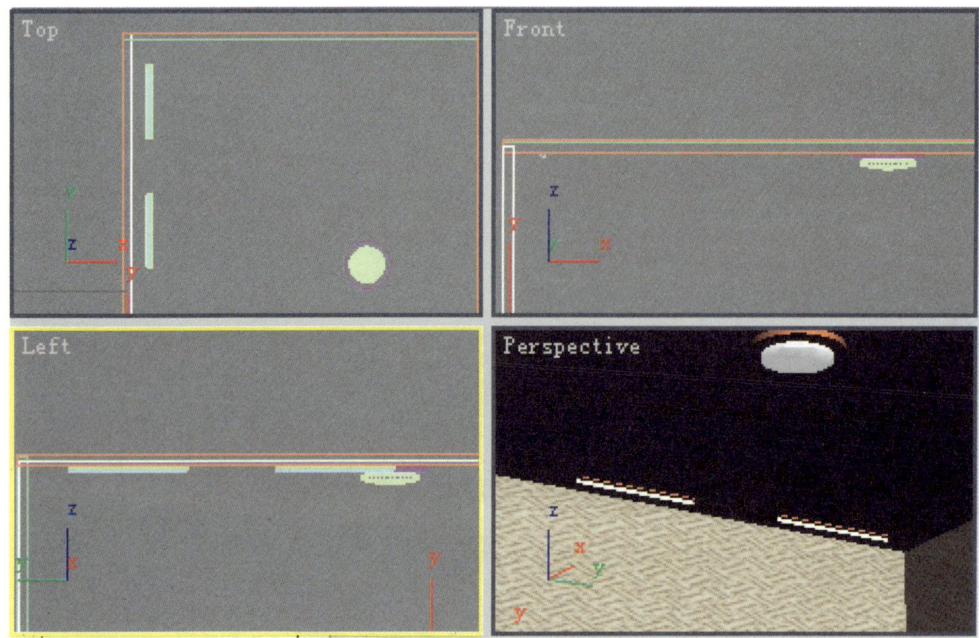

图 6-18　打开“线面光源.max”文件

2．创建并修改线光源

1）单击（创建）按钮，再单击（灯光）按钮，进入【Photometric】（创建光度学灯光）命令面板。

2）单击 Target Light （目标灯光）按钮，在左视图中拖曳创建一个目标灯光。

3）修改【Intensity/Color/Attenuation】（强度/颜色/衰减）卷展栏下的“Intensity”（强度）值为 500cd，如图 6-19 所示。

4）在【Shape/Area Shadows】（形状/阴影区）卷展栏中，从【Emit Light from（Shape）】（发光形状）中的下拉列表框中选择“Line”，并设置“Length”（长度）为 1000mm，如图 6-19 所示。

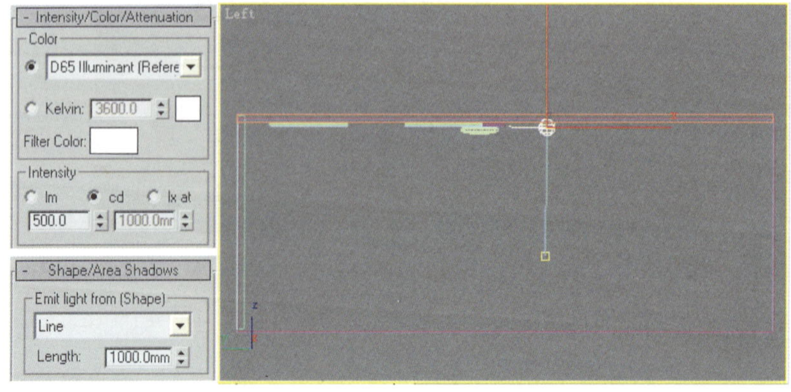

图 6-19　创建 Target light（目标灯光）并修改为 Line（线）光源

5）选择整个线光源，并移动到如图 6-20 所示的位置。

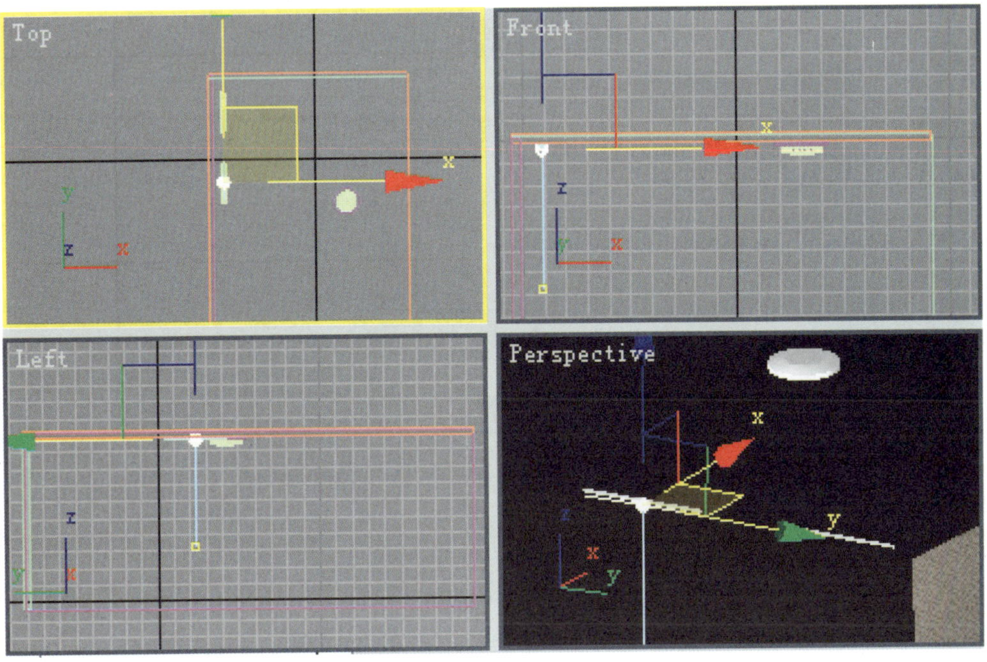

图 6-20　移动线光源并与外侧荧光灯管对齐

6）选择线光源的光源点，单击（修改）按钮进入修改命令面板，在【General Parameters】（一般参数）卷展栏中，勾选【Shadows】（阴影）下的☑ On（打开）单选框，打开阴影，如图 6-21 所示。

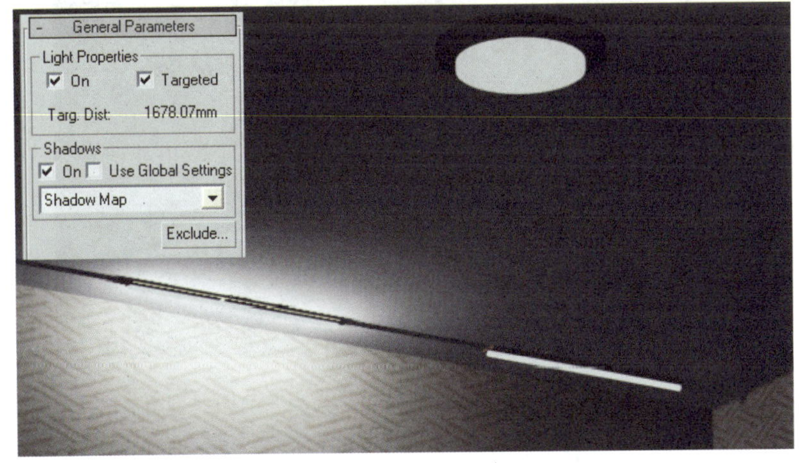

图 6-21　打开线光源阴影后的渲染效果

7）选择透视图，单击标准工具栏上的（快速渲染）按钮，弹出渲染对话框，渲染效果如图 6-21 所示。图中灯管的阴影使荧光灯效果严重失真。

8）单击【General Parameters】（一般参数）卷展栏中的 Exclude... （排除）按钮，弹出

如图 6-22 所示的【Exclude/Include】（排除/包含）对话框。

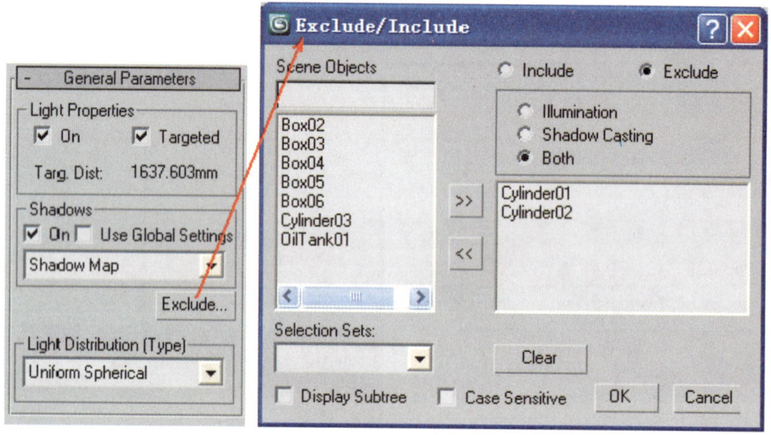

图 6-22　设置线光源排除对两个荧光灯管生成阴影

9）在【Exclude/Include】（排除/包含）对话框中，从左侧列表中选择表示荧光灯管的造型名称“Cylinder01”，单击中间的>>按钮将它放到右侧的排除列表中。同理将“Cylinder02”放到右侧的排除列表中。排除线光源对两个荧光灯管生成阴影。

10）选择透视图，单击标准工具栏上的（快速渲染）按钮，渲染效果如图 6-23 所示。

图 6-23　排除线光源对两个荧光灯管阴影后的渲染效果

11）单击标准工具栏上的（移动）命令按钮，在顶视图中选择刚才创建的线光源。按住 Shift 键的同时，拖曳复制出另外一个线光源，并移动到与里侧的荧光灯对齐，如图 6-24 所示。

12）选择透视图，单击标准工具栏上的（快速渲染）按钮，渲染效果如图 6-25 所示。

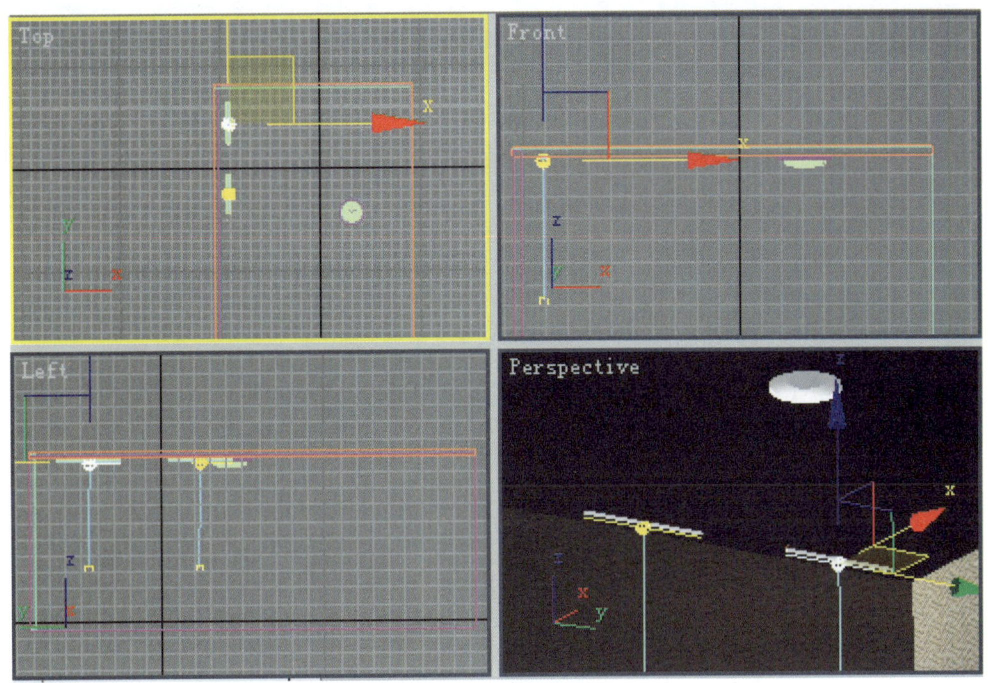

图 6-24　复制并对齐另一个线光源

图 6-25　完成两个荧光灯光效的渲染结果

3. 创建并修改面光源

1）在【Photometric】（创建光度学灯光）命令面板中，单击 Target Light （目标灯光）按钮，在左视图中拖曳创建一个目标灯光，如图 6-26 所示。

2）在【General Parameters】（一般参数）卷展栏下【Light Distribution（Type）】（灯光分布类型）下拉列表中修改灯光的分布类型为“Uniform Spherical”（统一球形），如图 6-27a 所示。

3）修改【Intensity/Color/Attenuation】（强度/颜色/衰减）卷展栏下的“Intensity”（强度）值为 1500cd，如图 6-27b 所示。

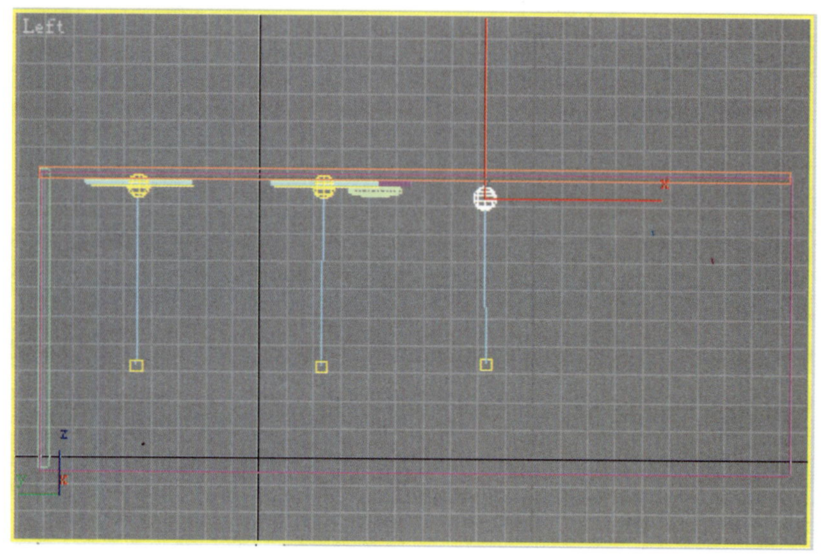

图 6-26　制作一个 Target Light（目标灯光）

4）在【Shape/Area Shadows】（形状/阴影区）卷展栏中，从【Emit light from（Shape)】（发光形状）中的下拉列表框中选择“Disc”（圆面），并设置“Radius”（半径）为 500mm。如图 6-27c 所示。此时目标灯光的光源变为一个发光的圆面（目标面光源）。目标面光源在视图中的位置如图 6-28 所示。

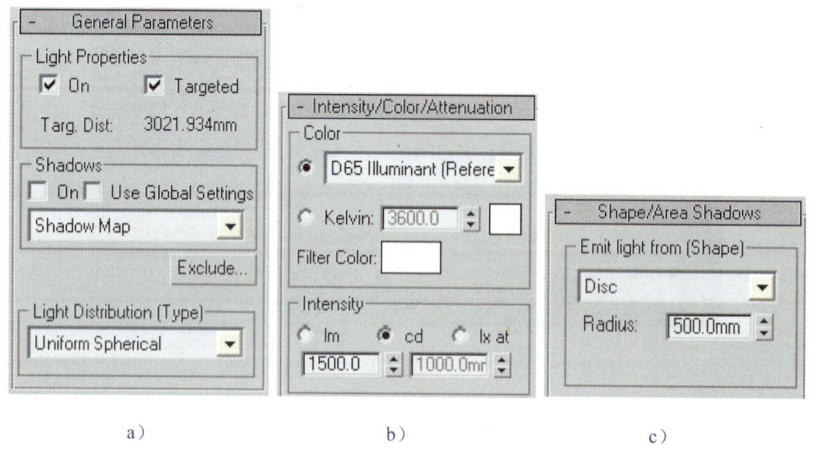

图 6-27　设置目标灯光为面光源并修改光源参数

a）设置灯光分布类型　b）设置灯光强度　c）设置发光形状

5）移动整个目标面光源到扁圆吸顶灯的造型位置，如图 6-29 所示。

6）选择透视图，单击标准工具栏上的 （快速渲染）按钮，渲染效果如图 6-30 所示。

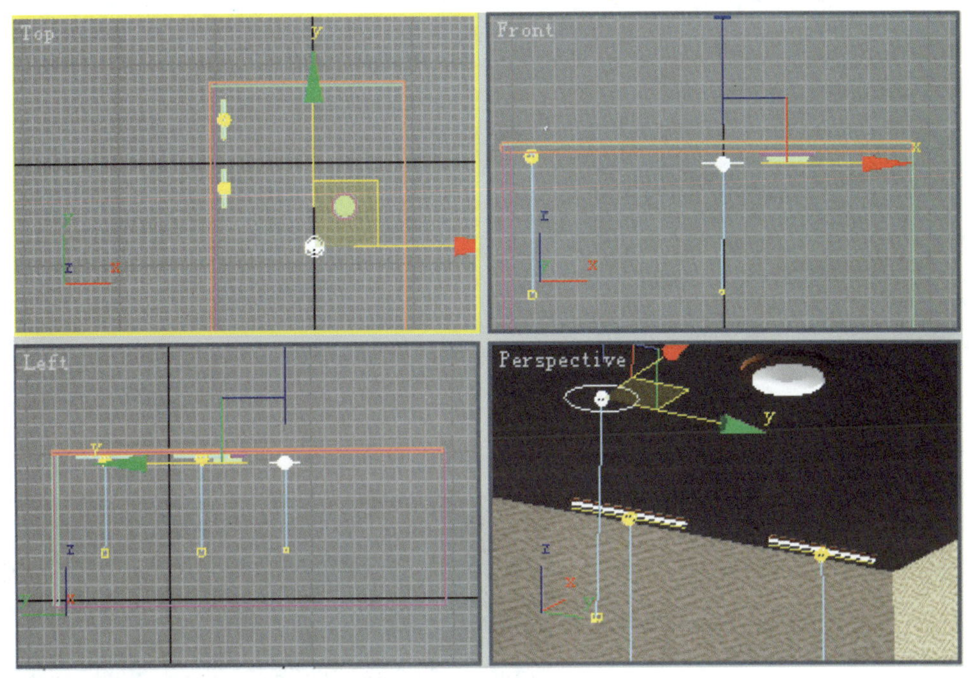

图 6-28　目标面光源在视图中的状态及位置

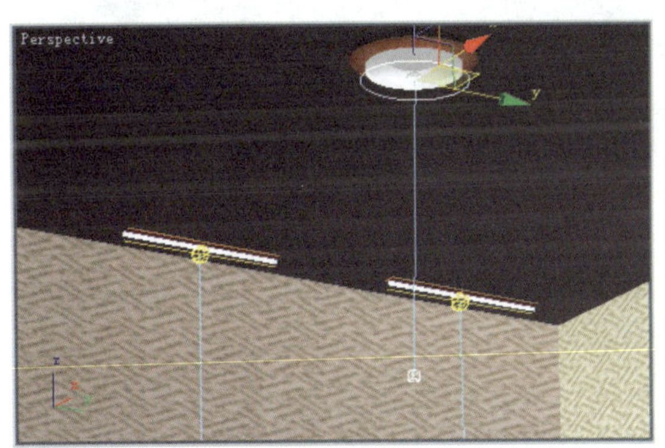

图 6-29　移动目标面光源到扁圆吸顶灯的位置

图 6-30　扁圆吸顶灯的渲染效果

4. 进行光能传递

图 6-30 所示的灯光效果比较生硬，比如，在顶棚区远离光源的位置是全黑的。原因是只计算了直接光，而没考虑场景中各造型表面对光的反射作用。必须考虑光反射对其他表面光强分布和色彩的影响，才能使光照效果更真实。这项工作可由 Autodesk 3ds Max 2009 32-bit 中的 Radiosity（光能传递）功能来完成。

1）单击下拉菜单中的【Rendering】（渲染）/【Radiosity】（光能传递）命令，弹出【Rendering Setup】（渲染设置）对话框，并直接打开【Advanced Lighting】（高级照明）卷展栏。

2）设置【Process】（过程）选项框中的“Initial Quality”（基本质量）值为 60%左右。

3）单击 Start（开始）命令按钮，开始光能传递，【Shooting Direct Lights】（直接光反射）进度条显示光能传递进度，如图 6-31 所示。

4）光能传递结束后，透视图的状态如图 6-32 所示。

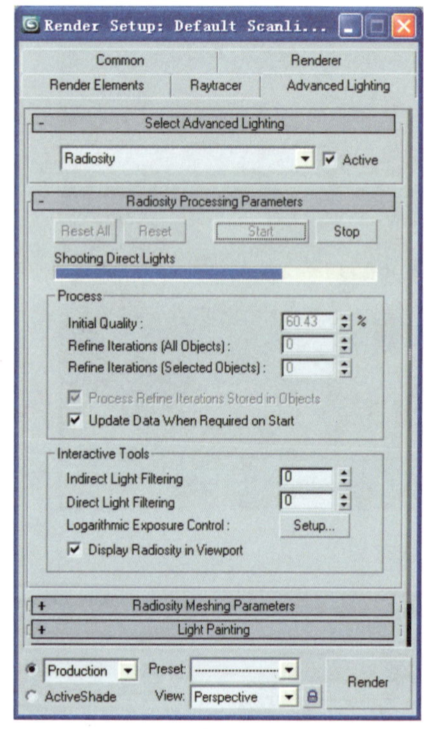

图 6-31　进行光能传递

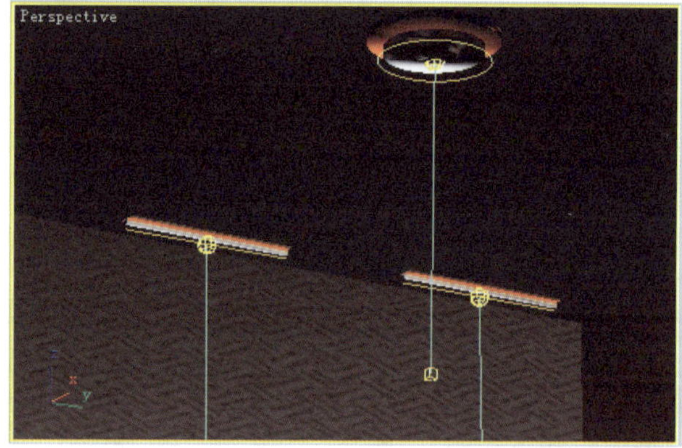

图 6-32　光能传递后的透视图

5）单击图 6-31 中的 Render（渲染）命令按钮，得到如图 6-17 所示的最终效果。

注意：在利用 3ds Max 软件制作效果图时，利用光度学灯光并结合光能传递，可以精确模拟现实中灯光的效果。

6.2.3　灯光样板（Templates）和光域网（Photometric Web）应用实例

在 Autodesk 3ds Max 2009 32-bit 中，提供了一些现实光源和灯具的样板，可以通过选择样板创建比较真实的灯光。

光域网（Photometric Web）是关于光源发光强度空间分布的三维表现形式，存储于 IES 类型的文件中，这种文件可从灯具厂商那里获得，主要有 IES、LTLI 或 CIBSE 三种形式。在 Autodesk 3ds Max 2009 32-bit 的样板中，提供了一些典型灯具的光域网文件，也可从系统外部导入光域网文件。

下面以实例说明灯光样板和光域网应用。

1．内置的灯光样板和光域网应用实例

1）重新设置系统后，打开本书配套光盘上的“灯光样板与光域网.max”场景文件。

2）单击（创建）按钮，再单击（灯光）按钮，进入【Photometric】（创建光度学灯光）命令面板。

3）单击 Target Light （目标灯光）按钮，在左视图中拖曳创建一个目标灯光，命名为“目标灯 1”，并在顶视图中移动到如图 6-33 所示的位置。

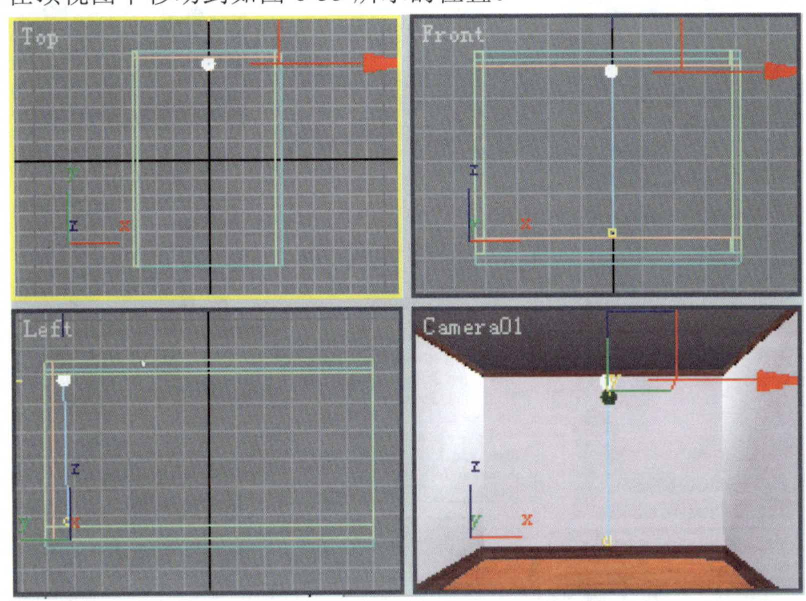

图 6-33　创建“目标灯 1”并移动到适当位置

4）选择“目标灯 1”的光源点，单击（修改）按钮进入修改命令面板，打开【Templates】（样板）卷展栏，在【Select a Template】（选择一个样板）下拉列表中单击选择“40W Bulb”（40W 灯泡）。

5）选择摄像机视图，单击标准工具栏中的（快速渲染）按钮。选择灯光样板操作和渲染效果如图 6-34 所示。

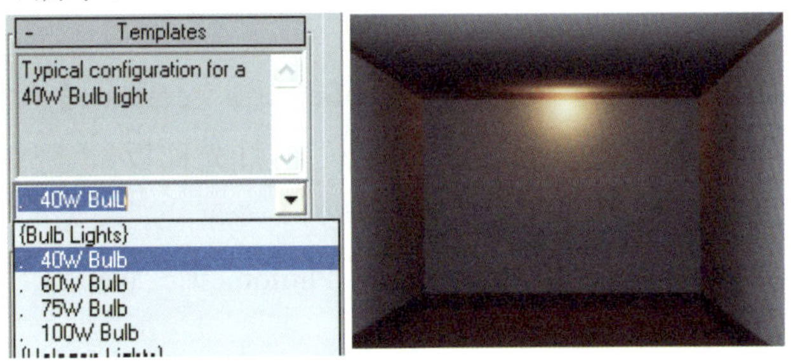

图 6-34　样板灯光“40W Bulb”（40W 灯泡）

6）在第 4 步中选择不同的样板或光域网（Photometric Web）时，对应的渲染效果如图 6-35 所示。

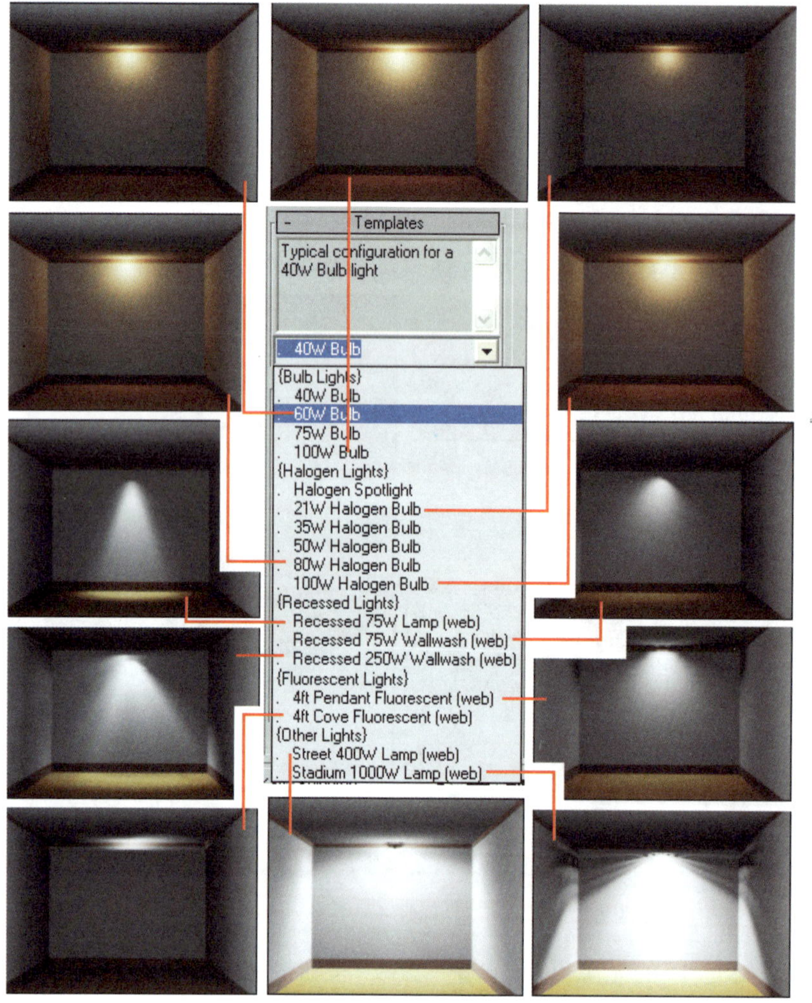

图 6-35　不同类型样板灯光或光域网（Web）对应的渲染效果

2. 使用外部光域网文件实例

1）在图 6-33 所示的场景中，选择“目标灯 1”的光源点。单击（修改）按钮进入修改命令面板。

2）打开【Templates】（样板）卷展栏，在【Select a Template】（选择一个样板）下拉列表中任意选择一个光域网样板（后缀带“Web”的灯光样板），则在命令面板中会出现【Distribution（Photometric Web）】[分布（光域网）] 卷展栏。

3）单击卷展栏前面的+打开【Distribution（Photometric Web）】[分布（光域网）] 卷展栏，如图 6-36 左图所示。

4）在【Distribution（Photometric Web）】[分布（光域网）] 卷展栏中，单击光强分布图下面的长按钮，弹出如图 6-36 右图所示【Open a Photometric Web File】（打开一个光度学文件）对话框。

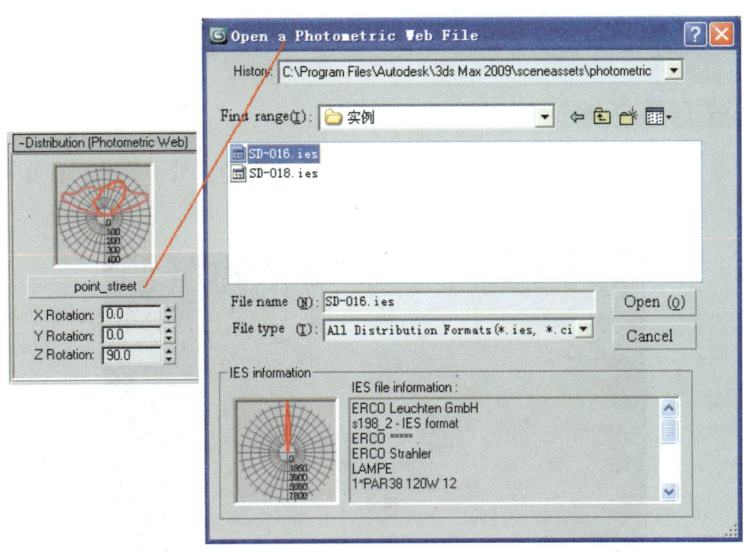

图 6-36　导入外部的光域网文件

5）选择本书配套光盘中的光域网文件“SD-016.ies”，然后单击 Open （打开）按钮。

6）选择摄像机视图，单击标准工具栏中的 （快速渲染）按钮，渲染效果如图 6-37a 所示。

7）如在第 5 步中选择“SD-018.ies”文件，则渲染效果如图 6-37b 所示。

a）　　　　b）

图 6-37　导入外部光域网文件后的渲染图

a）导入“SD-016.ies”后的渲染图　b）导入“SD-018.ies”后的渲染图

6.3　标准灯光应用实例

用 3ds Max 制作建筑效果图（特别是制作室内建筑效果图）时，应优先选择光度学灯光而不选择标准灯光，因为它们在物理上精确且效果更像真实灯光。但当场景中的对象没有按真实尺寸创建时，标准灯光就是比较好的选择。在制作室外建筑效果图时，也常常采用标准灯光。Autodesk 3ds Max 2009 32-bit 的标准灯光中，Spot（聚光灯）主要是用于模拟手电筒或探照灯，Omni（泛光灯）主要用于模拟烛光或太阳光，Direct（平行光）主要用于模拟自然界的直射平行太阳光。

6.3.1 目标聚光灯下的地球仪

本节以图 6-38 所示的“目标聚光灯下的地球仪”为例，介绍标准灯光中目标聚光灯的使用方法。

图 6-38 目标聚光灯下的地球仪

1. 打开场景文件

单击下拉菜单中的【File】（文件）/【Open】（打开）命令，打开本书配套光盘中的“地球仪.max”场景文件，如图 6-39 所示。

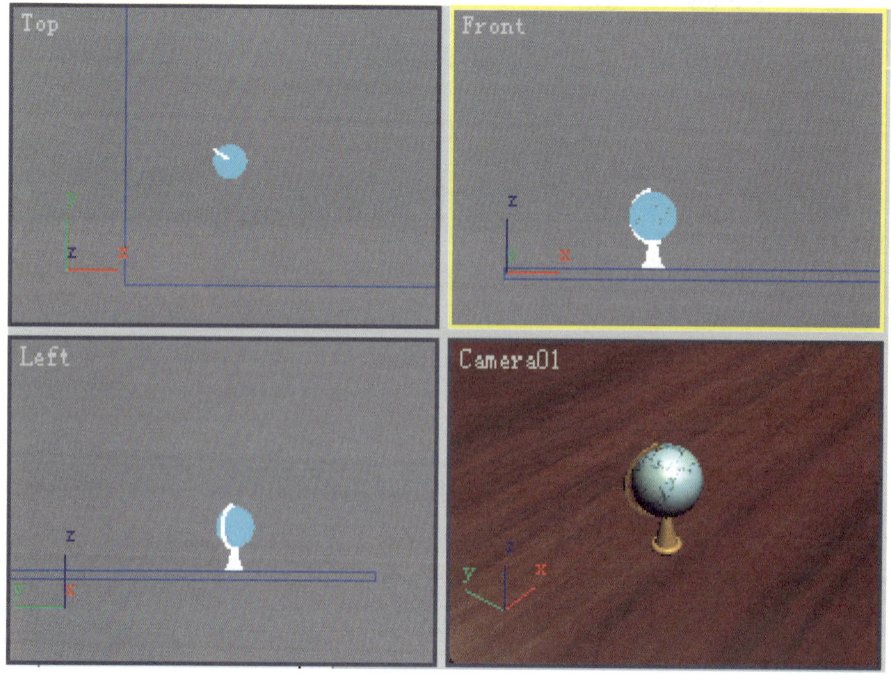

图 6-39 打开“地球仪.max”场景

2. 创建并修改目标聚光灯

1）单击（创建）按钮后单击（灯光）按钮，在灯具类型下拉列表中选择【Standard】（标准灯光），进入创建标准灯光命令面板。

2）单击 Target Spot （目标聚光灯）按钮，在前视图中拖曳创建一个目标聚光灯，并命名为“聚光灯 1”。

3）单击标准工具栏中的（移动）命令按钮，在视图中移动“聚光灯 1”的光源和目标点到如图 6-40 所示的位置。

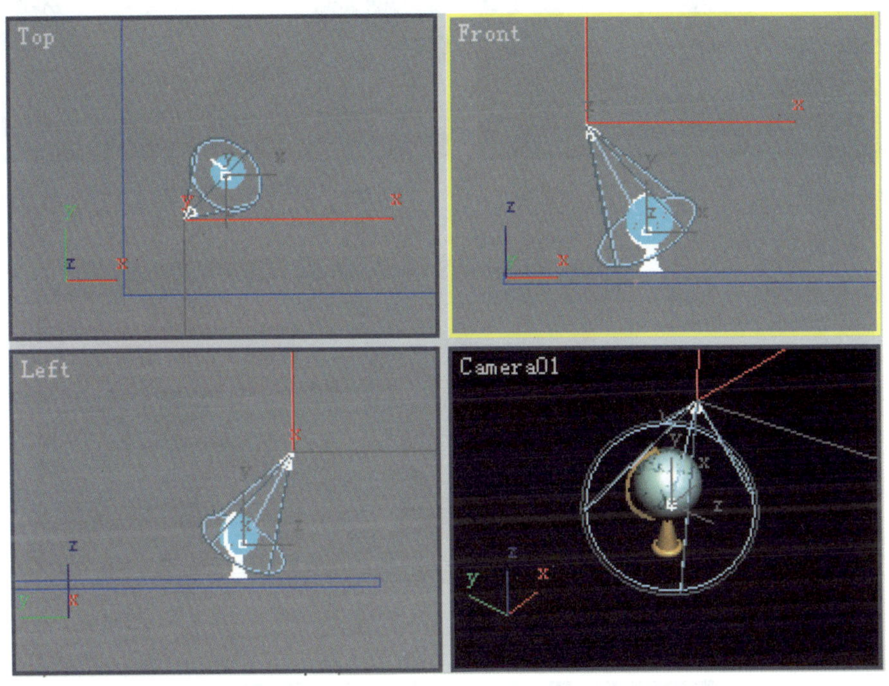

图 6-40　创建“聚光灯 1”并移动到合适位置

4）选择摄像机视图，单击标准工具栏上的（快速渲染）按钮，渲染效果如图 6-41 所示。

5）选择“聚光灯 1”的光源点，单击命令面板中的（修改）按钮，进入修改命令面板。

6）勾选【General Parameters】（一般参数）卷展栏下【Shadows】（阴影）区的 On （打开）单选按钮，摄像机视图的渲染效果如图 6-42 所示。

7）单击【Shadow Parameters】（阴影参数）卷展栏下【Object Shadows】（目标阴影）区 Color: （颜色）后的色块，弹出【Color Selector】（选择颜色）对话框。按图 6-43 设置阴影颜色再单击 OK 按钮。摄像机视图的渲染效果如图 6-44 所示。

8）打开【Spotlight Parameters】（聚光灯参数）卷展栏，设置“Hotspot/Beam”（聚

光区/光束）的数值为 30，设置“Falloff/Field”（衰减区/区域）的数值为 75，如图 6-45 所示。

图 6-41　创建“聚光灯 1”后的渲染效果

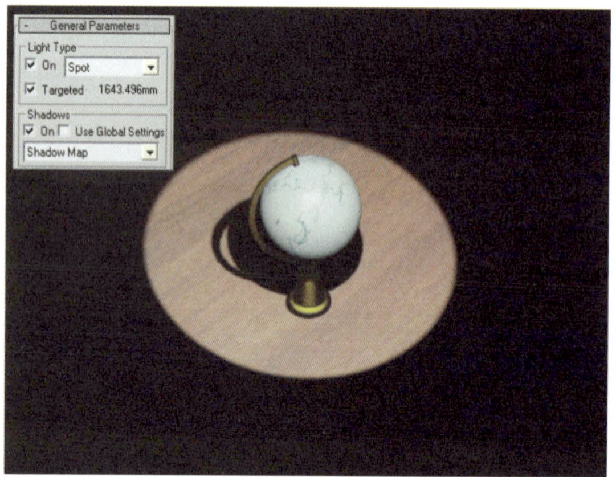

图 6-42　打开“聚光灯 1”阴影后的渲染效果

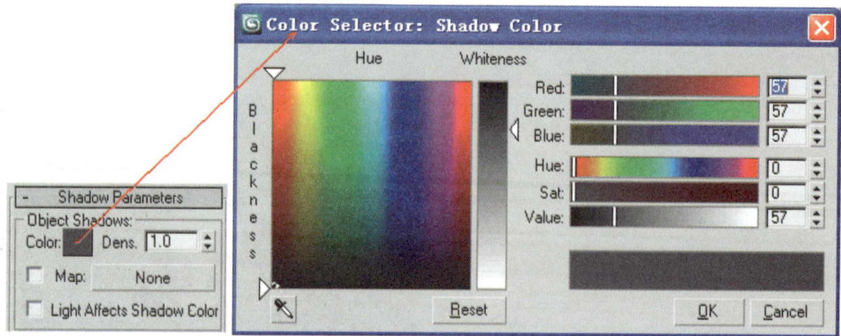

图 6-43　设置阴影的颜色

图 6-44　设置阴影颜色后的渲染效果

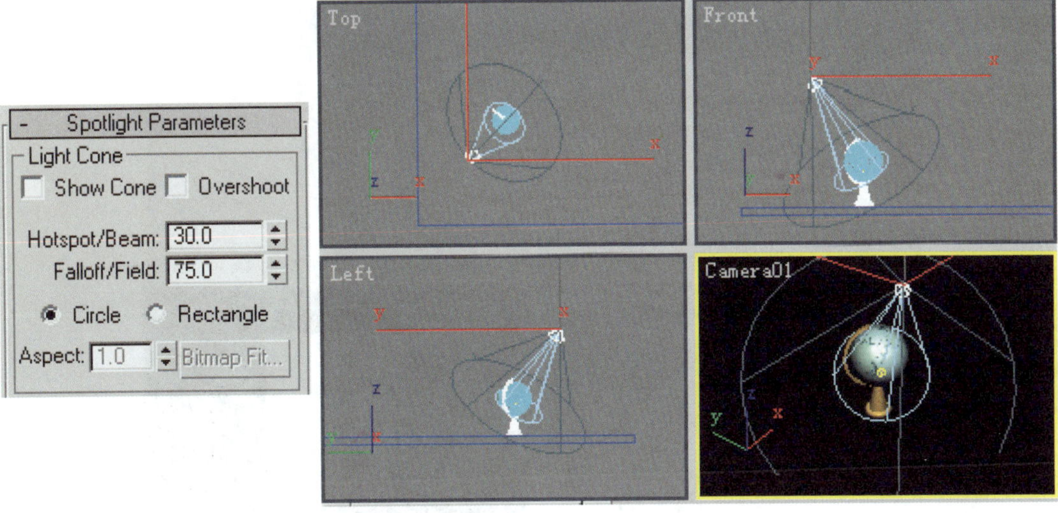

图 6-45 调整“聚光灯 1”的高光区和扩散区

9）选择摄像机视图，单击标准工具栏上的（快速渲染）按钮，渲染效果如图 6-38 所示。

6.3.2 泛光灯应用实例

泛光灯是在效果图制作中使用最多的一种光源，它既可以作为标准光源照亮整个场景，又可以作为辅助光源来产生局部效果。下面用一盏泛光灯模拟如图 6-46 所示房间内的光照效果。

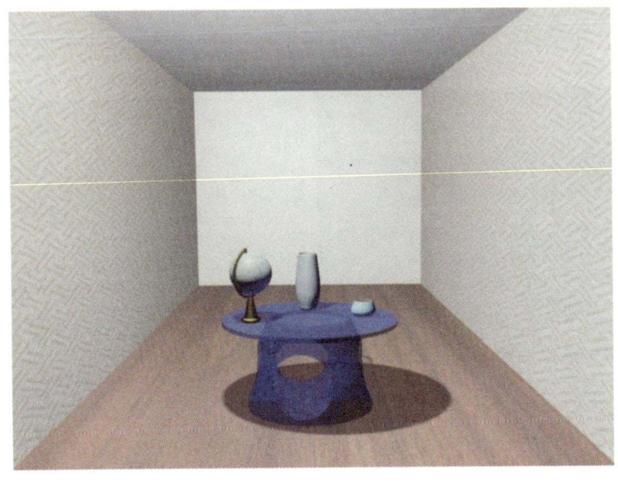

图 6-46 泛光灯照明效果

1．打开场景文件

单击下拉菜单中的【File】（文件）/【Open】（打开）命令，打开本书配套光盘中的“泛光灯场景.max”场景文件，场景如图 6-47 所示。

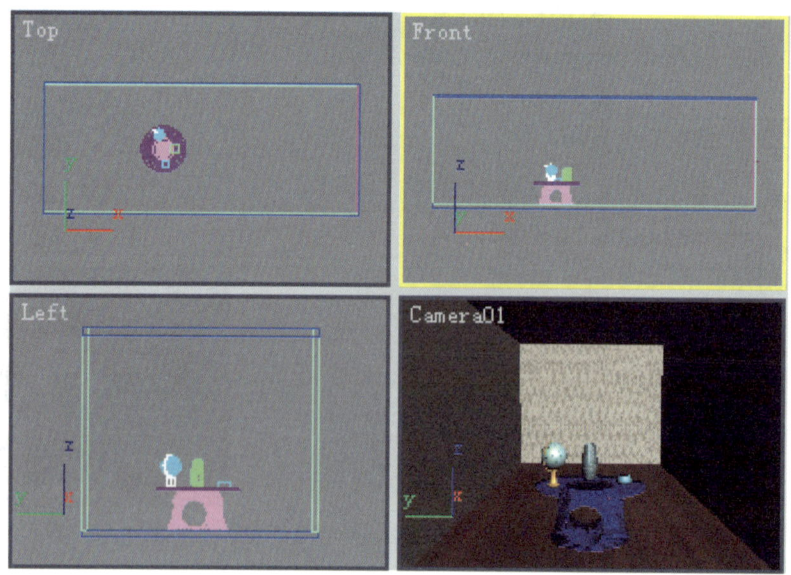

图 6-47　泛光灯场景文件

2. 创建并修改泛光灯

1）单击（创建）按钮后单击（灯光）按钮，在灯具类型下拉列表中选择【Standard】（标准灯光），进入创建标准灯光命令面板。

2）单击 Omni （泛光灯）按钮，在左视图中适当位置单击，创建一个泛光灯，并命名为“泛光灯 1”。

3）单击标准工具栏中的（移动）命令按钮，在视图中移动“泛光灯 1”到如图 6-48 所示的位置。

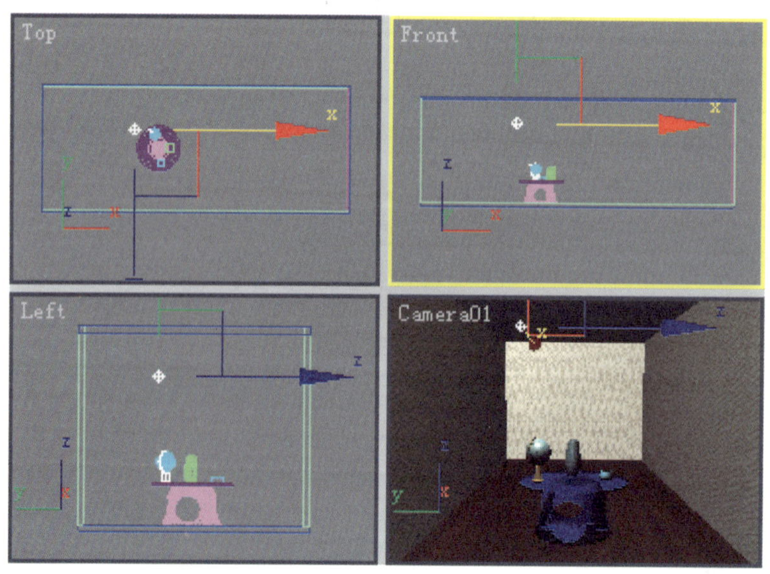

图 6-48　创建泛光灯并移动到适当位置

4）选择摄像机视图，单击标准工具栏上的（快速渲染）按钮，渲染效果如图 6-49 所示。

图 6-49 泛光灯下默认的渲染效果

5）选择“泛光灯 1”，单击命令面板中的（修改）按钮，进入修改命令面板。

6）勾选【General Parameters】（一般参数）卷展栏下【Shadows】（阴影）区的 On（打开）单选按钮，如图 6-50 所示。

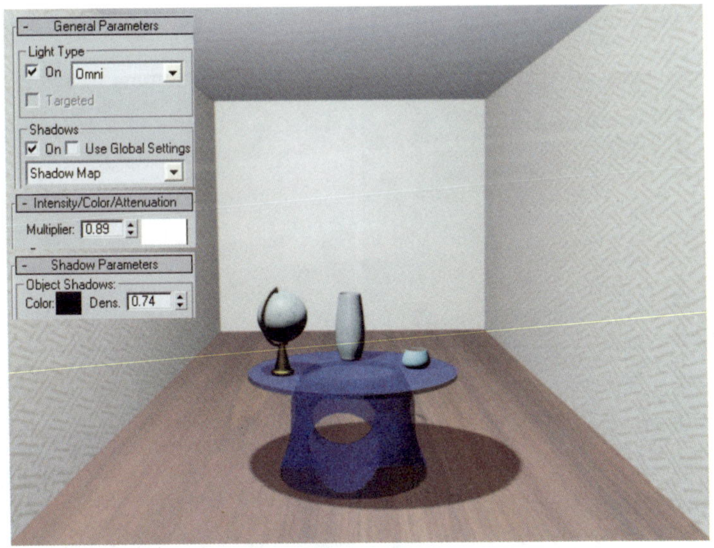

图 6-50 调整泛光灯参数与调整后的渲染效果

7）设置泛光灯的“multiplier”（倍增）值为 0.89，如图 6-50 所示。

8）这时投影颜色太深，单击打开修改命令面板中的【Shadow Parameters】（阴影参数）卷展栏，把阴影“Dens”（浓度）值调整为 0.74，如图 6-50 所示。

9）选择摄像机视图，单击标准工具栏上的（快速渲染）按钮，渲染效果如图 6-50 所示。

3. 进行光能传递

图 6-49 中灯光没照射到的部位（如地球仪和花瓶的右下部）是全黑的，下面通过光能传递改善这些背光处和整个场景的照明效果。

1）单击下拉菜单中的【Rendering】（渲染）/【Radiosity】（光能传递）命令，弹出【Rendering Setup】（渲染设置）对话框，并直接打开【Advanced Lighting】（高级照明）选项卡。

2）设置【Process】（过程）选项框中的"Initial Quality"（基本质量）值为 85%。

3）单击 Start（开始）命令按钮，开始光能传递，【Shooting Direct Lights】（直接光反射）进度条显示光能传递进度，如图 6-51 所示。

4）光能传递结束后，各视图的显示状态如图 6-52 所示。

5）选择摄像机视图，单击标准工具栏上的 （快速渲染）按钮，渲染效果如图 6-46 所示。

图 6-51　进行光能传递

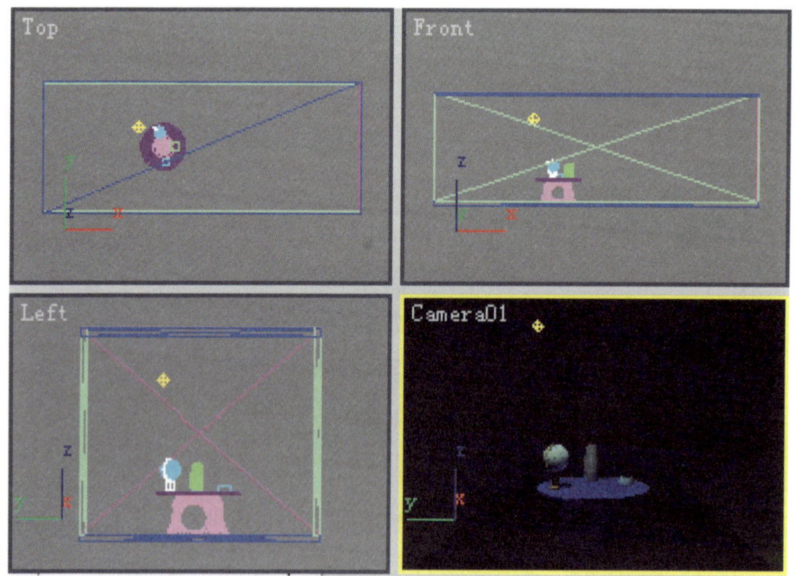

图 6-52　光能传递后的视图状态

6.3.3　用泛光灯和目标平行光为小别墅布光

3ds Max 中常用目标平行光模拟太阳光，本节以小别墅布光为例（图 6-53），介绍综合运用泛光灯和目标平行光进行布光的基本方法。

图 6-53　小别墅布光效果图

1. 打开场景文件

单击下拉菜单中的【File】(文件)/【Open】(打开)命令，打开本书配套光盘中的“小别墅.max”场景文件，场景如图 6-54 所示。

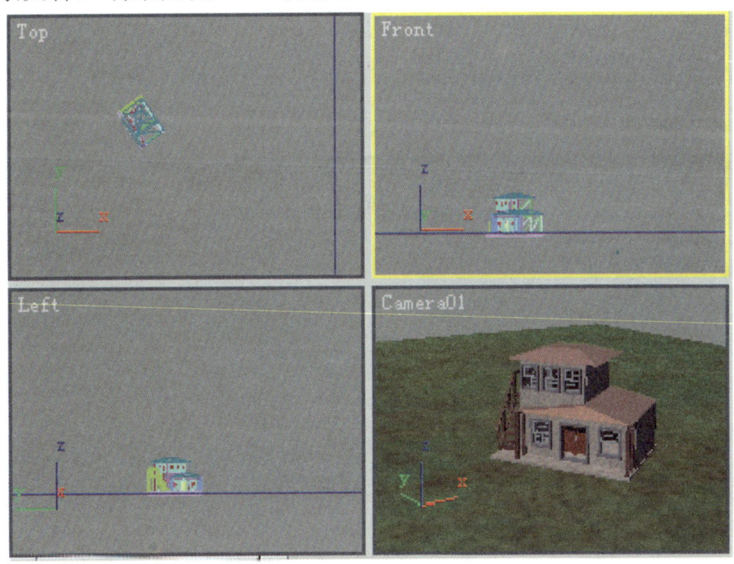

图 6-54　打开的“小别墅.max”场景文件

2. 用泛光灯模拟环境光

1) 单击 (创建) 按钮后单击 (灯光) 按钮，在灯具类型下拉列表中选择【Standard】(标准灯光)，进入创建标准灯光命令面板。

2) 单击 Omni (泛光灯) 按钮，在前视图中单击创建一个泛光灯，并命名为“泛光灯 2”。

3）单击标准工具栏中的✥（移动）命令按钮，在各视图中移动“泛光灯 2”到如图 6-55 所示的位置。

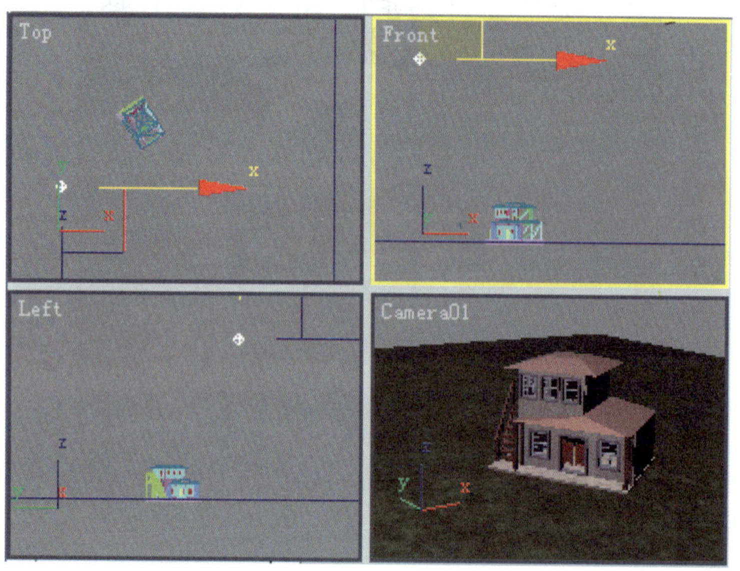

图 6-55　创建“泛光灯 2”并移动到适当位置

4）选择“泛光灯 2”，单击命令面板中的（修改）按钮，进入修改命令面板。

5）在【Intensity/Color/Attenuation】（强度/颜色/衰减）卷展栏中设置泛光灯的“Multiplier”（倍增）值为 0.8，如图 6-56 所示。

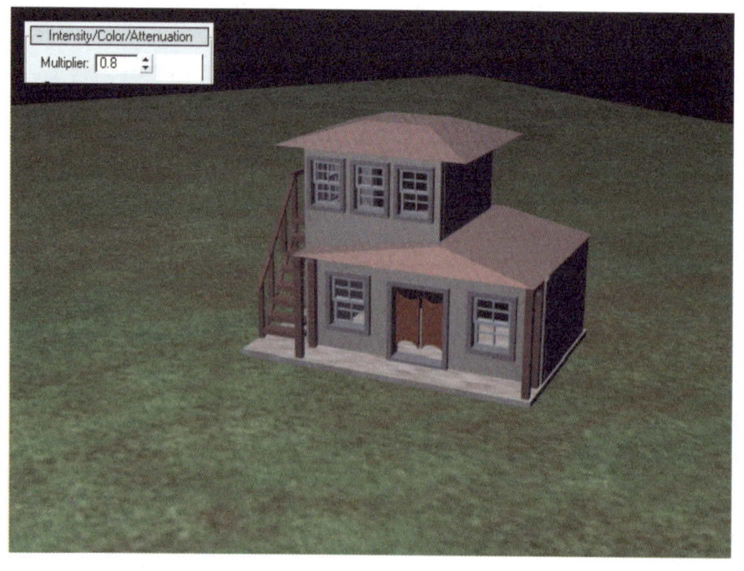

图 6-56　修改“泛光灯 2”参数后的渲染效果

6）选择摄像机视图，单击标准工具栏上的（快速渲染）按钮，渲染效果如图 6-56 所示。

3．用目标平行光模拟太阳光

1）单击创建标准灯光面板中的Target Direct（目标平行光）按钮，在前视图中拖曳创建一个目标平行光，并命名为“目标平行光 1”。

2）单击标准工具栏中的（移动）命令按钮，在各视图中分别移动“目标平行光 1”的光源点和目标点到如图 6-57 所示的位置。

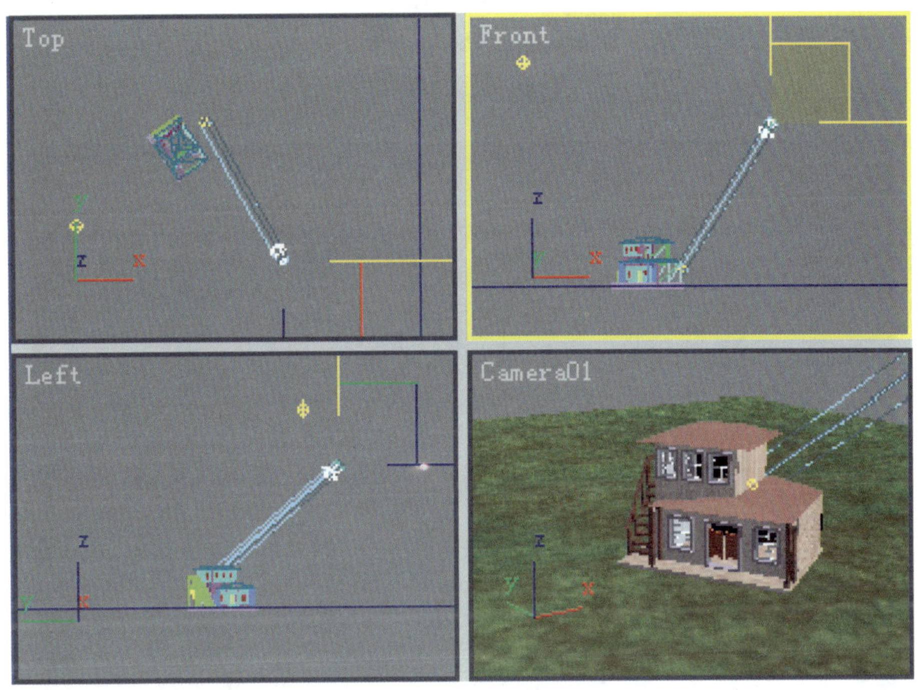

图 6-57　创建“目标平行光 1”并移动到适当位置

3）选择“目标平行光 1”的光源点，单击命令面板中的（修改）按钮，进入修改命令面板。

4）勾选【General Parameters】（一般参数）卷展栏下【Shadows】（阴影）区的On（打开）单选按钮，如图 6-58 所示。

5）在【Intensity/Color/Attenuation】（强度/颜色/衰减）卷展栏中设置目标平行光的“Multiplier”（倍增）值为 1.3，如图 6-58 所示。

6）打开修改命令面板中的【Directional Parameters】（平行光参数）卷展栏，修改【Light Cone】（光锥）区的“Hotspot/Beam”（聚光区/光束）值为 2800，“Falloff/Field”（衰减区/区域）值为 5000，如图 6-58 所示。

7）打开修改命令面板中的【Shadow Parameters】（阴影参数）卷展栏，把阴影“Dens”（浓度）值调整为 0.8，如图 6-58 所示。调整完“目标平行光 1”参数后的视图如图 6-59 所示。

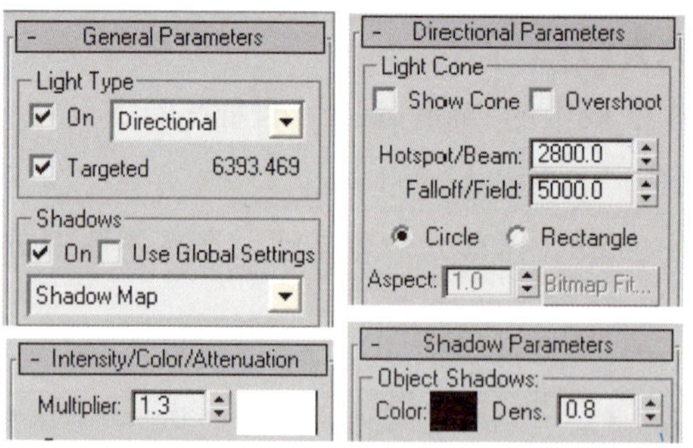

图 6-58　设置“目标平行光 1”的参数

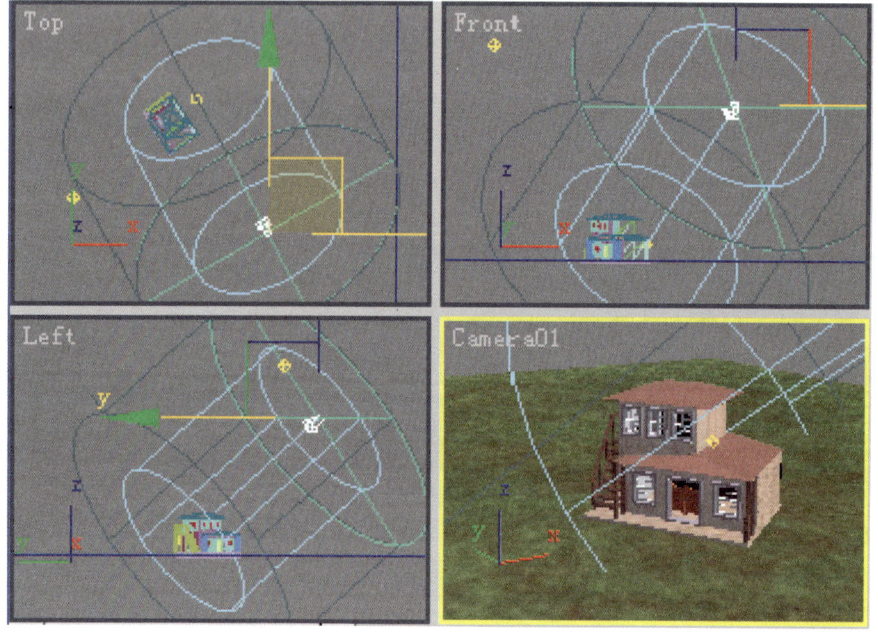

图 6-59　调整完“目标平行光 1”参数后的视图状态

8）选择摄像机视图，单击标准工具栏上的（快速渲染）按钮，渲染效果如图 6-53 所示。

注意：目标平行光参数与目标聚光灯基本相同，但聚光灯发出的光是一个光锥，而平行光产生一个圆形（或矩形）的平行照射区域，一般用来模拟太阳光等平行光束。

6.3.4　用体积光模拟射入室内的光线

射入室内的光线是非常微妙的，用聚光灯配合体积光可模拟射入较暗环境中的光束。下面以如图 6-60 所示的“射入室内的光线”为例，介绍创建体积光的方法。

图 6-60 射入室内的光线

1. 打开场景文件

单击下拉菜单中的【File】（文件）/【Open】（打开）命令，打开本书配套光盘中的“体积光场景.max”场景文件，场景如图 6-61 所示。

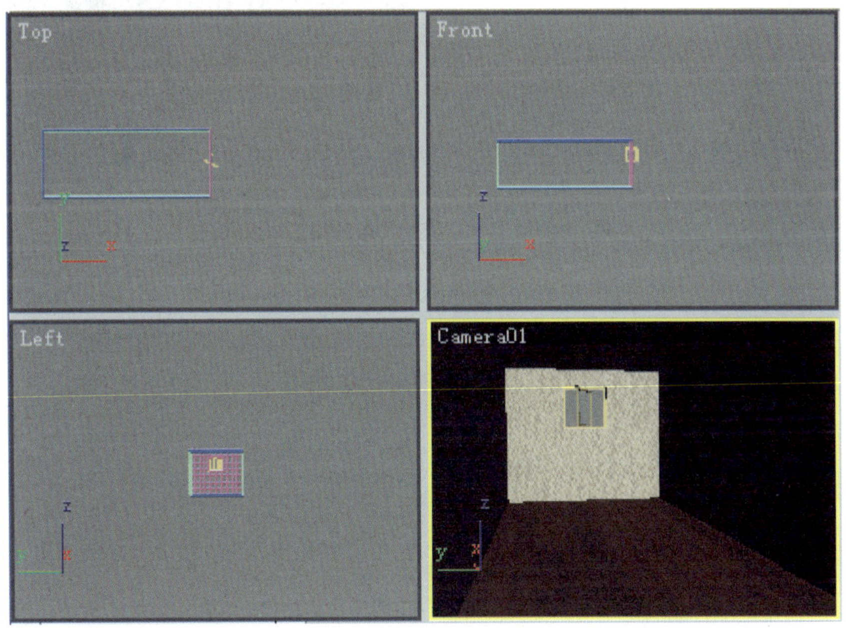

图 6-61 打开“体积光场景.max”场景文件

2. 用泛光灯模拟环境照明效果

1）单击（创建）按钮后单击（灯光）按钮，在灯具类型下拉列表中选择【Standard】（标准灯光），进入创建标准灯光命令面板。

2）单击 Omni （泛光灯）按钮，在前视图中单击创建一个泛光灯，并命名为“泛光灯 3”。

3）单击标准工具栏中的✥（移动）命令按钮，在各视图中移动“泛光灯 3”到如图 6-62 所示的位置。

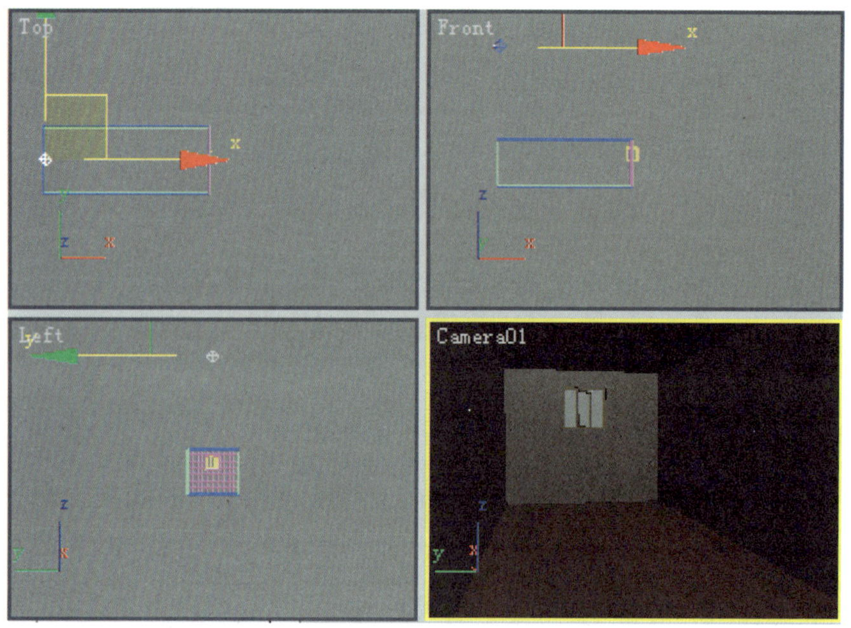

图 6-62　创建“泛光灯 3”并移动到适当位置

4）选择“泛光灯 3”，单击命令面板中的（修改）按钮，进入修改命令面板。

5）打开【Intensity/Color/Attenuation】（强度/颜色/衰减）卷展栏，设置泛光灯的“Multiplier”（倍增）值为 0.4，参数设置与渲染效果如图 6-63 所示。其中窗所在前墙在“泛光灯 3”的照射下过亮，这与实际照明情况不符。

图 6-63　修改“泛光灯 3”倍增值后的渲染效果

6）单击【General Parameters】（一般参数）卷展栏下【Shadows】（阴影）区的Exclude...（排除）按钮，弹出【Exclude/Include】（排除/包含）对话框，如图 6-64 所示。

7）在左侧列表中选择表示前墙的“Box03”，单击>>按钮将之放入右侧的排队列表中，再单击OK按钮退出【Exclude/Include】（排除/包含）对话框。此时摄像机视图的渲染效果如图 6-65 所示。

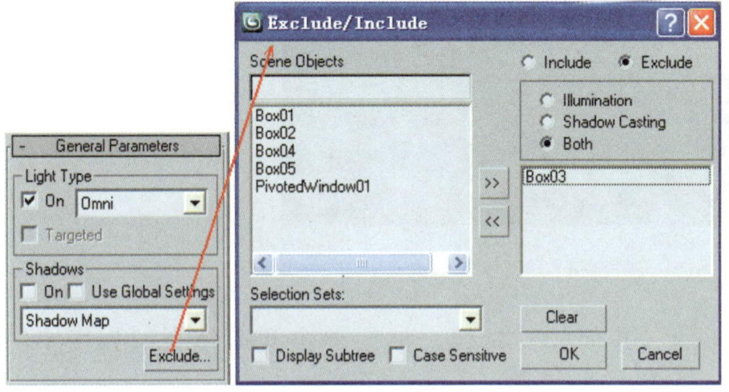

图 6-64　排除“泛光灯 3”对前墙“Box03”的照明

图 6-65　排除“泛光灯 3”对前墙照明后的渲染效果

8）用与前面类似的方法创建“泛光灯 4”，修改其“Multiplier”（倍增）值为 0.2，并移动到如图 6-66 所示的位置。此时摄像机视图的渲染效果如图 6-67 所示。

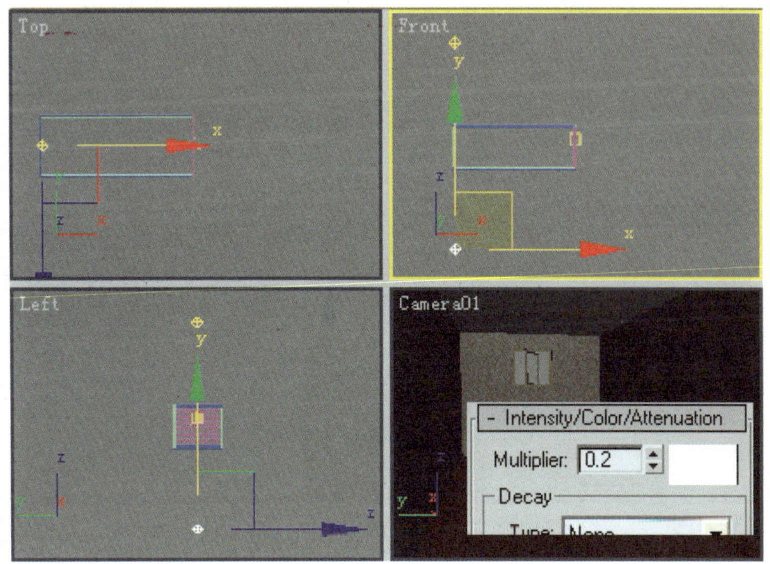

图 6-66　创建“泛光灯 4”，调整参数并移动到适当位置

3．用自发光材质模拟窗口的天空漫射光效果

图 6-67 中窗口的光照效果特别不真实，下面用自发光材质模拟窗口的天空漫射光效果。

图 6-67　创建“泛光灯 4”后的渲染效果

1）单击 （创建）按钮，再单击 （几何体）按钮，然后单击几何体类型列表中的 Standard Primitives （标准几何体）命令，进入创建标准几何体命令面板。

2）单击 Box （长方体）命令按钮，在顶视图中创建一个长方体，修改长方体的长度、宽度和高度分别为 7500mm、300mm、9000mm，并移动到如图 6-68 所示的位置。

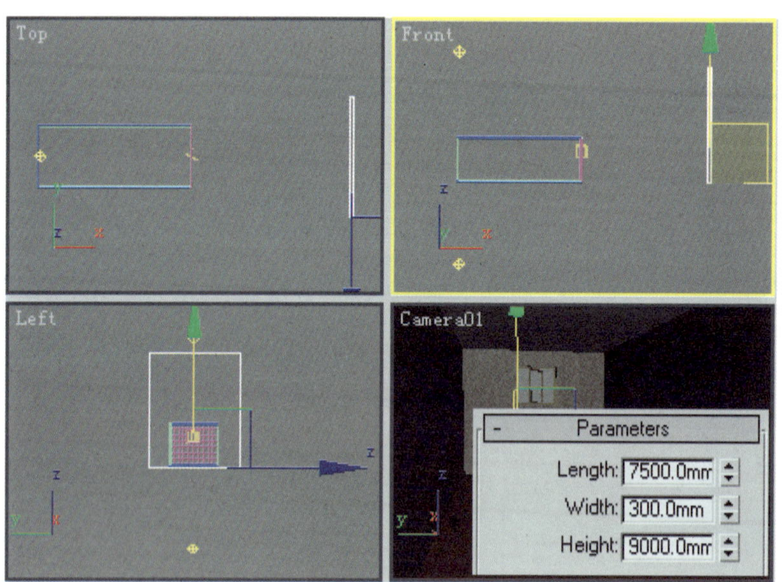

图 6-68　创建一个长方体并移动到适当位置

3）单击标准工具栏中的 （材质编辑器）按钮，弹出【Material Editor】（材质编辑器）对话框，如图 6-69 所示。

4）在材质编辑器中选择一个新的示例球，命名为“发光”，然后将【Self-Illumination】（自发光）的数值设置为 100%。

5）单击“Diffuse”（漫反射）后面的色块 ，弹出【Color Selector:Diffuse Color】（选

择颜色：漫反射）对话框，如图 6-69 所示。设置颜色为白色后单击 OK 按钮。

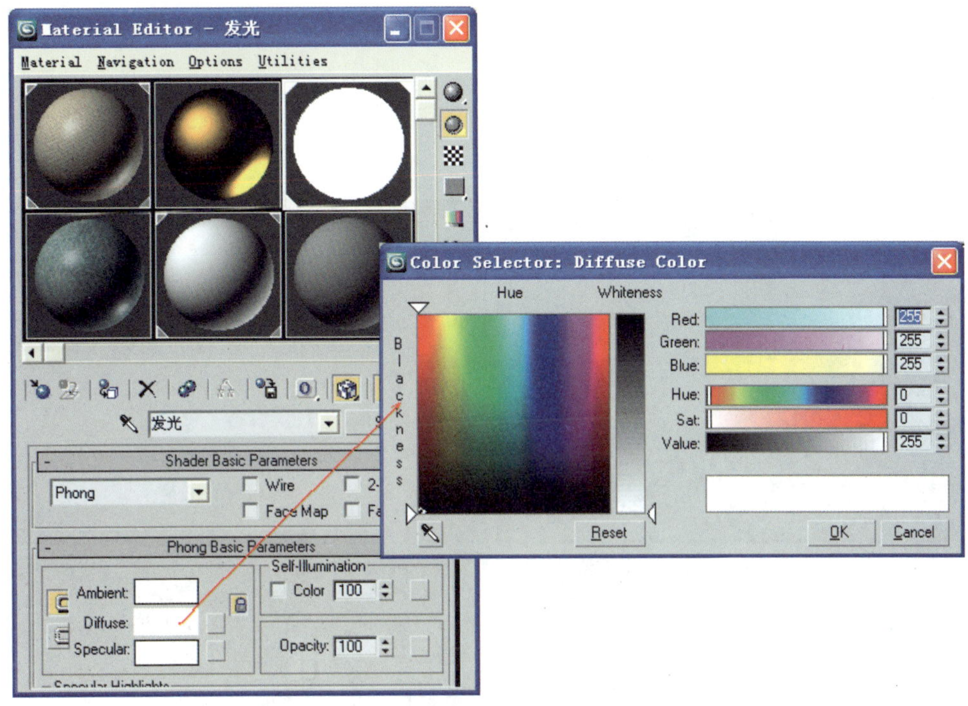

图 6-69 建立自发光材质并赋予长方体

6）选择摄像机视图，单击标准工具栏上的（快速渲染）按钮，渲染效果如图 6-70 所示。

图 6-70 窗口的渲染效果

4. 创建并调整目标聚光灯

1）单击（创建）按钮后，再单击（灯光）按钮，在灯具类型下拉列表中选择

【Standard】（标准灯光），进入创建标准灯光命令面板。

2）单击 Target Spot （目标聚光灯）按钮，在前视图中拖曳创建一个目标聚光灯，并命名为“聚光灯 2”。

3）单击标准工具栏中的（移动）命令按钮，在视图中移动“聚光灯 2”的光源和目标点到如图 6-71 所示的位置。

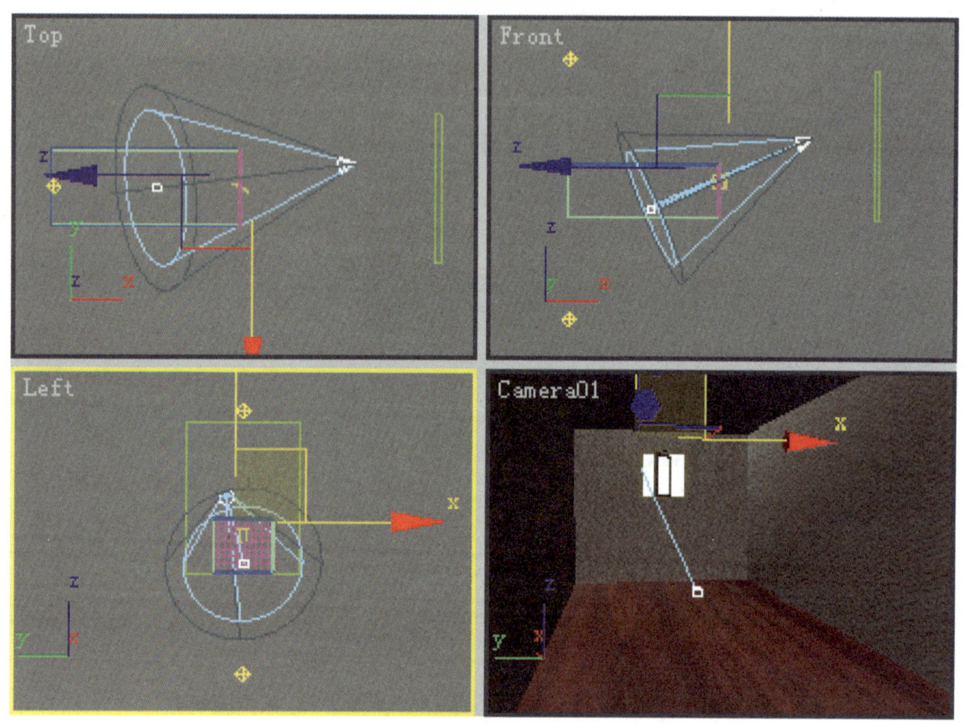

图 6-71　创建“聚光灯 2”并移动到适当位置

4）选择“聚光灯 1”的光源点，单击命令面板中的（修改）按钮，进入修改命令面板。

5）勾选【General Parameters】（一般参数）卷展栏下【Shadows】（阴影）区的 On（打开）单选按钮。在阴影类型下拉列表中选择阴影的类型为“Shadow Map”（阴影贴图），如图 6-72a 所示。

6）修改【Intensity/Color/Attenuation】（强度/颜色/衰减）卷展栏下的“Multiplier”（倍增）值为 1.4，如图 6-72b 所示。

7）打开【Spotlight Parameters】（聚光灯参数）卷展栏，修改“Hotspot/Beam”（聚光区/光束）为 16，“Falloff/Field”（衰减区/区域）为 18，如图 6-72c 所示。此时的场景如图 6-73 所示。

8）选择摄像机视图，单击标准工具栏中的（快速渲染）按钮，弹出渲染对话框，渲染效果如图 6-74 所示。

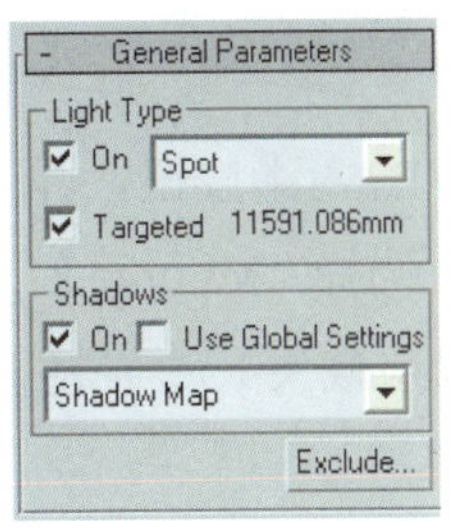

a）

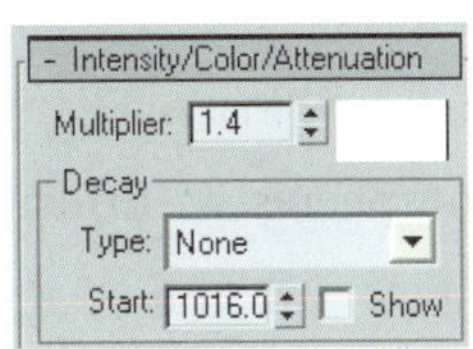

b）

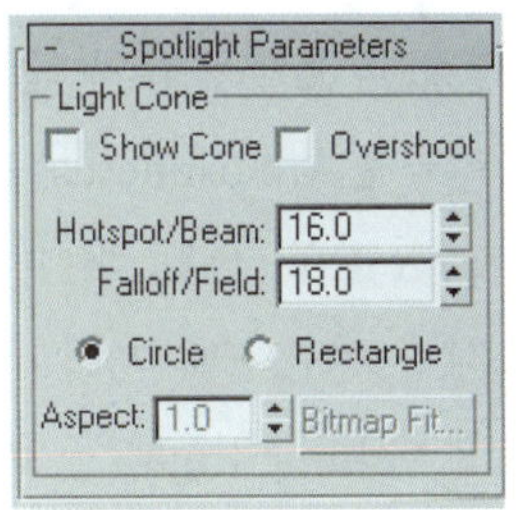

c）

图 6-72 调整“聚光灯 2”的参数

a）打开阴影 b）修改灯光强度 c）修改聚光区和衰减区范围

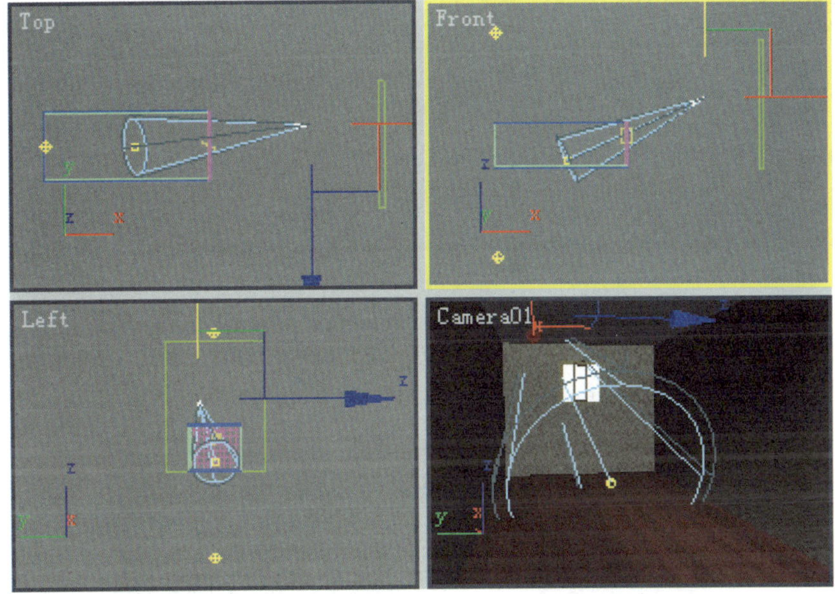

图 6-73 调整“聚光灯 2”参数后的场景

图 6-74 调整“聚光灯 2”参数后的渲染效果

5．增加并调整体积光效果

1）单击【Atmospheres & Effects】（大气与效果）卷展栏中的 Add 按钮，弹出【Add Atmosphere & Effects】（添加大气或效果）对话框，在该对话框中选择“Volume Light”（体积光）选项，单击 OK 按钮。在【Atmospheres & Effects】（大气与效果）卷展栏下的列表中即显示“Volume Light”（体积光）选项，如图 6-75 所示。

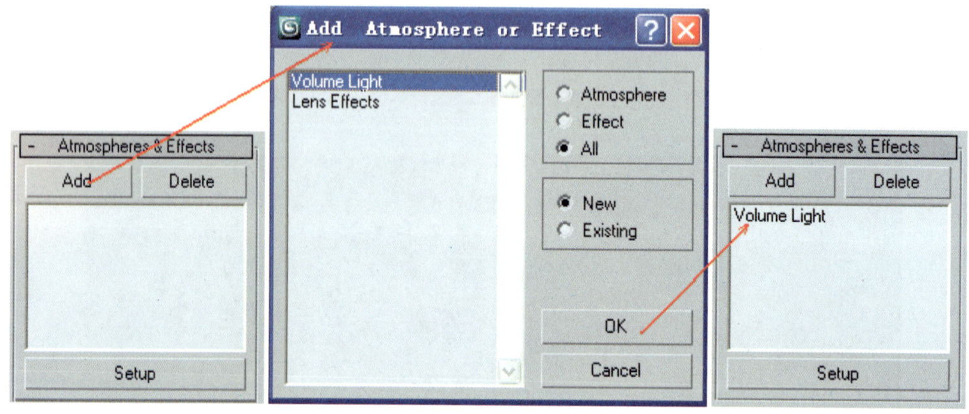

图 6-75　为“聚光灯 2”添加体积光效果

2）选择摄像机视图，单击标准工具栏中的 （快速渲染）按钮，渲染效果如图 6-76 所示。此时体积光的浓度特别大，下面做简单调节。

图 6-76　为“聚光灯 2”添加默认体积光后的渲染效果

3）在【Atmospheres & Effects】（大气与效果）卷展栏下的列表中单击选择“Volume Light”（体积光），再单击下面的 Setup 按钮，弹出【Environment and Effects】（环境和效果）对话框，如图 6-77 所示。

4）在【Environment】（环境）选项卡的【Volume Light Parameters】（体积光参数）卷

展栏下设置体积光的“Density”（浓度）值为 0.5，如图 6-77 所示。

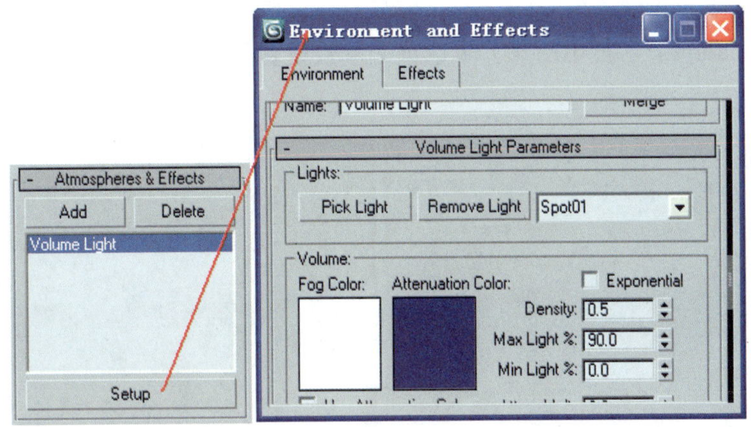

图 6-77 修改体积光的“Density”（浓度）值

5）选择摄像机视图，单击标准工具栏中的 （快速渲染）按钮，渲染效果如图 6-60 所示。

注意：① 上例中窗的模型必须去掉玻璃。② 制作体积光必须投射阴影，且阴影类型必须为“Shadow Map”（阴影贴图）。③ 可在体积光参数面板上调整“Density”（浓度）值改变体积光的效果。

6.3.5 创建天光实例

天光是 3ds Max 中模拟天空扩散光的对象。可将它看成一个在场景之上无穷大的发光半球，天光会依据场景中各点所在位置接收到半球上所有方向的照明模拟被照面的亮度分布。下面以实例说明天光的使用方法。

1．打开场景文件

单击下拉菜单中的【File】（文件）/【Open】（打开）命令，打开本书配套光盘中的“天光场景.max”场景文件。

2．创建并修改天光

1）单击 （创建）按钮后单击 （灯光）按钮，在灯具类型下拉列表中选择【Standard】（标准灯光），进入创建标准灯光命令面板。

2）单击 Skylight （天光）按钮，在顶视图中单击创建天光，并命名为“天光 1”。

3）单击标准工具栏中的 （移动）命令按钮，在各视图中移动“天光 1”到如图 6-78 所示的位置。

4）选择摄像机视图，单击标准工具栏中的 （快速渲染）按钮，渲染效果如图 6-79 所示。

5）选择“天光 1”，单击命令面板中的（修改）按钮，进入修改命令面板。

6）打开【Skylight Parameters】（天光参数）卷展栏，单击勾选【Render】（渲染）选项框中的“Cast Shadows”（投影阴影）单选项。参数设置与摄像机视图的渲染效果如图 6-80 所示。

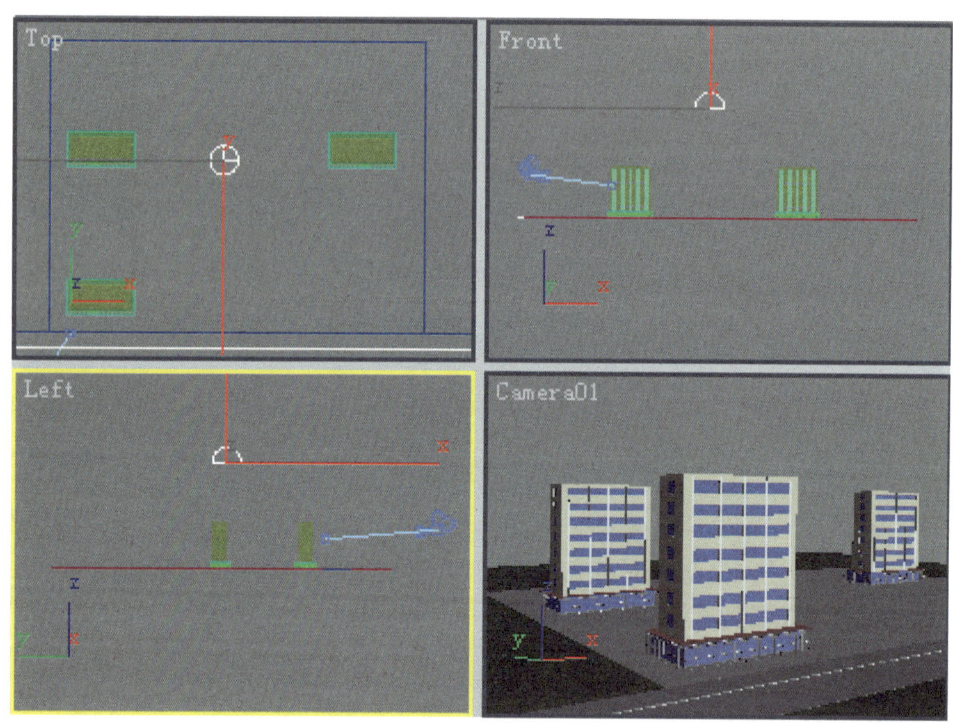

图 6-78　创建的“天光 1”在场景的位置

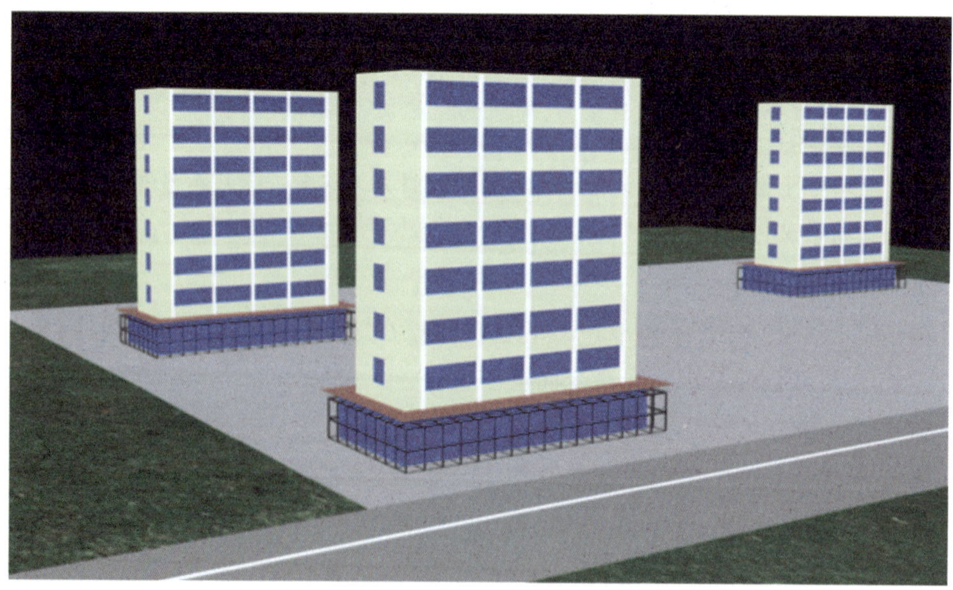

图 6-79　创建“天光 1”后的渲染效果

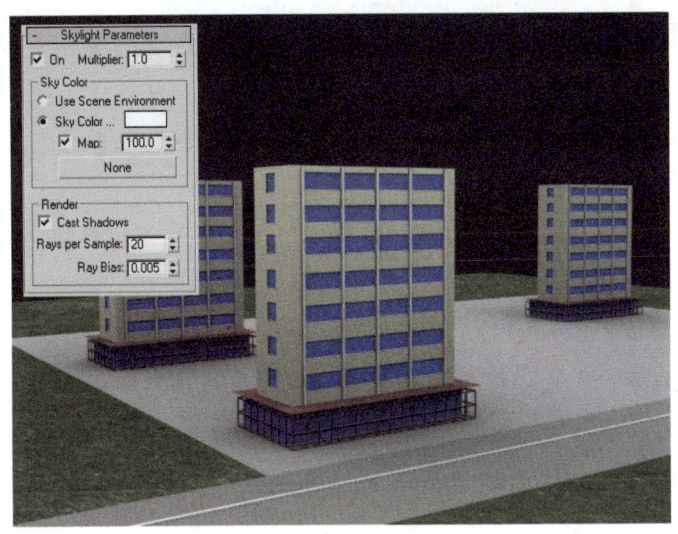

图 6-80　打开“天光 1”阴影及其渲染效果

注意:【Skylight Parameters】(天光参数)卷展栏中【Render】(渲染)选项框中的“Rays per Sample”(每采样光线数)用于设置在场景中每个采样点上天光的光线数，较高的值可使渲染效果比较细腻，但却要增加渲染时间。如果使用光能传递或光影跟踪时，【Render】(渲染)选项框无效。

6.4　灯光光源参数卷展栏简介

在 3ds Max 的场景中选择不同的灯光对象，修改命令面板对应的参数卷展栏也不同，本节将对灯光参数卷展栏做简单介绍。由于 mr Sky Portal（mr 入口天光）、mr Area Omni（mr 区域泛光灯）和 mr Area Spot（mr 区域聚光灯）只在使用 mental ray 渲染器渲染时有效，在 3ds Max 默认渲染器下，渲染时不起作用。故本节不介绍这三种灯光的参数，对 mental ray 渲染相关参数也不予以介绍。

6.4.1　光度学灯光光源的参数卷展栏简介

Target Light（目标灯光）和 Free Light（自由灯光）两种光度学灯光光源对应的参数卷展栏如图 6-81 所示。

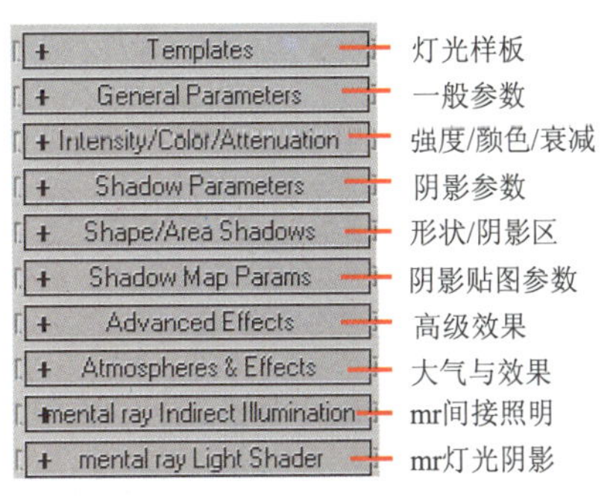

图 6-81　光度学灯光光源的参数卷展栏

- 【Templates】(灯光样板)：提供了一些典型的光度学灯光样板，详见 6.2.3。
- 【General Parameters】(一般参数)：用来打开/关闭灯光、打开/关闭阴影或设置阴影类型、设置灯光的类型。

- 【Intensity/Color/Attenuation】（强度/颜色/衰减）：用来设置灯光的光色或色温、灯光的发光强度、衰减程度和远处衰减参数。
- 【Shadow Parameters】（阴影参数）：用来设置灯光阴影颜色、深浅程度、阴影贴图、阴影的大气效果等参数。
- 【Shape/Area Shadows】（形状/阴影区）：用来设置灯光的形状（点光源、线光源、面光源）和灯光形状在渲染时是否可见。
- 【Shadow Map Parameters】（阴影贴图参数）：随一般参数卷展栏中“Shadow”（阴影）类型选择的不同，这个卷展栏会自动发生变化，以对应所选的阴影方式。通常用来设置阴影的柔和程度、阴影与投影物体间的差距、阴影贴图的方式等。
- 【Advanced Effects】（高级效果）：用来设置场景的对比度、灯光的柔化效果、影响材料的光反应区或投影图像等。
- 【Atmospheres & Effects】（大气与效果）：可用来设置体积光等特效。

6.4.2 标准灯光光源的参数卷展栏简介

标准灯光光源的参数卷展栏与光度学灯光光源的参数卷展栏类似，不同类型标准灯光光源的大部分参数也是相同或相似的。Target Spot（目标聚光灯）、Free Spot（自由聚光灯）、Target Direct（目标平行光）、Free Direct（自由平行光）和 Omni（泛光灯）的光源参数卷展栏中有 8 个是相同的。Skylight（天光）的参数卷展栏与其他灯光的不同。

1. 不同类型标准灯光的共同参数卷展栏

Target Spot（目标聚光灯）光源的参数卷展栏如图 6-82 所示。其中除【Spotlight Parameters】（聚光灯参数）卷展栏外，其他的项目是前述 5 种灯光的光源卷展栏都具有的。

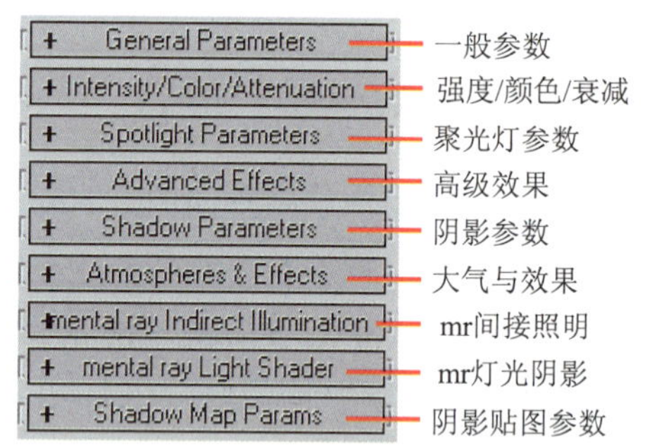

图 6-82　Target Spot（目标聚光灯）光源的参数卷展栏

- 【General Parameters】（一般参数）：其作用与光度学灯光的类似，主要用于调整灯光的开启与关闭、阴影的打开与关闭、设置阴影方式、设置需要照明或排除的对象。

注意：① 勾选“Use Global Settings”（使用全局设置）单选项后，会将阴影参数应用到同一场景中的所有带阴影设置的灯光对象上。② 除 Skylight（天光）外所有的标准灯光的阴影类型都有五种：“Adv.Ray Traced”（高级光线跟踪）、“mental ray Shadow Map”（Mental ray 渲染阴影贴图）、“Area Shadows”（区域阴影）、“Shadow Map”（阴影贴图）和“Ray-Traced Shadows”（光线跟踪阴影）。当选择其中的一种阴影类型，卷展栏的阴影设置方式会跟之改变。

- 【Intensity/Color/Attenuation】（强度／颜色／衰减）：用于设置灯光强度的倍数、设置灯光的颜色及亮度、控制光线的衰减与衰减方式。
- 【Advanced Effects】（高级效果）：用于设置场景照明后明暗间的反差、柔化过渡区与阴影区之间的边缘、投影图像等。
- 【Shadow Parameters】（阴影参数）：用于设置阴影的颜色、浓度、阴影贴图、灯光颜色对阴影的影响效果等。
- 【Atmospheres & Effects】（大气与效果）：体积光设置可以使灯光在照明的同时渲染出光束的形体，见 6.3.4 节。
- 【Shadow Map Parameters】（阴影贴图参数）：这个卷展栏会随（一般参数）卷展栏中“Shadow”（阴影）类型的不同而不同。用来设置阴影的柔和程度、偏移量、贴图的大小和尺寸等。

2. 不同类型标准灯光的附加参数

标准灯光的附加参数主要是“Spot”的【Spotlight Parameters】（聚光灯参数）和“Direct”的【Directional Parameters】（平行光参数），虽然卷展栏名称不同，但内容和各个参数的含义相同。

【Spotlight Parameters】（聚光灯参数）和【Directional Parameters】（平行光参数）卷展栏主要用于设置聚光灯或平行光的“Hotspot”（高光区）及“Falloff”（衰减区），以控制灯光的照明范围；还可在其中设置灯光的垂直截面是圆形还是矩形，或进行泛光化等。

注意：① 当 Hotspot 与 Falloff 值非常接近时（最小差距 2）

当 值 差 时 差值 ② 对灯光进行“Overshoot”（泛光化），仅用一盏聚光灯就能照亮整个场景，同时又能投射阴影。场景中的灯光越少，渲染速度就越快。

Skylight（天光）只有【Skylight Parameters】（天光参数）卷展栏，可用来设置天光的打开与关闭、强度的倍增值、天光颜色和阴影选项等，详见 6.3.5 节。

6.5 建筑效果图布光的基本理论和需注意的问题

6.5.1 三点照明

灯光的设置过程简称为“布光”。对一个复杂的场景，不同的设计师会采用不同的布光方案，但是布光时必须共同遵守一些基本原则。对于室内效果图与室内摄影，有个著名而经典的布光理论就是“三点照明”。

1. 三点照明的灯光类型

三点照明一般用于较小范围的场景照明。如果场景很大，可以把它拆分成若干个较小的区域进行布光。三点照明一般有三盏灯即可，分别为主体光（Key Light）、辅助光（Fill Light）和背景光（Back Light），如图 6-83 所示。

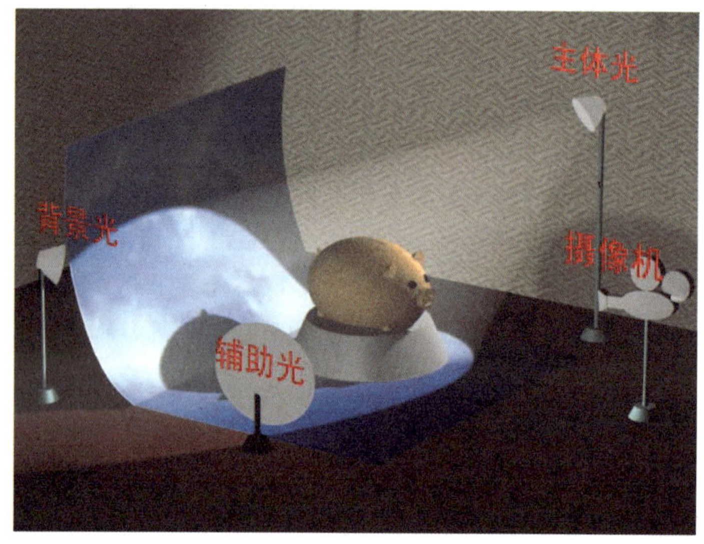

图 6-83　三点照明示意图

- 主体光（Key Light）：主体光用来照亮场景中的主要对象与其周围区域，并给主体对象投影。在三种灯光中，主体光的强度最大，场景中主要的明暗关系由主体光决定，包括投影的方向。主体光的任务根据需要也可以用几盏灯光共同完成。如主灯光在与摄像机视线成 15° ～30° 角的位置上，称顺光；在 45° ～90° 的位置上，称为侧光；在 90° ～120° 的位置上成为侧逆光。主体光常采用聚光灯。图 6-83 中，主体光的位置与摄像机视线方向大约成 45° 角，主体光的主光线方向与水平面也约成 45° 角，通常这个方位能表现展品的最佳效果。
- 辅助光（Fill Light）：辅助光又称为补光。可用一个聚光灯照射扇形反射面，以形成一种均匀的、非直射性的柔和光源，可以用它来填充阴影区以及被主体光遗漏的场景区域、调和明暗区域之间的反差，同时能形成景深与层次，为场景打一层底色，用于定义场景的基调。为达到柔和的照明效果，通常辅助光的强度只有主体光的 40%～70%。
- 背景光（Back Light）：背景光的作用是增加背景的亮度，从而衬托主体，并使主体对象与背景相分离，形成明显的轮廓。背景光一般使用泛光灯，强度可设置为主体光强度的 10%～15%。

2. 三点照明的布光顺序

1）先定主体光的位置与强度。

2）决定辅助光的强度与角度。

3）布置背景光与装饰光。

这样产生的布光效果应该能达到“主次分明，互相补充”的要求。

6.5.2 布灯时需注意的事项

1）灯光要体现场景的明暗分布，要有层次性，切忌把所有灯光一概处理。根据需要选用不同种类的灯光；根据需要决定灯光是否投影，以及阴影的浓度；根据需要决定灯光的亮度与对比度。可以暂时关闭某些灯光以排除干扰，再设置其他的灯光。

2）布光时应该遵循从主体到局部、由简到繁的过程。对于灯光效果的形成，应该先调角度定下主格调，再调节灯光的衰减等特性来增强现实感。最后再调整灯光的颜色做细致修改。在制作室内效果图时，为了表现出一种金碧辉煌的效果，往往会把一些主灯光的颜色设置为淡淡的橘黄色。

3）灯光宜精不宜多，不要设置可有可无的灯光。过多的灯光使工作过程变得杂乱无章，难以处理，显示与渲染速度也会受到严重影响。

4）恰当地利用 3ds Max 中灯光的 Exclude（排除）和 Include（包含）功能。制作建筑效果图时，往往通过 Exclude（排除）或 Include（包含）功能控制灯光的照明或投射阴影的对象。

注意：在使用光度学灯光并使用光能传递功能时，必须注意场景的尺寸和单位的一致性。如果不按现实的比例创建模型，布光工作将会变得复杂。

6.6 摄像机的应用

摄像机主要用来调整场景中视图的视角与透视关系，3ds Max 中创建效果图和动画通常都要通过摄像机视图来表现。

6.6.1 摄像机的类型

Autodesk 3ds Max 2009 32-bit 提供了 Target（目标摄像机）和 Free（自由摄像机）两种摄像机。两种摄像机的创建参数完全相同。目标摄像机由起点（摄像机位置）和目标点（用于控制视线方向）构成，常用于创建效果图；自由摄像机只有一个起点，通过旋转起点控制视线的方向，常用于制作动画。自由摄像机的使用详见本书第 10 章。

单击（创建）按钮，再单击（摄像机）按钮，即进入摄像机命令面板，如图 6-84 左图所示。单击摄像机命令面板中的 Target（目标摄像机）按钮，在视图中拖曳即可创建目标摄像机；单击 Free（自由摄像机）按钮，在视图中单击即可创建自由摄像机。两种摄像机在视图中的显示状态如图 6-84 右图所示，图中左侧是摄像机未被选择时的状态，右侧是被选择时的状态。

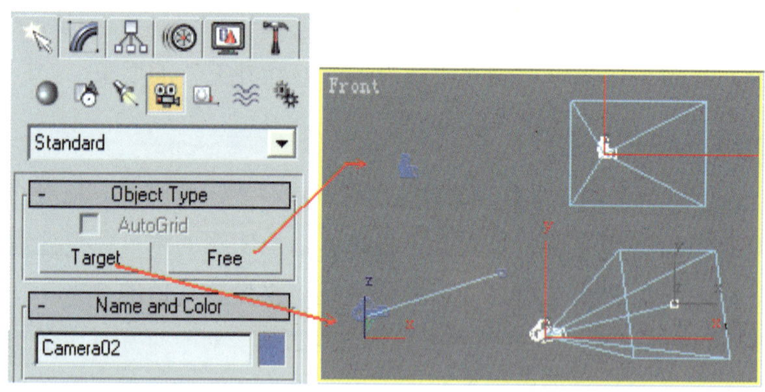

图 6-84　摄像机命令面板与视图中摄像机的状态

6.6.2　创建目标摄像机实例

1）单击下拉菜单中的【File】（文件）/【Open】（打开）命令，打开本书配套光盘中的"摄像机场景.max"文件，如图 6-85 所示。

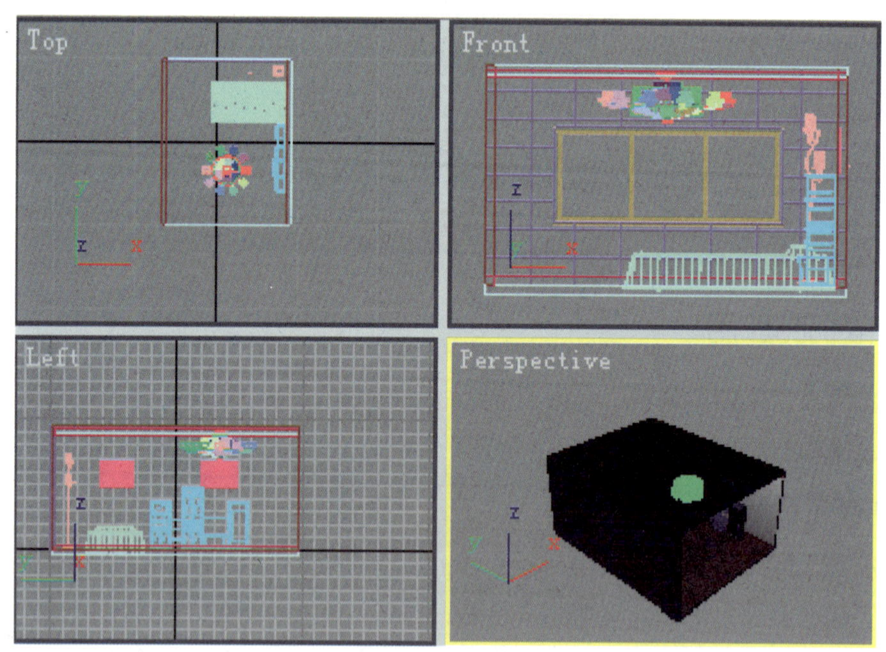

图 6-85　打开"摄像机场景.max"文件

2）单击（创建）按钮，再单击（摄像机）按钮，进入摄像机命令面板。

3）单击摄像机命令面板中的Target（目标摄像机）按钮，在左视图中拖曳创建目标摄像机并命名为"摄像机 1"，如图 6-86a 所示。

4）在透视图名称"Perspective"上单击鼠标右键，在弹出的快捷菜单中单击【Views】（视图）/【摄像机 1】命令，或按快捷键 C，将透视图变为摄像机视图，如图 6-86b 所示。

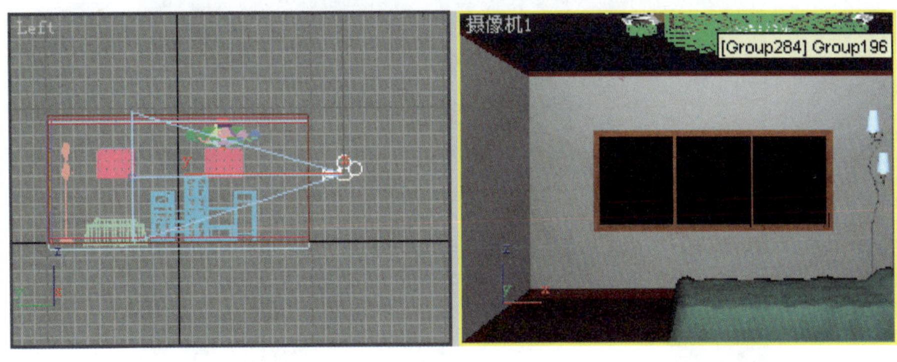

a）　　　　　　b）

图 6-86　创建目标摄像机并打开摄像机视图

a）创建目标摄像机　　b）打开摄像机视图

5）分别选择“摄像机 1”的起点和目标点，在各视图中移动到适当的位置，同时观察摄像机视图的变化，使之达到比较理想的状态，如图 6-87 所示。

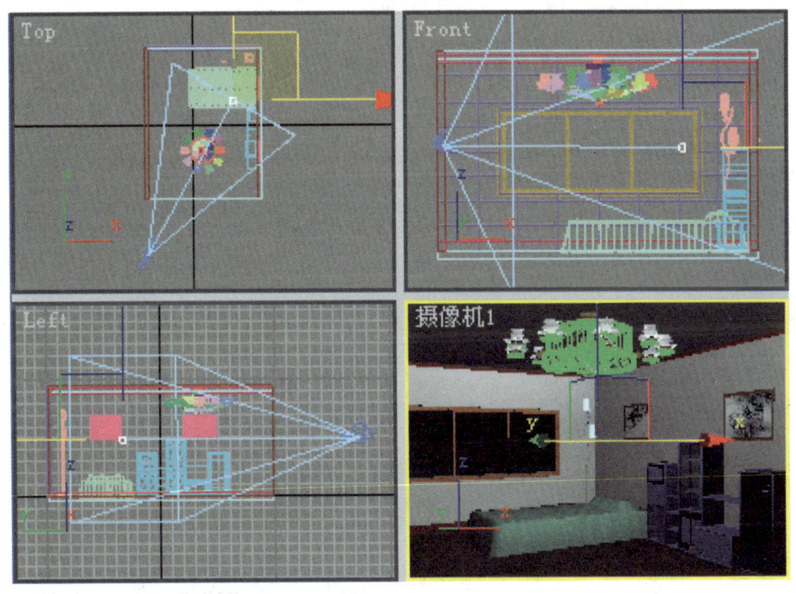

图 6-87　调整摄像机的位置

6）选择摄像机视图，单击标准工具栏中的 （快速渲染）按钮，渲染效果如图 6-88 所示。

注意： ① 在制作室内效果图时，如将摄像机的高度设置为人眼视平线的高度，通常可使效果图达到较好的效果。② 当前视图为摄像机视图时，视图控制区各按钮及其作用详见本书 1.1.3 节中的第 6 小节介绍。使用视图控制区按钮可以方便地推拉摄像机或目标点、改变摄像机的 FOV（视野）值、旋转摄像机、平移摄像机、移动目标点、环游摄像机或摇移摄像机。

图 6-88　摄像机视图的渲染效果

6.6.3　创建与透视图场景相匹配的摄像机

1）单击下拉菜单中的【File】（文件）/【Open】（打开）命令，打开本书配套光盘中的“摄像机场景 1.max”文件，如图 6-89 所示。

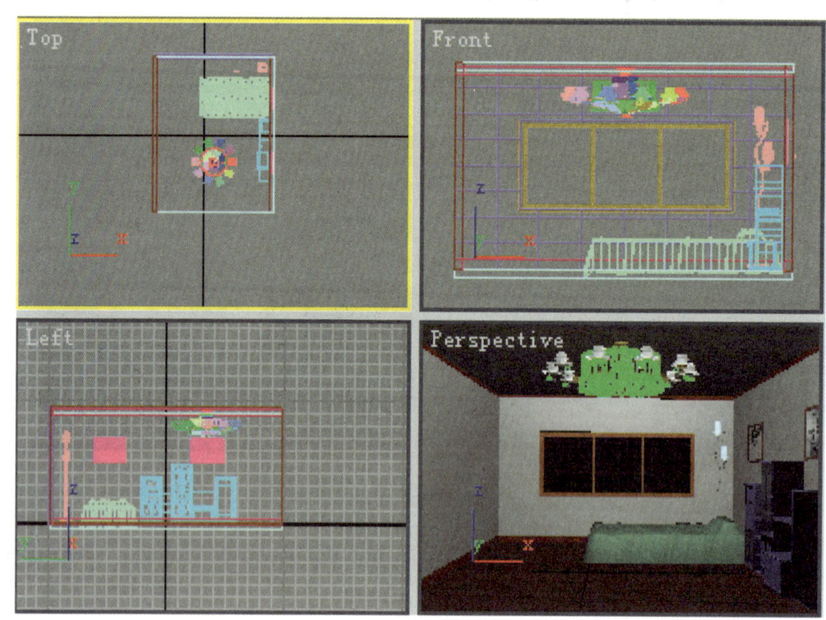

图 6-89　打开“摄像机场景 1.max”文件

2）在透视图中单击鼠标右键，使之变为当前视图。

3）单击下拉菜单中的【Views】（视图）/【Create Camera From View】（从视图创建摄像机）命令，则自动创建一个和透视图相匹配的摄像机，同时透视图自动变为摄像机视图，如图 6-90 所示。

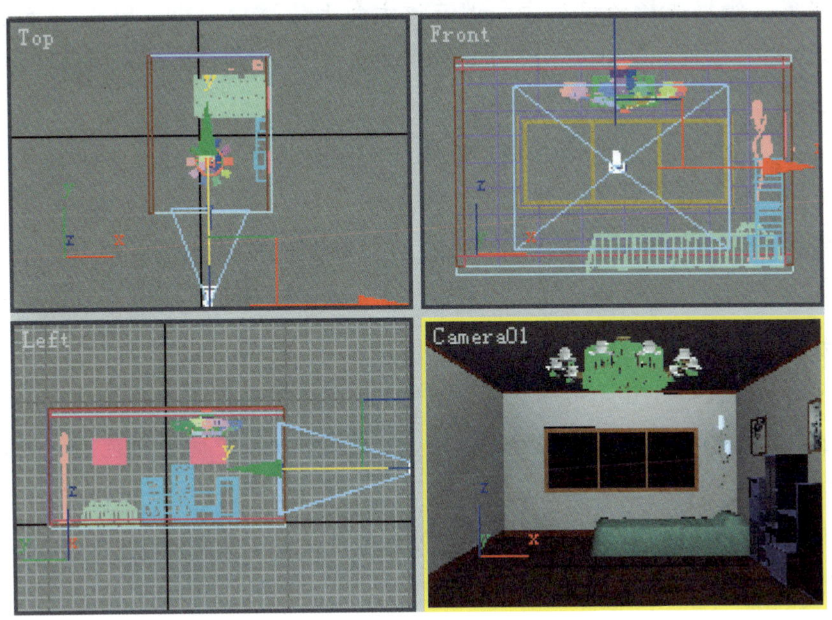

图 6-90　打开“摄像机场景 1.max”文件

6.6.4　目标摄像机参数简介

目标摄像机和自由摄像机的参数绝大部分是相同的，下面以目标摄像机为例，简单介绍修改命令面板中摄像机的参数。

选中目标摄像机的起点，单击（修改）命令按钮，即可进入目标摄像机的参数设置面板。目标摄像机参数卷展栏如图 6-91 所示。

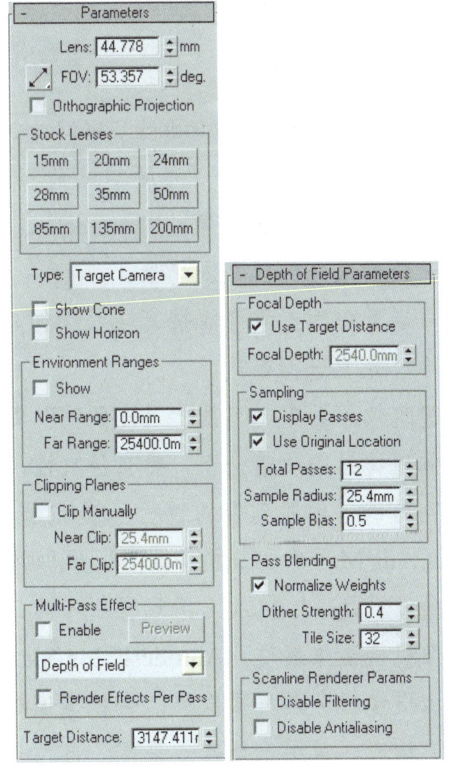

图 6-91　“Target”（目标摄像机）的默认参数

【Parameters】（参数）卷展栏中的主要参数及作用如下：

- “Lens”（镜头）：用于设置摄像机的焦距。人眼的标准焦距约为 48 mm。短焦距可以使摄像范围更大，场景中单个物体相对更小，造成鱼眼镜头的夸张效果；长焦距可以拉近场景。Lens 值也可以在 Stock Lenses（备用镜头）中选择。
- “FOV”（视野）：用于设置摄像机

的视角。依据选择的视角方向调节该方向上的弧度大小。FOV 前面的按钮用于控制 FOV 角度的显示方向，包括↔（水平）、↕（垂直）和⤢（对角）三种方向。

- “Orthographic Projection”（正交投影）：勾选该选项，以 User 用户视图方式显示场景，此时场景中的物体不会发生透视变形。
- “Type”（类型）下拉列表：用于改变当前摄像机的类型为 Free（自由摄像机）。
- “Show Cone”（显示锥形）：勾选该选项，不管摄像机是否处于选择状态，总显示锥形范围框。
- “Show Horizon”（显示视平线）：选择后，在摄像机视图中将显示视平线。
- “Environment Ranges”（环境范围）：通过该参数组中的近距范围和远距范围来设置环境大气的影响范围。
- “Clipping Planes”（剪切平面）：剪切平面是平行于摄影镜头的平面，以红色带交叉的矩形表示。可用于控制渲染场景的范围。
- “Multi-Pass Effect”（多过程效果）：用于给摄像机指定景深或运动模糊效果。

【Depth of Field Parameters】（景深参数）主要用于 mental ray 渲染。

本章小结

本章主要讲述了 Autodesk 3ds Max 2009 32-bit 中灯光和摄像机的使用方法。

灯光有 Photometric（光度学灯光）和 Standard（标准灯光）两大类，每一类灯光又包含了一些具体的灯光对象。Photometric（光度学灯光）可以逼真地模拟现实中的灯光，但依赖于精确尺寸的模型或场景。

当场景中的对象没有按真实尺寸创建或在制作室外建筑效果图时，通常选用 Standard（标准灯光）进行布光。

建筑效果图布光可依“三点照明”理论，根据具体场景进行布光。布光应注意：① 灯光要体现场景的明暗分布，要有层次性，切忌把所有灯光一概处理；② 布光时应该遵循从主体到局部、由简到繁的过程；③ 灯光宜精不宜多，不要设置可有可无的灯光；④ 恰当地利用 3ds Max 中灯光的 Exclude（排除）和 Include（包含）功能。

摄像机是 3ds Max 三维场景中不可缺少的组成元素，建筑效果图和建筑动画都必须通过摄像机视图来表现。Autodesk 3ds Max 2009 32-bit 提供了 Target（目标摄像机）和 Free（自由摄像机）两种摄像机。目标摄像机由起点（摄像机位置）和目标点（用于控制视线方向）构成，常用于创建效果图；自由摄像机只有一个起点，通过旋转起点控制视线的方向，常用于制作动画。

思考题与习题

1. 简述 Autodesk 3ds Max 2009 32-bit 中灯光的类型。

2. 创建如图 6-92 所示的场景，并用光度学灯光制作图中的光带效果。

图 6-92　光带效果

3. 打开本书配套光盘中的“综合练习.max”文件，创建摄像机，调整摄像机视图到合适状态，并利用所学的灯光设置的知识进行综合布光。

第 7 章　室内效果图制作实例

学 习 目 标

- 掌握用 3ds Max 2009 创建室内模型的基本方法。
- 掌握用 3ds Max 2009 编辑室内材质和灯光的基本方法。
- 掌握 Lightscape 渲染软件的使用方法。
- 掌握制作室内效果图的一些技巧。

学 习 重 点

室内效果图制作的基本过程、室内效果图中材质的编辑方法。

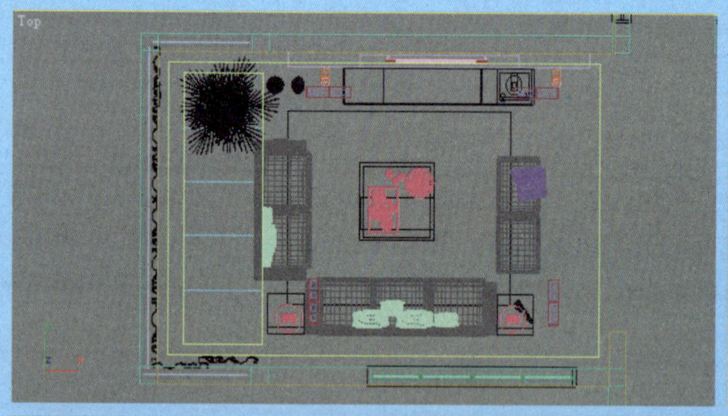

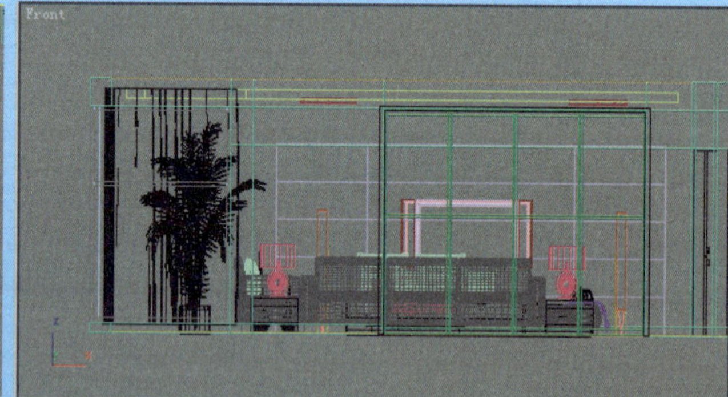

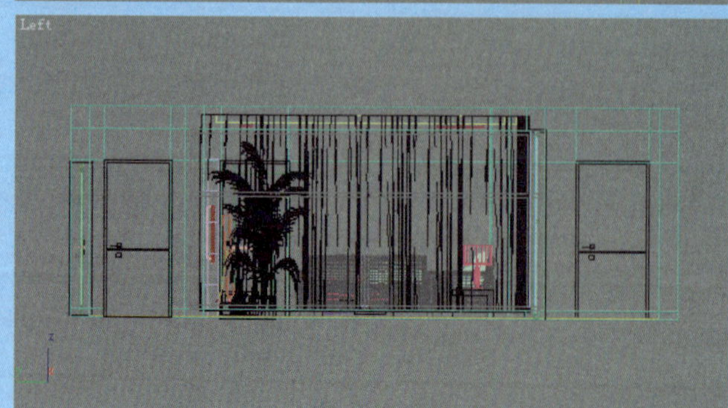

本章介绍根据图 7-1 所示的建筑平面图，制作客厅和餐厅的室内效果图的方法。

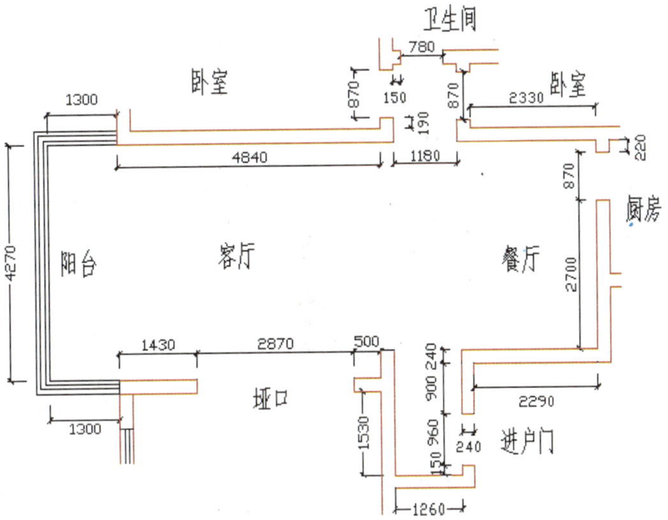

图 7-1 建筑平面图

7.1 制作客厅和餐厅的主体空间

7.1.1 制作墙体

1）打开 Autodesk 3ds Max 2009 进入工作界面。

2）为使模型的空间比例与实际相同，需要设置系统的单位，3ds Max 中默认的单位为毫米，这与建筑模型的要求相同，因此不用重新设置。

3）激活 Top（顶）视图，单击（创建）按钮，再单击（几何体）按钮，在【Standard Primitives】（标准几何体）命令面板中单击 Box （长方体）命令按钮，通过两次拖曳在顶视图中创建一个长方体。

4）按进户门右侧墙体的尺寸，在【Parameters】（参数）卷展栏中修改长方体的“Length”（长度）为 900mm，“Width”（宽度）为 240mm，“Height”（高度）为 2700mm，设置长、宽、高方向的 Segs（段数）分别为 1、1、4，并命名为“墙体”，如图 7-2 所示。

5）保证“墙体”处于选择状态，单击（修改）进入修改命令面板，在【Modifier List】（修改命令列表）中选择“Edit Mesh”（编辑网格）命令，单击进入点级别，如图 7-3a 所示。

6）激活 Front（前）视图，框选如图 7-3b 所示的 4 个点，单击标准工具栏中的（2.5 维捕捉）命令按钮打开 2.5 维捕捉方式。

7）单击标准工具栏中的（移动）命令按钮，锁定 Y 轴方向，向下移动选择的 4 个点，在与最下边的点重合后，保持这几个点的选择状态，右击标准工具栏中的（移动）命令按钮，弹出【Move Transform Type-In】（移动变换）对话框，在右侧“Y”后的文本框中输入“100”，将这 4 个点向上移动后，作为墙体踢脚线顶边的参考线，如图 7-4 所示。

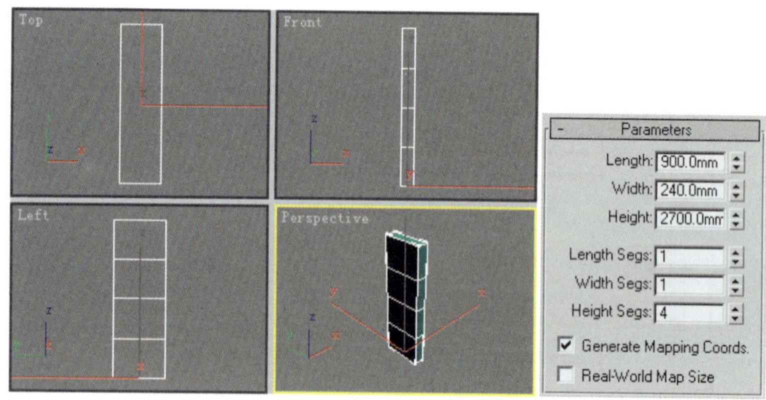

图 7-2 创建墙体

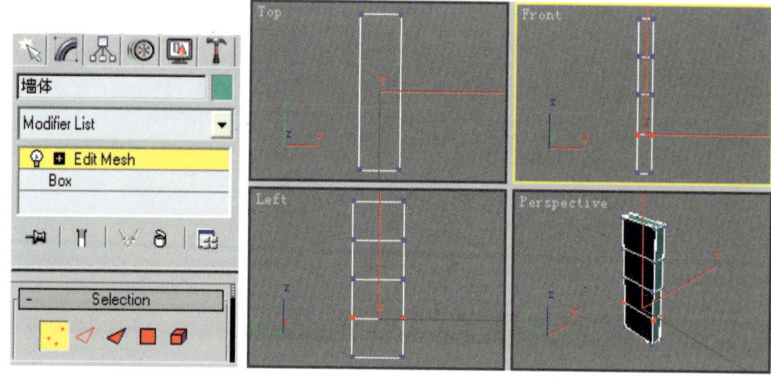

a） b）

图 7-3 编.辑墙体参数

a）执行“Edit Mesh” 命令 b）选择欲编辑的点

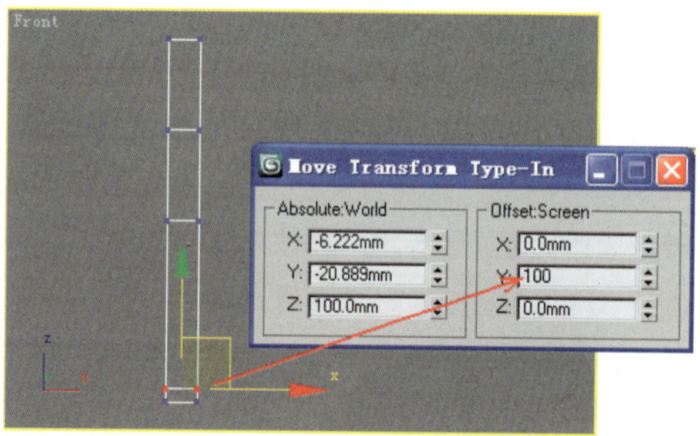

图 7-4 制作踢脚的上边线

8）用同样的方法移动其他的中间点，当移动到与最底边的点重合后，分别沿 Y 轴方向移动 2000mm 和 2400mm，得到门和窗口上边缘的辅助线，如图 7-5 所示。

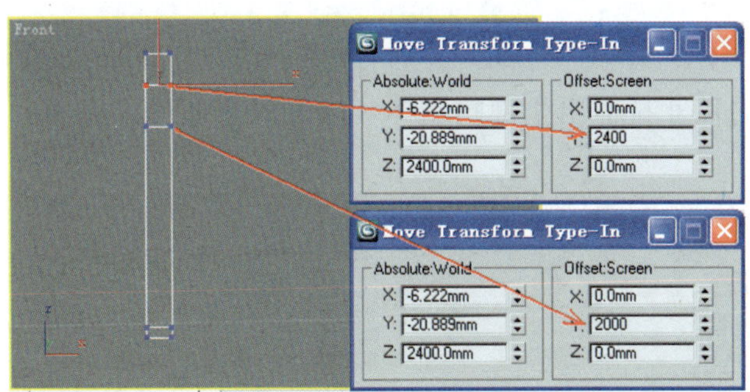

图 7-5　制作门和窗的上边线

9）单击标准工具栏中的（2.5 维捕捉）命令按钮关闭对象捕捉。激活 Top（顶视图），单击进入面级别，再单击标准工具栏中的（交叉）命令按钮使之变为（窗口）选择方式。框选 Y 轴最大方向的顶面，如图 7-6a 所示。

10）在【Edit Geometry】（几何编辑）卷展栏下，单击 Extrude（拉伸）命令按钮，在其后面的文本框中输入“240”，如图 7-6b 所示。得到要延伸的墙体的厚度，拉伸后效果如图 7-6c 所示。

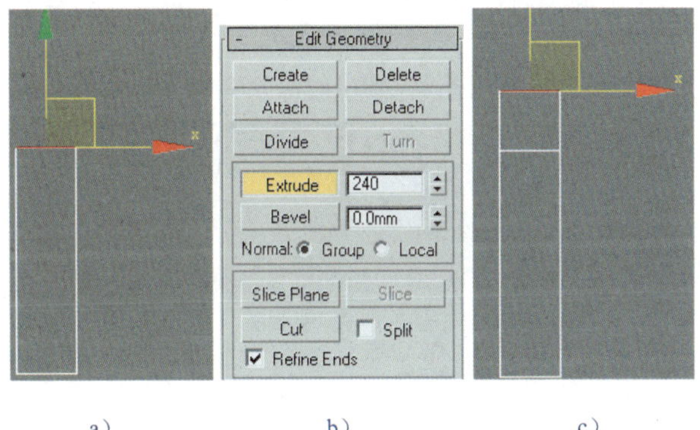

a）　　b）　　c）

图 7-6　设置墙体厚度

a）选择欲拉伸的面　b）设置拉伸数量　c）拉伸后的效果

11）在 Top（顶）视图中，根据平面图尺寸，再选择刚才拉伸部分右侧的面，再次 Extrude（拉伸）2290mm，得到餐厅靠近门一侧的墙体，如图 7-7 所示。

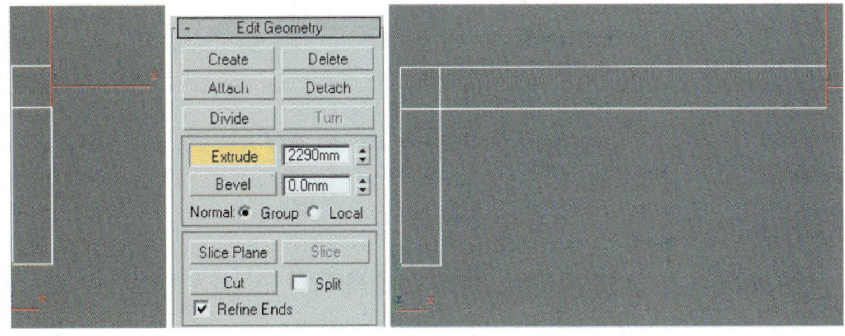

图 7-7　制作餐厅靠近门一侧的墙体

12）以此类推，利用“Edit Mesh”（编辑网格）命令中面级别的Extrude（拉伸）命令，按图 7-1 所示的尺寸拉伸出全部的墙体（注意所有墙厚、洞口都要单独拉伸），如图 7-8、图 7-9 所示。

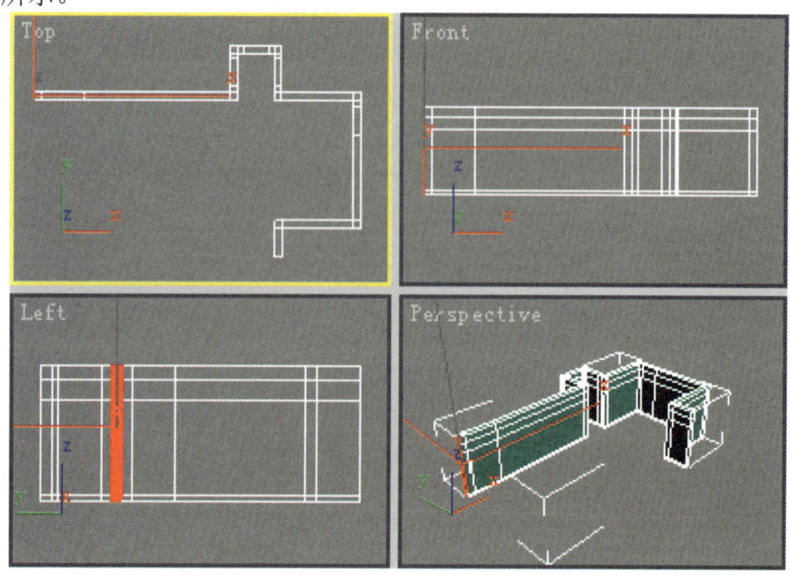

图 7-8 拉伸出的部分墙体

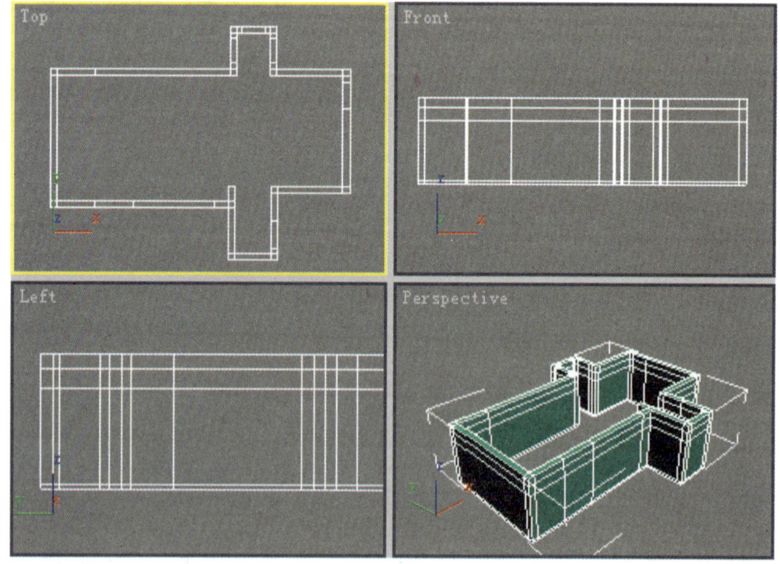

图 7-9 制作出全部墙体

7.1.2 开门窗洞口

1）调整透视图的状态，在透视图中选择“墙体”。

2）单击（修改）进入修改命令面板，再单击修改命令栏中【Edit Mesh】（编辑网格）前的“+”，选择 Polygon（面），进入面级别。

3）选择门洞所在位置的面，如图 7-10 所示。在【Edit Geometry】（几何编辑）卷展栏下，单击 Extrude （拉伸）命令按钮，在其后面的文本框中输入“-240”，然后单击回车键。再单击 Del 键将该面删除。

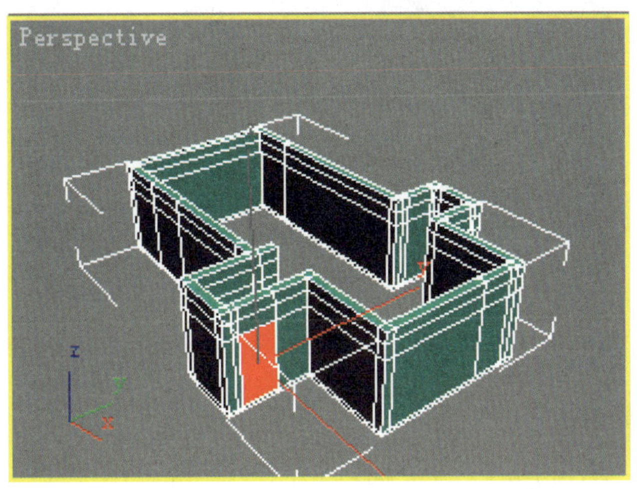

图 7-10 选择门洞所在的面

注意：Box（长方体）有六个面，上一步操作只是删除了一个面，要选择并删除另外一个面，才能彻底把门洞上的面删除掉。

4）选择门另外一侧的面，按 Del 键删除。

5）用与第 3、4 步相同的方法删除门洞位置的几个面，这样在墙上开出了进户门的洞口，如图 7-11 所示。

图 7-11 开出的进户门洞

6）使用同样方法，可以得到其他门洞、窗洞和垭口等，结果如图 7-12 所示。

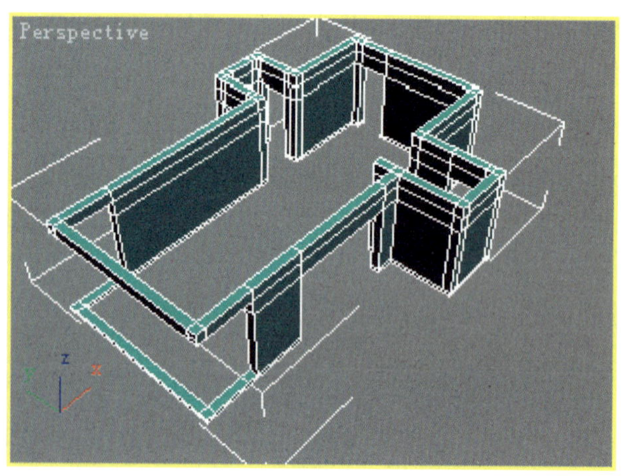

图 7-12　开完门窗洞口后的效果

7.1.3　导入门的模型并修改就位

卧室门有 2 个、餐厅门 1 个、卫生间门 1 个、入户门 1 个，垭口有 4 扇推拉门。

1）单击下拉菜单中的【File】（文件）|【Merge】（导入）命令，在弹出的【Merge File】（导入文件）对话框中，选择本书配套光盘中的“门.max”文件，单击 Open（打开）按钮后，又弹出如图 7-13 所示的【Merge 门.max】对话框，单击其列表框下的 All（全部）按钮，再单击 OK 按钮，将门的模型导入到场景中，导入的模型包括卧室门、餐厅门和推拉门，如图 7-14 所示。

2）激活 Top（顶）视图，选择卧室门，右击标准工具栏中的 （旋转）命令按钮，弹出变换对话框，在右侧 Z 轴后的文本框中输入“90”，将门旋转 90°，如图 7-15 所示。

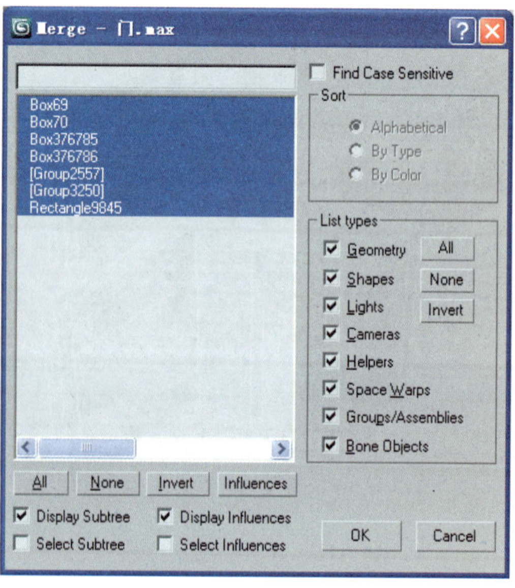

图 7-13 【Merge 门.max】对话框

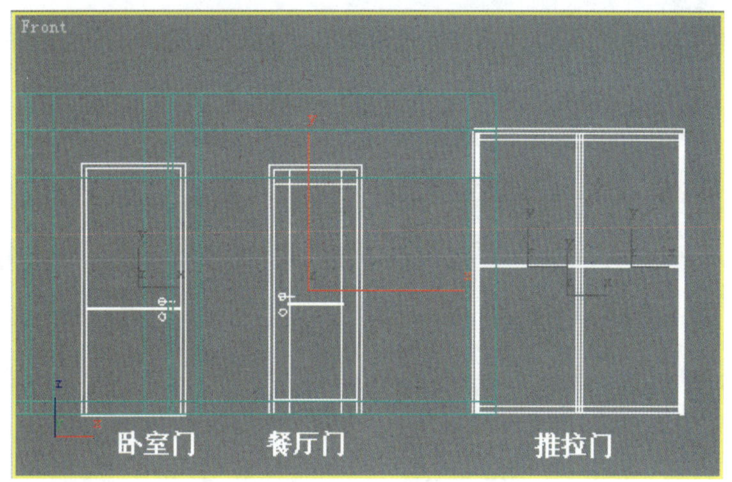

图 7-14 导入门的模型

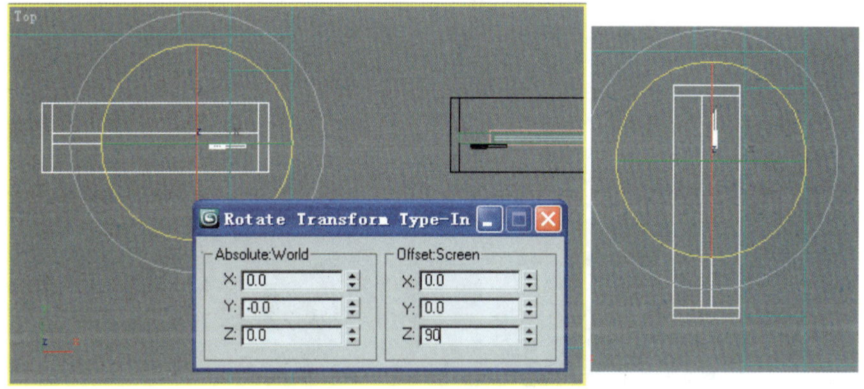

图 7-15 旋转门的模型

3）利用标准工具栏中的（移动）命令将卧室门移动到相应的门洞口位置，如图 7-16 所示。

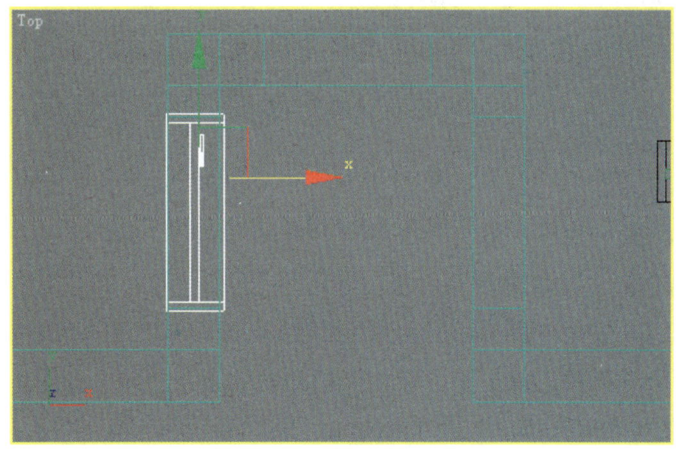

图 7-16 移动卧室门就位

4）单击标准工具栏中的 （镜像）命令按钮，弹出如图 7-17a 所示的镜像对话框，在对话框中设置沿 X 轴方向，并选择“Instance”（关联）方式，镜像并复制一个卧室门，如图 7-17b 所示，再移动到相应的门洞口位置，如图 7-17c 所示。

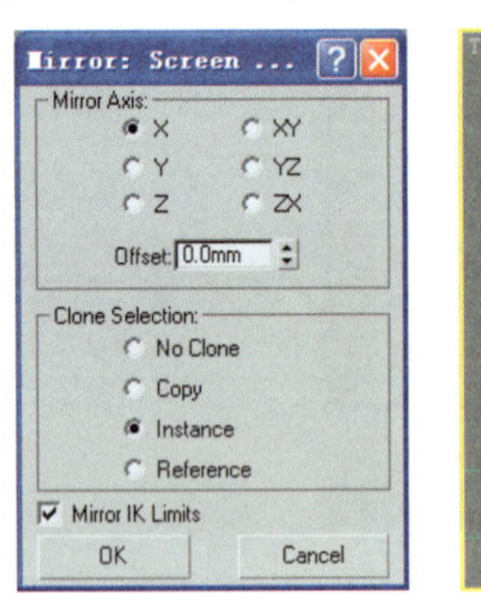

a）

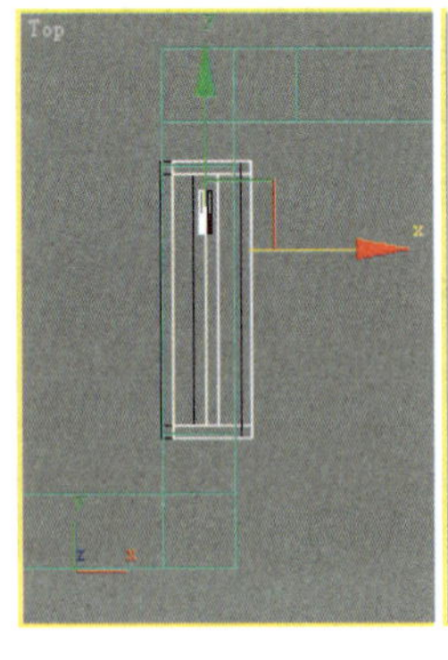

b）

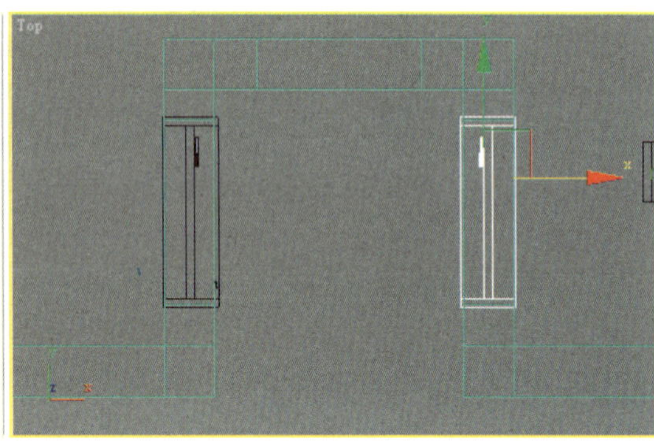

c）

图 7-17　移动卧室门就位

a）镜像对话框　b）镜像卧室门　c）移动镜像出的卧室门并就位

5）按照与前面相似的方法，编辑垭口推拉门、入户门和餐厅门并移动到相应位置。注意卫生间的门与餐厅门选用同一模型，所有门就位后的效果如图 7-18 所示。

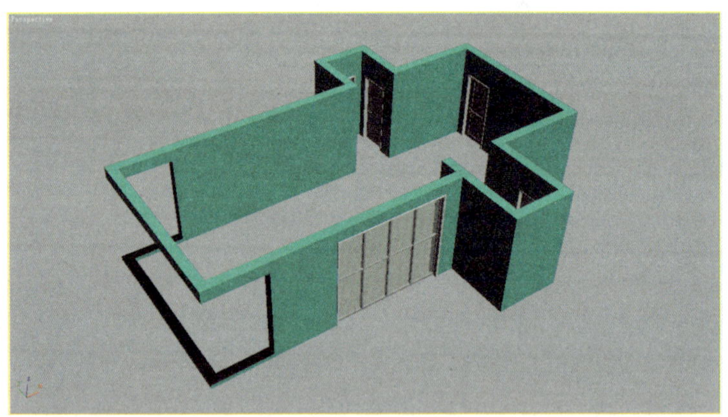

图 7-18　门就位后的效果

7.1.4　创建阳台窗框

1）激活 Front（前）视图，单击命令面板中的 （创建）按钮，再单击 （创建二维线型）按钮，进入创建二维线型命令面板。

2）单击标准工具栏中的 按钮打开 2.5 维捕捉方式，再单击创建二维线型面板中的 Rectangle （矩形）命令按钮，捕捉阳台侧面洞口的对角点绘制一个矩形，其“Length”（长度）为 2300mm，“Width”（宽度）为 1540mm，如图 7-19 所示。

3）在第 2 步绘制的矩形里面再绘制一个矩形，在【Parameters】（参数）卷展栏中修改其“Length”（长度）为 1400mm，“Width”（宽度）为 1440mm。

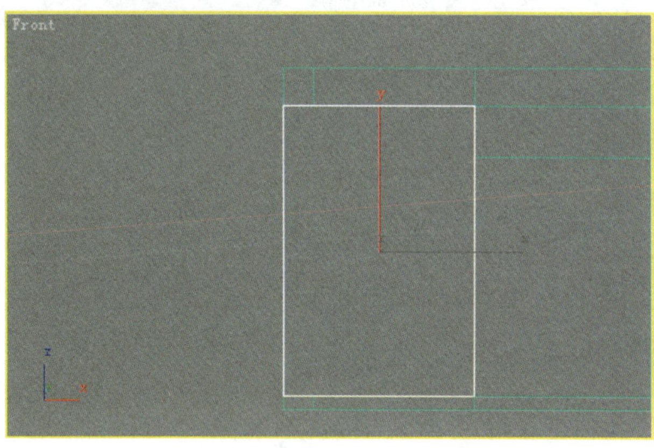

图 7-19 创建矩形

4）单击标准工具栏中的（移动）命令按钮，在 2.5 维捕捉方式下将两矩形的左下角点对齐，再单击鼠标右键（移动）命令按钮，弹出移动变换对话框，在对话框右“X”后的文本框中输入距离 50mm，将小矩形沿 X 轴方向移动 50mm，同理将小矩形沿 Y 轴方向移动 50mm，如图 7-20 所示。

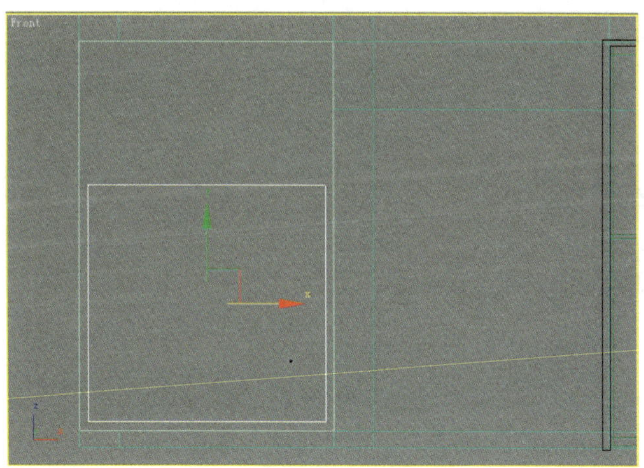

图 7-20 编辑内部的小矩形

5）用同样的方法再绘制一个尺寸为 750 mm×1440 mm 的矩形，与大矩形的左上角对齐后，再沿 X 轴方向移动 50mm，沿 Y 轴方向移动-50mm，结果如图 7-21 所示。

6）单击（修改）按钮进入修改命令面板，在【Modifier List】（命令列表）中选择“Edit Spline”（编辑样条线）命令，再单击命令栏中“Edit Spline”前的“+”展开子对象，从中选择“Spline”（样条线）进入样条线级别。

7）单击【Geometry】（几何）卷展栏中的 Attach （合并）命令按钮，通过依次单击将前面绘制的三个矩形合并成一个二维图形，如图 7-22 所示。

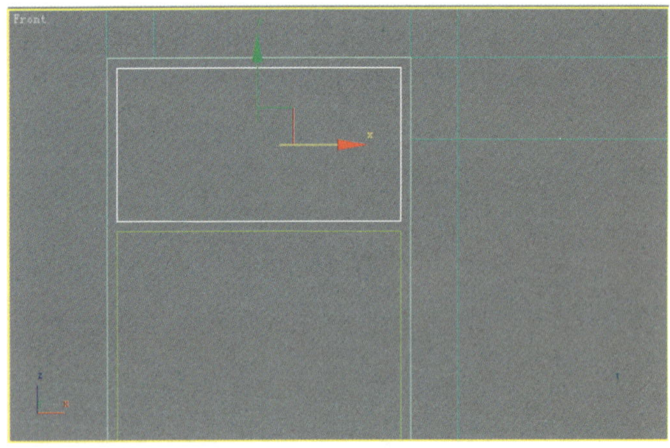

图 7-21　编辑内部的矩形

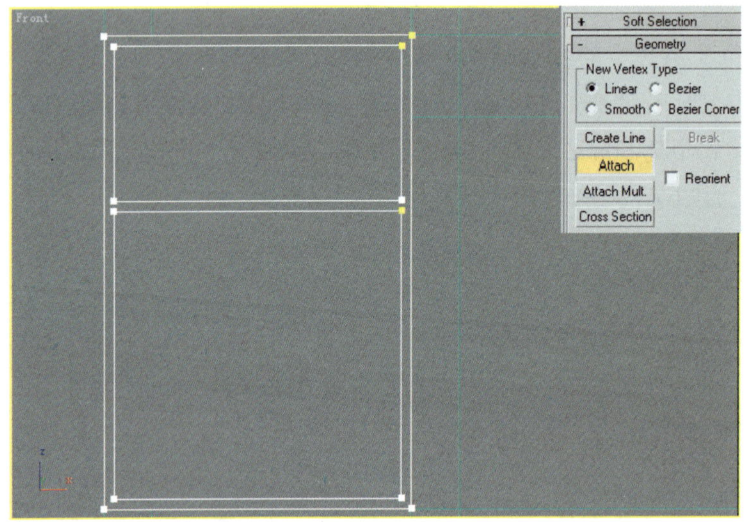

图 7-22　合并矩形

8）在【Modifier List】（修改命令列表）中选择“Extrude”（拉伸）命令，在【Parameters】（参数）卷展栏下“Amount”（数量）后的文本框中输入“100”，拉伸出窗框，结果如图 7-23 所示。再利用标准工具栏中的 （移动）命令在顶视图中将窗框移动到适当的位置。

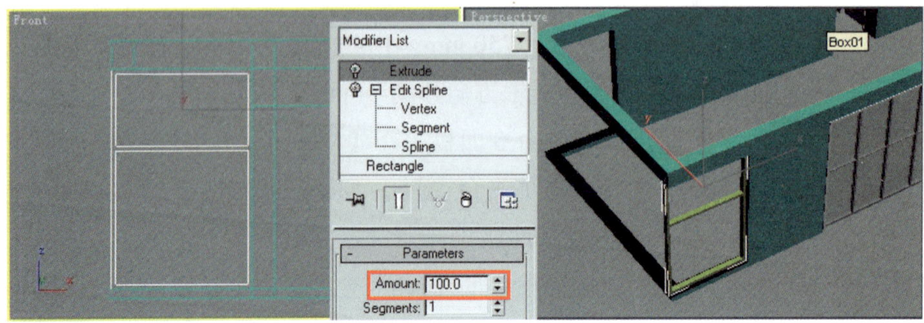

图 7-23　编辑阳台一侧的窗框

9）单击标准工具栏中的（移动）命令按钮，激活顶视图，锁定Y轴方向，在按住Shift键的同时，拖曳复制侧面的窗框，并移动到阳台的另一侧，结果如图7-24所示。

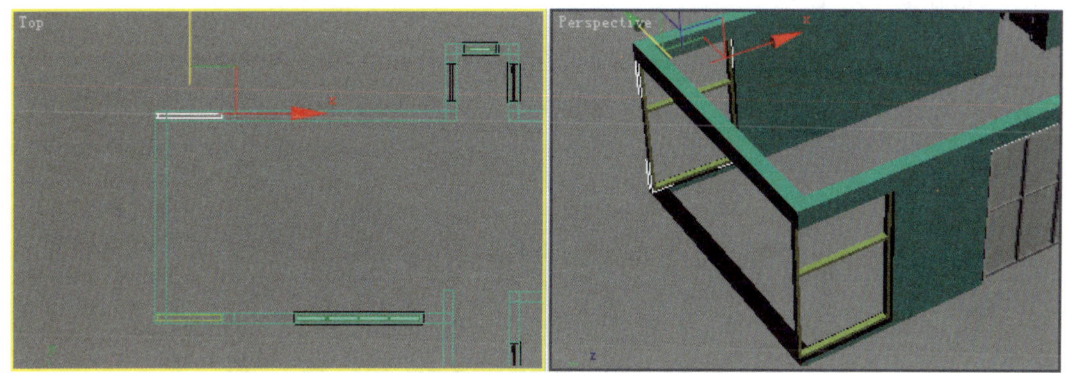

图7-24 复制阳台侧面的窗框并移动就位

10）按照前面的制作窗框的步骤制作出正面的窗框，选择所有的窗框，利用下拉菜单中的【Group】（组）|【Group】（组）命令组成一个组，并命名为“窗框”，结果如图7-25所示。

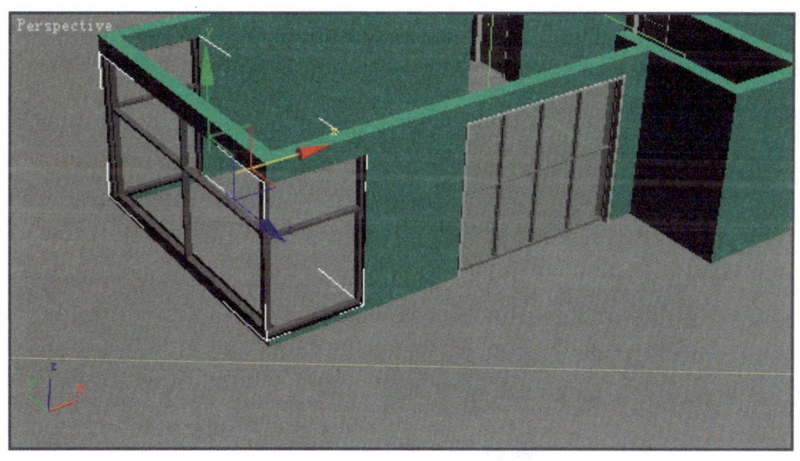

图7-25 完成的窗框

7.1.5 创建地面、顶棚、阳台窗玻璃

1）激活Top（顶）视图，单击命令面板中的（创建）按钮，再单击（创建二维线型）按钮，进入创建二维线型命令面板。

2）单击标准工具栏中的按钮打开2.5维捕捉方式，再单击创建二维线型面板中的Line（线）命令按钮，依次捕捉墙体内侧的各角点，沿室内空间的所有转折点绘制一条闭合的直线。

3）单击（修改）按钮进入修改命令面板，在【Modifier List】（命令列表）中选择“Extrude”（拉伸）命令，在【Parameters】（参数）卷展栏下“Amount”（数量）后的文本框中输入“–20”，拉伸出地面。

4）在 Front（前）视图中将地面复制一个，并移动到墙体的顶端作为顶棚。此时，透视图的效果如图 7-26 所示。

图 7-26　创建地面与顶棚

5）利用创建几何体命令面板中的 Box （长方体）命令，创建几个薄长方体，并移动到适当位置作为玻璃。根据第 5 章的知识编辑出玻璃的材质并赋予到这几个薄长方体上，结果如图 7-27 所示。

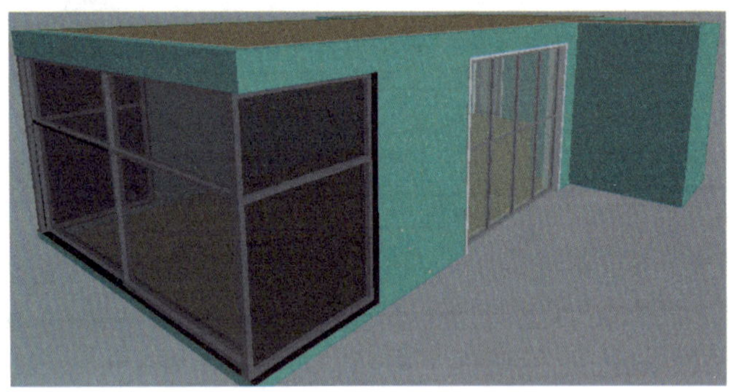

图 7-27　创建完玻璃后的效果

7.2　制作客厅和餐厅的内部空间并布灯

7.2.1　创建摄像机

1）单击 （创建）按钮后再单击 （摄像机）按钮，进入创建摄像机命令面板。

2）单击 Target （目标摄像机）按钮创建一个目标摄像机，调整摄像机的源点和目标点的位置，再激活透视图，按快捷键 C 将透视图变为摄像机视图，如图 7-28 所示。

3）利用界面右下角的视图工具，调整摄像机视图到如图 7-28 所示的状态。

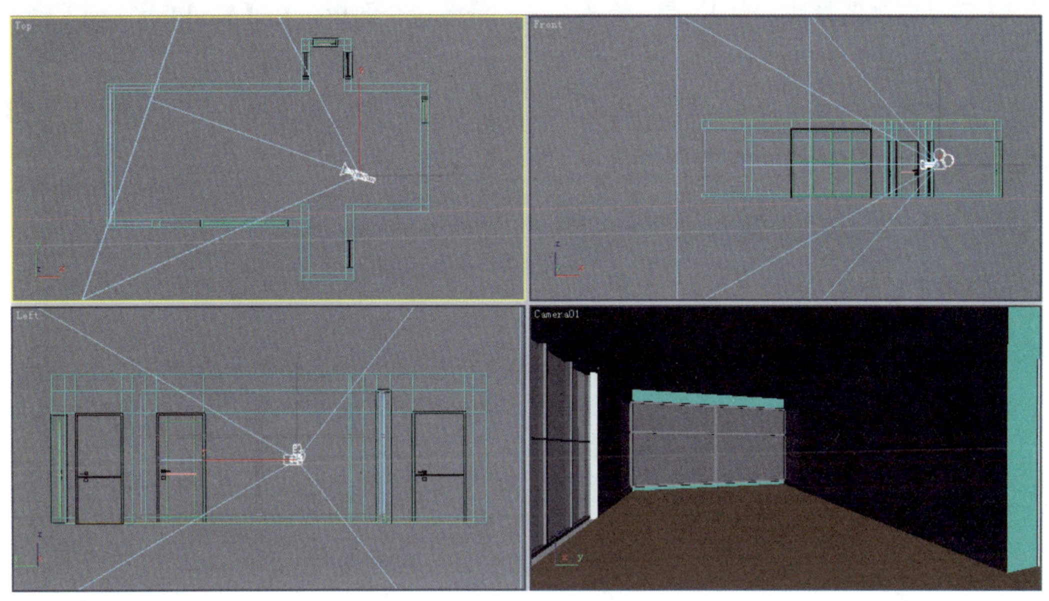

图 7-28 创建摄像机

7.2.2 创建电视背景墙

1）激活 Top（顶）视图，单击 （创建）按钮后再单击 （几何体）按钮，进入创建几何体命令面板。

2）单击 Box （长方体）按钮，在顶视图中创建一个长方体，在【Parameters】（参数）卷展栏中修改长方体的“Length”（长度）为 200mm，“Width”（宽度）为 4250mm，“Height”（高度）为 2000mm，设置长、宽、高方向的 Segs（段数）分别为 1、3、5，再利用移动命令将它移动到合适的位置，如图 7-29 所示。

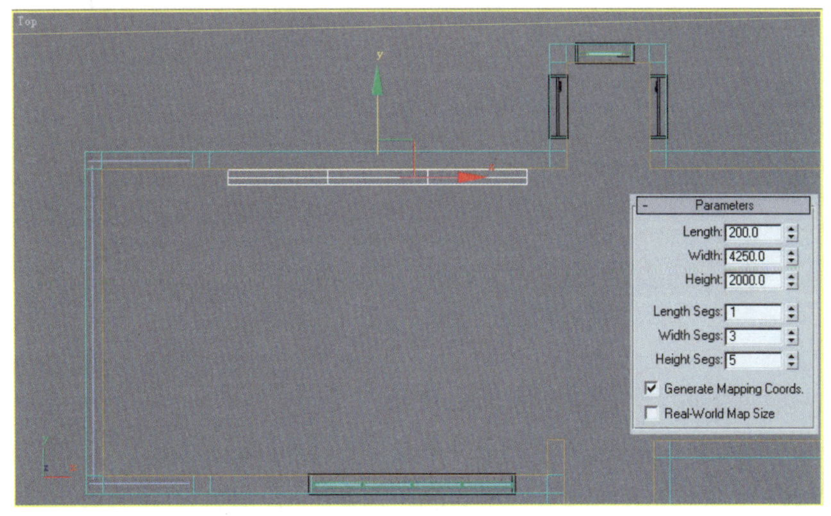

图 7-29 用 Box 命令创建电视背景墙

3）选择电视背景墙，单击 （修改）进入修改命令面板，在【Modifier List】（修改命令列表）中选择“Edit Mesh”（编辑网格）命令，单击 进入点级别。

4）激活 Front（前）视图，框选如图 7-30 所示的 6 个点，单击标准工具栏中的 （2.5 维捕捉）命令按钮打开 2.5 维捕捉方式。

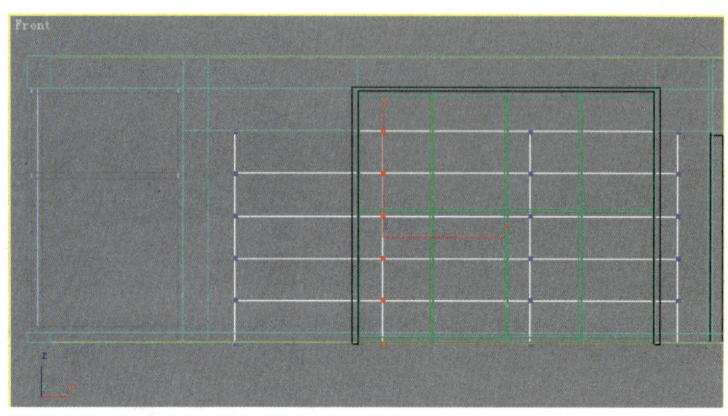

图 7-30 选择欲编辑的点

5）单击标准工具栏中的 （移动）命令按钮，锁定 X 轴方向，向左移动 6 个点，在与最左边的点重合后，保持这几个点的选择状态，右击标准工具栏中的 （移动）命令按钮，在弹出的【Move Transform Type-In】（移动变换）对话框右侧“X”后的文本框中输入“1000”，将这 6 个点向右移动。如图 7-31 所示。

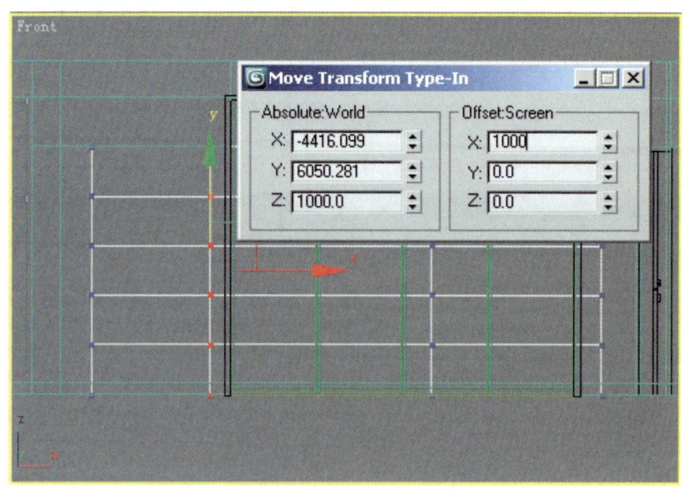

图 7-31 移动选择点

6）同理移动右侧的点，结果如图 7-32 所示。

7）单击 （修改）按钮进入修改命令面板，在【Modifier List】（修改命令列表）中选择“Edit Mesh”（编辑网格）命令。单击 进入面级别，再单击标准工具栏中的 （交叉）命令按钮使之变为 （窗口）选择方式。框选如图 7-33 所示的面，在【Edit Geometry】

（几何编辑）卷展栏下单击Extrude（拉伸）命令，在其后的文本框中输入“-150”，制作出局部内凹的电视背景墙，如图7-33所示。

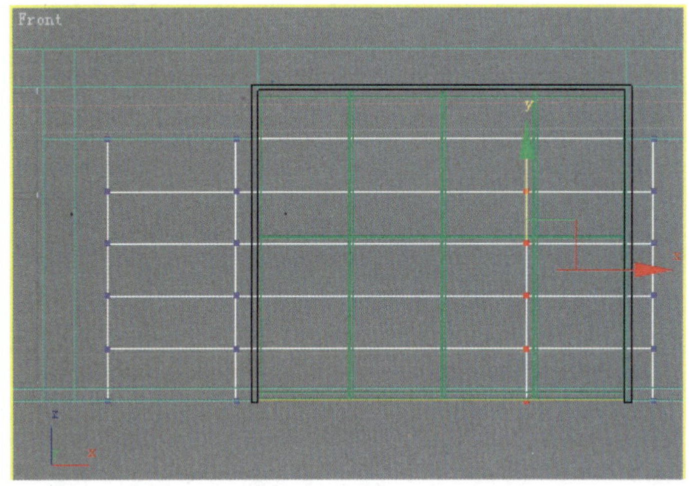

图7-32 移动右侧的点

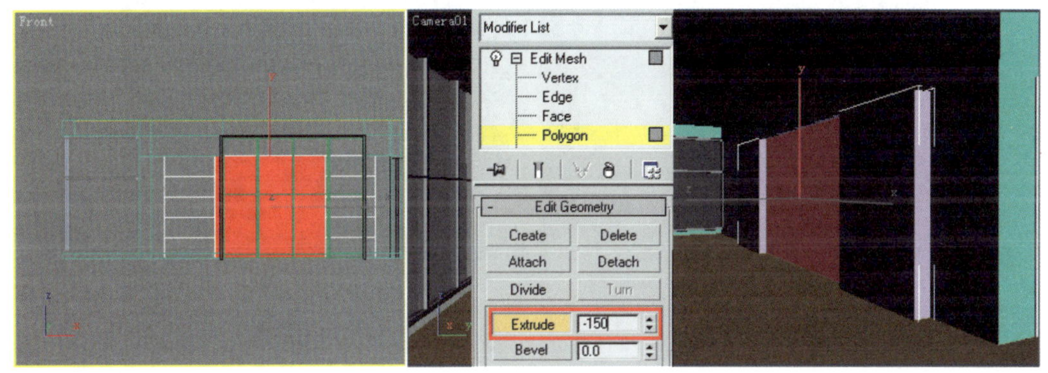

图7-33 修改后的电视背景墙

7.2.3 制作顶棚的造型

顶棚造型可分为客厅顶棚和餐厅顶棚。

1）在Top（顶）视图中，客厅二级顶如图7-34所示，尺寸为3970mm×6040mm，要求距离原始顶下沉120mm，各边距离墙壁150mm，厚度为100mm，内部镂空部分尺寸为3670mm×1100mm。做法与制作阳台侧窗的方法类似：先绘制两个矩形，再附加为一个平面图形，利用“Extrude”（拉伸）命令制作出客厅二级顶。在此不再赘述。

2）客厅二级顶的镂空部分要有5块装饰玻璃，单块玻璃的尺寸是734mm×1100mm，厚度可设为5mm，可以用Box（长方体）命令在Top（顶）视图中制作。

3）利用标准工具栏中的（移动）命令结合（2.5维捕捉）命令，按住Shift键沿Y轴拖曳复制并对齐玻璃，如图7-35所示。

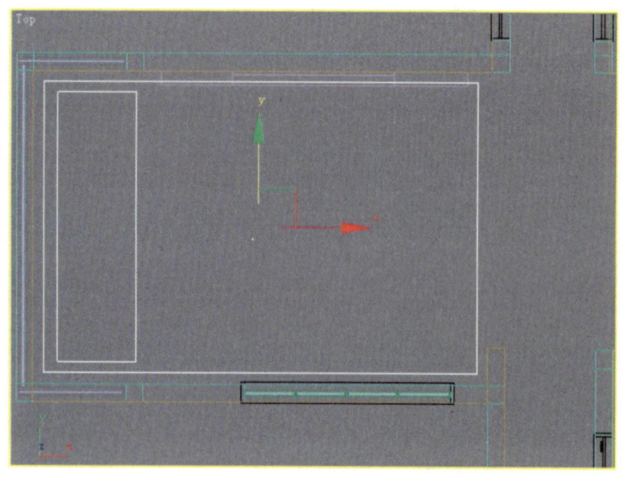

图 7-34　制作客厅二级顶

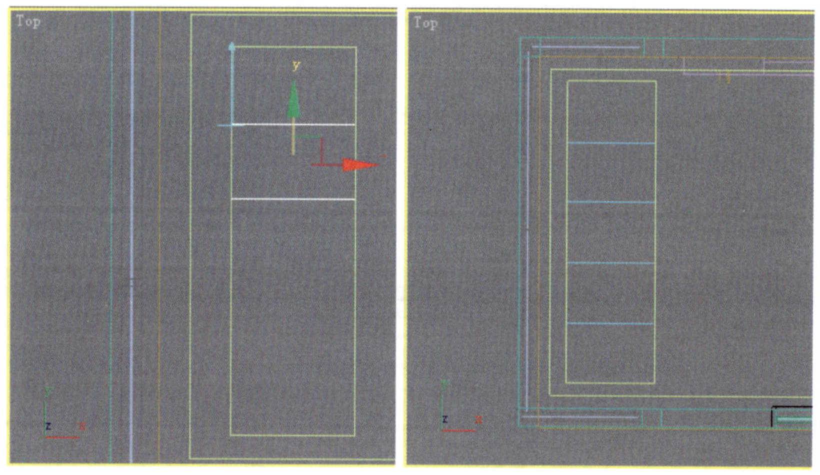

图 7-35　编辑吊顶造型

7.2.4　导入家具和装饰物

在前一节内容中，门的模型是利用下拉菜单中的【File】（文件）|【Merge】（导入）命令导入到场景中的。同样的方法，将本书配套光盘中的“餐桌.max”、“沙发.max”、“电视柜及树.max”、“电视.max”、“窗帘.max”、“灯.max”、“射灯.max”文件中的相关模型导入到场景中，并利用（移动）命令移动到适当位置，利用（缩放）命令调整大小，利用下拉菜单中的【Edit】（编辑）|【Clone】（克隆）命令复制得到多个相同模型，直到调整到如图 7-36 所示的大小和位置。

注意： 导入模型时必须注意模型与空间的比例关系，不合理的比例会影响效果图的最终效果。

图 7-36 导入模型并编辑后的效果

7.2.5 布灯

该场景的灯光对象主要有顶部的筒灯和茶几上的台灯，这两种的灯光对象均可以使用3ds Max提供的“Standard”（标准灯光），用“Free Spot”（自由聚光灯）模拟场景中的筒灯，用“Omni”（泛光灯）模拟场景中的台灯。可根据第6章的知识适当调整自由聚光灯的光锥范围和两种灯光的强度（倍增），并打开“Shadows”（阴影）选项。客厅灯光的布置如图7-37所示。

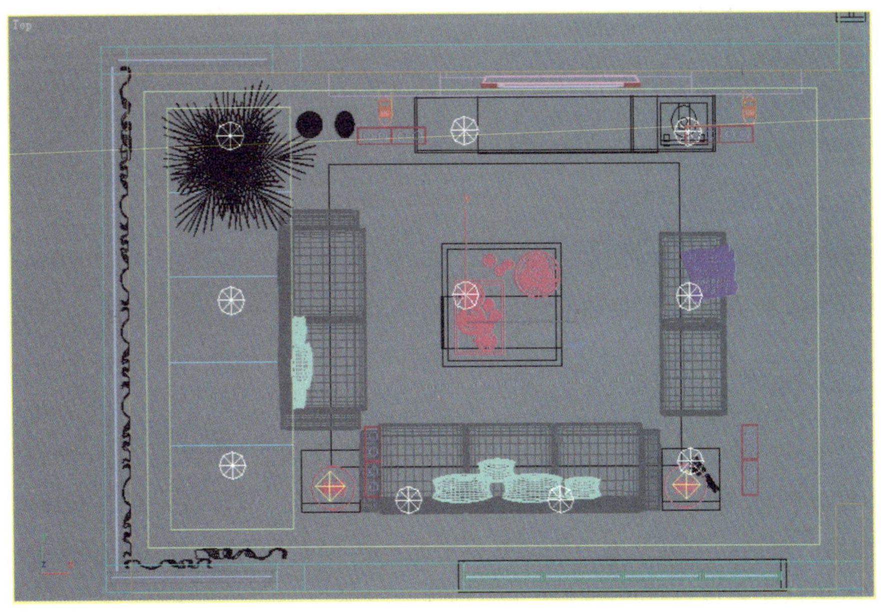

图 7-37 客厅灯光的布置

7.3 编辑客厅和餐厅的材质

7.3.1 制作墙面、屋顶和地面的材质

1）选择墙面和屋顶，单击下拉菜单中的【Group】（组）命令，在弹出的【Group】（组）对话框中将墙面和屋顶成组后命名为“墙顶”。

2）单击标准工具栏中的 （材质编辑器）命令按钮，弹出【Material Editor】（材质编辑器）对话框，选择一个新的示例球并命名为“墙顶”。设置材质类型为“Blinn”，单击【Blinn Basic Parameters】（Blinn 基本参数）卷展栏中“Diffuse”（漫反射）后的色块，弹出颜色设置对话框，设置“Diffuse”（漫反射）颜色为白色。再单击 （赋予材质）按钮将该材质赋予“墙顶”模型。

3）选择地面模型，在【Material Editor】（材质编辑器）对话框中选择一个新的示例球并命名为“地砖”。

4）单击【Maps】（贴图）卷展栏中“Diffuse Color”（漫反射颜色）后的长按钮 None，弹出【Material/Map Browser】（材质/贴图浏览器）对话框，双击其中的“Bitmap”（位图）按钮，在弹出的对话框中打开本书配套光盘中的“地砖.tif”文件，作为地面的贴图。

5）地砖的贴图需要调整贴图坐标。在材质编辑器的【Coordinates】（匹配）卷展栏中，设置“Tiling”（平铺）“U”方向为 20，“V”方向为 10，如图 7-38 所示。再单击 （赋予材质）按钮将该材质赋予地面的模型。

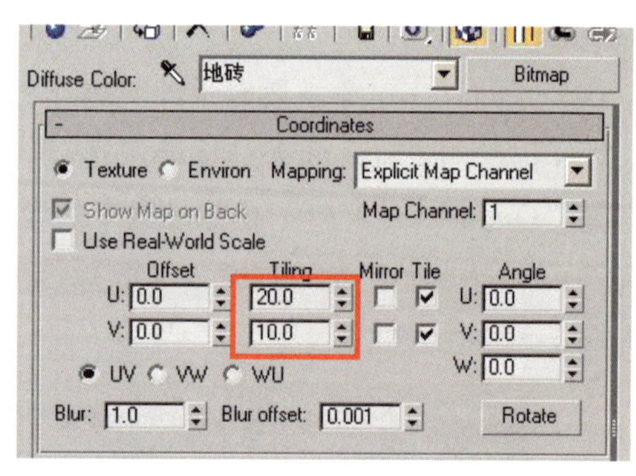

图 7-38 设置地砖材质的贴图坐标

7.3.2 制作垭口推拉门的材质

1）选择垭口推拉门中不相邻的两扇，单击标准工具栏中的 （材质编辑器）命令按钮，弹出【Material Editor】（材质编辑器）对话框，选择一个新的示例球并命名为“推拉门画 1”。

2）单击【Maps】（贴图）卷展栏中“Diffuse Color”（漫反射颜色）后的长按钮 None，弹出【Material/Map Browser】（材质/贴图浏览器）对话框，双击其中的“Bitmap”（位图）按钮，在弹出的对话框中打开本书配套光盘中的“画 1.tif”文件，作为两扇推拉门的贴图。单击 （赋予材质）按钮将该材质赋予所选择的两扇门。

3）与前面两步相同的方法，分别选择本书配套光盘中的“画 2.tif”文件和“画 3.bmp”

文件作为另外两扇推拉门的贴图。赋予推拉门材质后的效果如图 7-39 所示。

图 7-39 推拉门材质编辑效果

7.3.3 制作其他模型的材质

用同样的方法编辑其他模型的材质，细节不再赘述。

读者可结合第 5 章的知识，按照自己的设计意图编辑材质，可按整体空间的设计风格设置灯光和摄像机。

注意： ① 编辑材质时，一定要命名，这样方便记忆。② 为了加快渲染进度，要尽可能减少模型的面数。③ 尽可能在 3ds Max 中建立所需模型，这样渲染效果会比较逼真。④ 要经常利用下拉菜单中的【File】（文件）|【Save】（保存）命令存储文件，以免因停电等原因造成损失。将本例中的场景文件命名为“客厅.max”并存盘。

7.4 在 Lightscape 中编辑材质

7.4.1 输出 Lightscape 准备文件

用 3ds Max 制作建筑效果图，编辑材质和设置灯光是两个非常复杂的操作过程。现在很多设计师利用渲染巨匠 Lightscape 渲染效果图，在 Lightscape 渲染软件中，材质和灯光（日光）的设置方法较为程序化，步骤相对简单，灯光的光能传递功能使效果图更逼真。但 Lightscape 不能直接打开 3ds Max 场景文件，因此要将 3ds Max 场景文件转换为 Lightscape 软件识别的文件格式。

1）启动 3ds Max 软件，打开前面创建的客厅与餐厅的场景文件“客厅.max”。

2）单击下拉菜单中的【File】（文件）|【Export】（输出）命令，在弹出的【Select File to Export】（选择输出文件）对话框中，设置文件的类型为“Lightscape Preparation（*.LP）”（Lightscape 准备文件），然后将文件命名为“keting.LP”，单击 Save(S)（保存）按钮后，弹出如图 7-40 所示的【Export Lightscape Preparation File】（输出 Lightscape 准备文件）对话框。

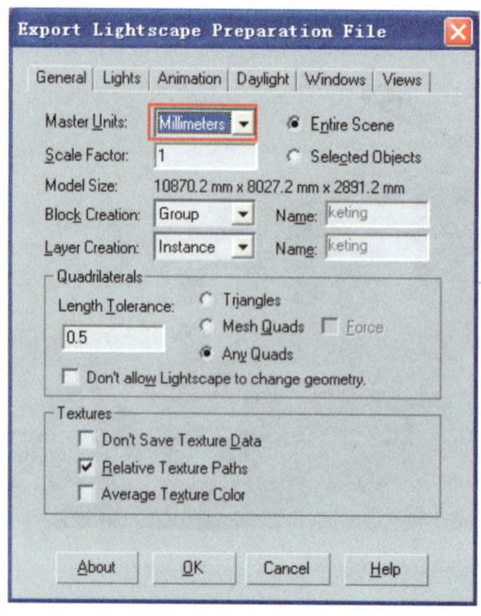

图 7-40　设置输出文件的单位为毫米

3）在该对话框中设置单位为“Millimeters”（毫米），如图 7-40 所示，再单击 OK 按钮，即可输出 Lightscape 准备文件“keting.LP”。

注意：① 输出的模型尺寸要与 3ds Max 中的尺寸单位一致。② 要启用材质贴图的原路径，不要随意改变原来贴图文件的位置，以免出错。③ 虽然在 Lightscape 渲染软件中也能建立摄像机，但是相对而言，在 3ds Max 中建立摄像机更为简单、方便调整。

7.4.2　打开 Lightscape 准备文件

1）启动 Lightscape 渲染软件。

2）单击下拉菜单中的【文件】|【打开】命令，在弹出的【打开】对话框中，双击打开 3ds Max 中输出的 Lightscape 准备文件“keting.LP”，打开后的视图如图 7-41 所示。

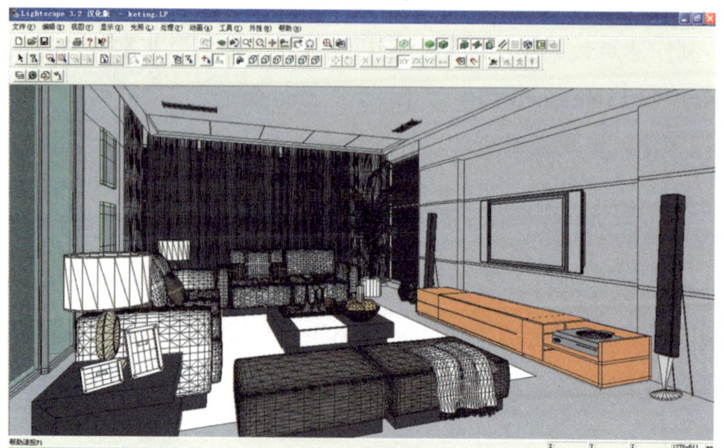

图 7-41　打开 Lightscape 准备文件“keting.LP”

7.4.3 编辑材质

1）单击工具栏中的（材料列表）按钮将弹出如图 7-42 所示的【材质面板】。该面板包含了 Lightscape 准备文件使用的所有材质和贴图，材质和贴图的名称也显示在这个面板上，用户可利用该面板方便地编辑材质。

2）在【材质面板】中找到“茶几”材质，在其上单击鼠标右键，从弹出的快捷菜单中选择“编辑属性”命令（在该材质名称上双击也执行“编辑属性”命令），弹出【材质属性编辑】对话框，进入【颜色】选项卡，设置颜色如图 7-43 所示。再进入【贴图】选项卡，单击其中的**浏览(B)**按钮，弹出【打开】对话框，选择本书配套光盘中的贴图文件“GD029.jpg”，再单击**打开(O)**按钮，打开贴图文件，如图 7-44 所示。再单击**确定**按钮完成“茶几”材质的编辑。

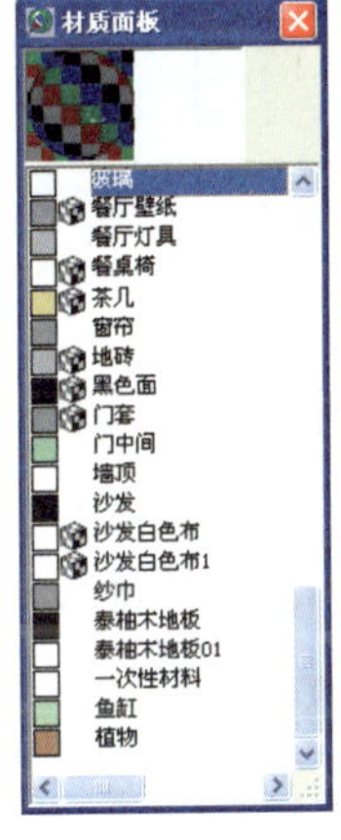

图 7-42 材质面板

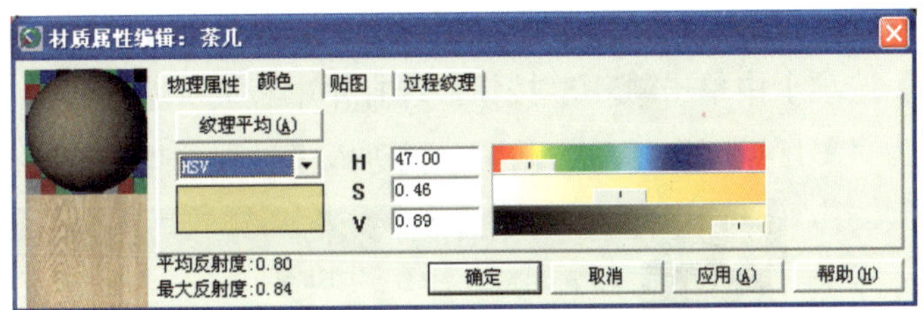

图 7-43 “茶几”材质属性编辑对话框

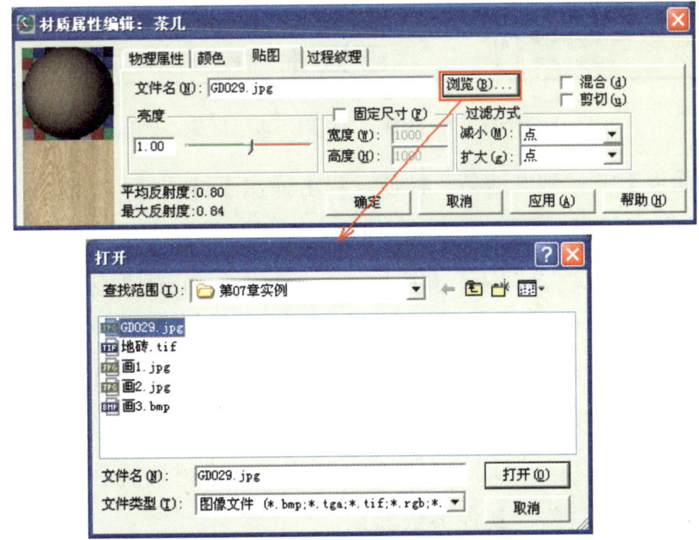

图 7-44 设置“茶几”材质的贴图

3）在【材质面板】中找到“沙发”材质，双击该材质弹出【材质属性编辑】对话框，设置【颜色】选项卡和【过程纹理】选项卡如图 7-45 所示，并设置【物理属性】选项卡中的“模板”为“织布”。

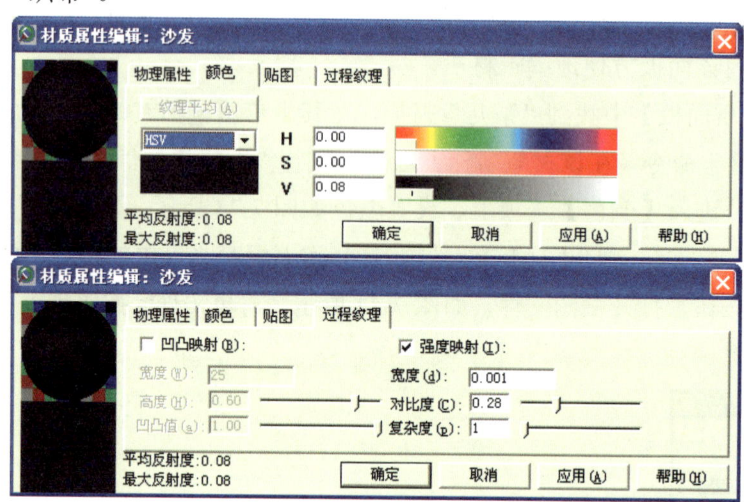

图 7-45　编辑“沙发”材质

4）在【材质面板】中找到“餐厅壁纸”材质，双击弹出【材质属性编辑】对话框，在【贴图】选项卡中单击浏览(B)按钮，选择本书配套光盘中的贴图文件“壁纸 001.bmp”并打开，作为“餐厅壁纸”材质的贴图。再进入【过程纹理】选项卡中设置参数如图 7-46 所示。

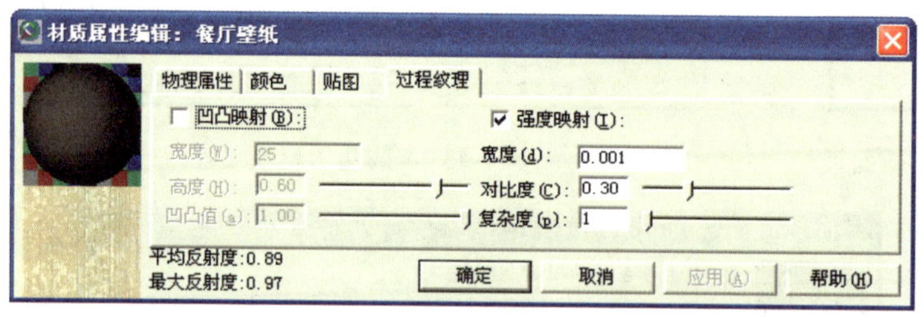

图 7-46　编辑“餐厅壁纸”材质

5）在【材质面板】中找到“地砖”材质，双击弹出【材质属性编辑】对话框，设置【物理性质】选项卡中的“模板”为“光滑的瓷砖”，在【贴图】选项卡中单击浏览(B)按钮，选择本书配套光盘中的贴图文件“地砖 001.bmp”并打开，作为“地砖”材质的贴图，如图 7-47 所示。

6）在【材质面板】中找到“玻璃”材质，双击弹出【材质属性编辑】对话框。在【物理属性】选项卡中设置“模板”为“玻璃”，设置【颜色】选项卡如图 7-48 所示。

7）在【材质面板】中找到“墙顶”材质，双击弹出【材质属性编辑】对话框。在【颜色】选项卡中设置颜色为白色，其他参数默认。

8）在【材质面板】中找到“餐桌椅”材质，双击弹出【材质属性编辑】对话框。在【物理性质】选项卡中设置“模板”为“织布”，在【贴图】选项卡中单击浏览(B)按钮，选择本书配套光盘中的贴图文件“布 001.jpg”作为“餐桌椅”材质的贴图。

9）在【材质面板】中找到“餐厅灯具”材质，双击弹出【材质属性编辑】对话框。在【物理性质】选项卡中设置“模板”为“金属”，在【颜色】选项卡中设置其颜色为浅灰色。

其他材质的编辑方法和前面的过程基本相同，不再赘述，可按前述方法进行类似的编辑，直到所有材质全部编辑完毕。

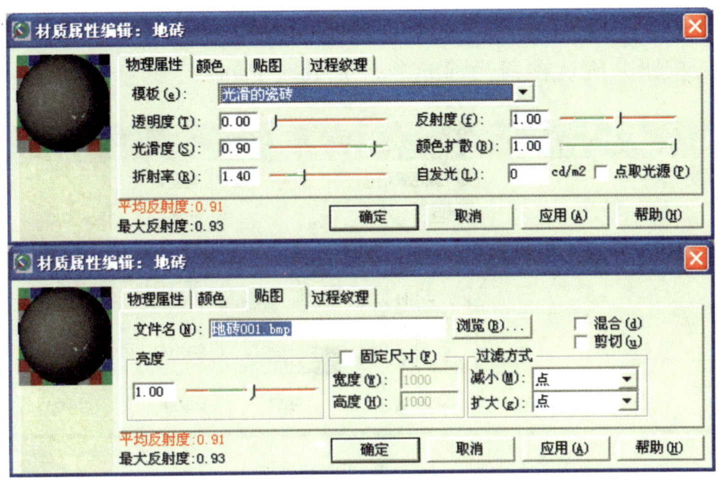

图 7-47　编辑“地砖”材质

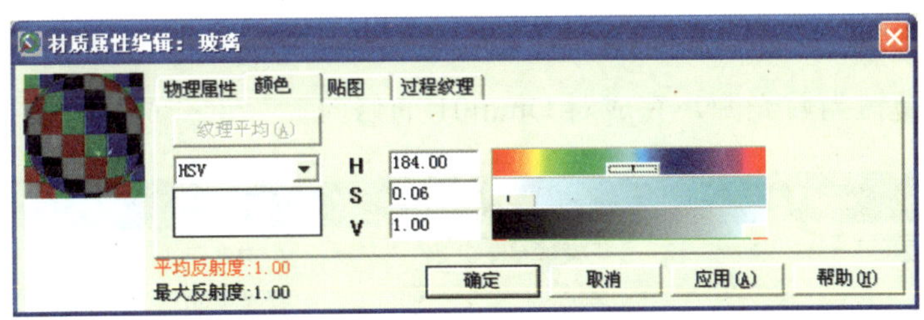

图 7-48　编辑“玻璃”材质

注意：材质的参数是根据实际需要决定的，并非是固定值。在设置参数时，不必完全以前述的参数为准，要灵活掌握材质参数的设置方法。

7.5　在 Lightscape 中编辑灯光与渲染出图

7.5.1　编辑灯光

1）单击工具栏中的（光源面板）按钮，将会弹出如图 7-49 所示的【光源面板】，该面板显示在 3ds Max 中已经创建的灯光对象，当前有筒灯（Fspot01 聚光灯）和台灯（Omni01 泛光灯）两类灯光对象。

2）先在该面板中选择筒灯灯光对象 Fspot01，双击弹出【光源属性编辑】对话框，可以在该对话框中设置当前灯光的属性。其设置主要包括光源的类型、光源位置、灯光的颜色、照射角度、亮度以及灯光的空间分布。

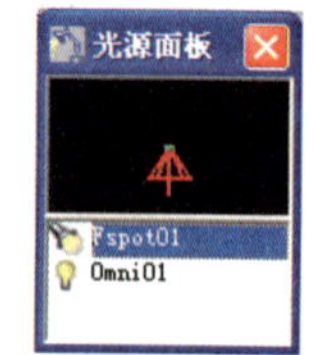

图 7-49　光源面板

3）设置 Fspot01 的“光度”为“发光强度”，数值为 34000cd，“光分布”方式选择“光域网”，然后单击名称后的 浏览(w) 按钮，在弹出的【打开】对话框中打开本书配套光盘中的光域网文件“中间亮.IES”，如图 7-50 所示。再单击 确定 按钮并确认覆盖当前光源，完成对 Fspot01 的修改。

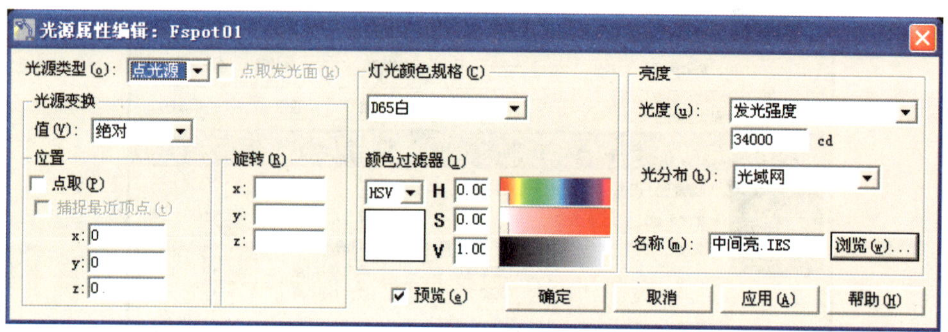

图 7-50　设置筒灯数值

4）在【光源面板】中选择台灯 Omni01，双击弹出【光源属性编辑】对话框，设置光度为“发光强度”，数值为 400cd，设置“光分布”为“等宽性”，如图 7-51 所示。再单击 确定 按钮并确认覆盖当前光源，完成对 Omni01 的修改。

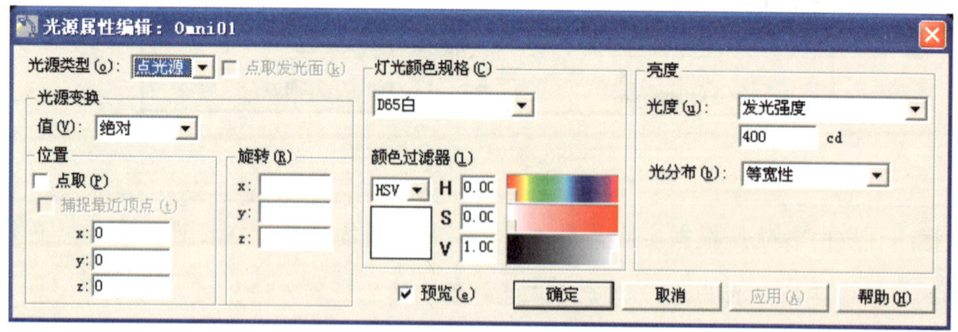

图 7-51　设置台灯数值

5）单击工具栏中的（显示纹理）按钮，载入纹理。单击工具栏中的（选择）按钮，在场景中窗玻璃的位置单击，选择玻璃表面，如图 7-52 所示。

6）在选择的表面上点击鼠标右键，从弹出的快捷菜单中选择“表面处理”命令，弹出如图 7-53 所示的【表面处理】对话框，勾选其中的“窗口”选项，这样阳光就可以透过该窗口照射到室内了。

图 7-52　选择窗户的玻璃表面

7）单击工具栏中的 （选择）按钮，在场景中任意位置上单击鼠标左键，再单击 （全部选择）按钮。这时场景中所有对象均被选择，如图 7-54 所示。

8）在场景中单击鼠标右键，在弹出的快捷菜单中选择“表面处理”命令，在弹出的【表面处理】对话框中，将“网格分辨率”设置为 9，如图 7-55 所示。

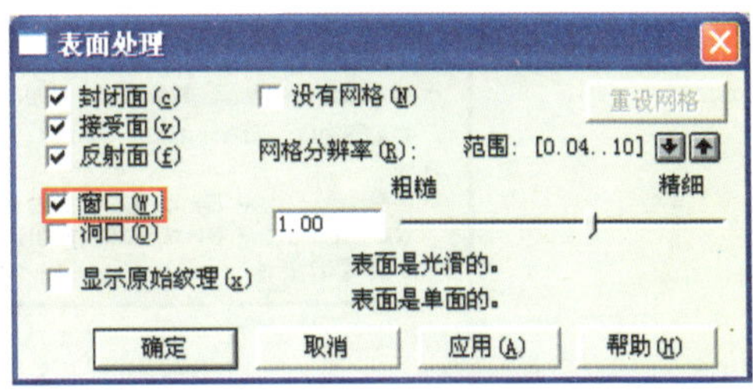

图 7-53　勾选“窗口”选项

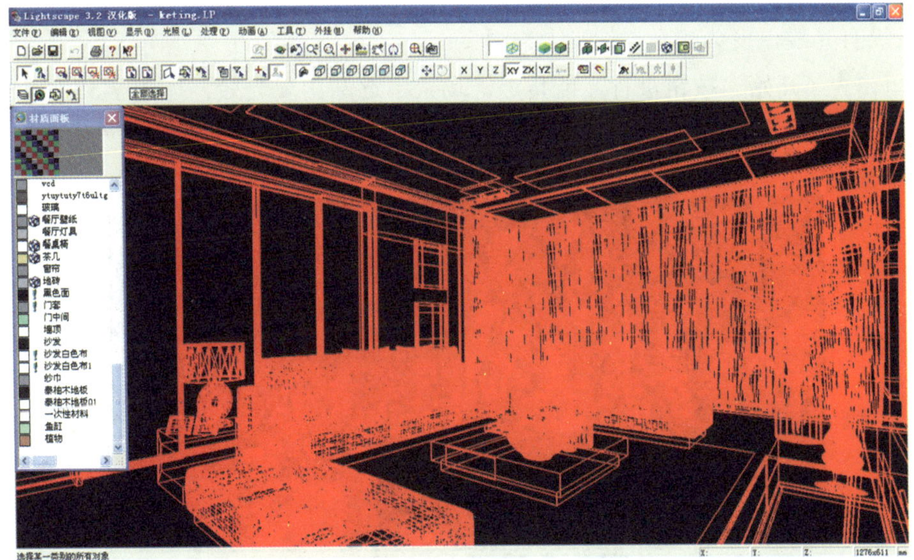

图 7-54　选择场景中对象

9）单击菜单栏中的【光照】|【日光】命令，弹出如图 7-56 所示的【日光设置】对话框，打开左下角的“直接控制”选项，然后打开【直接控制】选项卡，设置太阳光的照射角度和强度如图中所示。

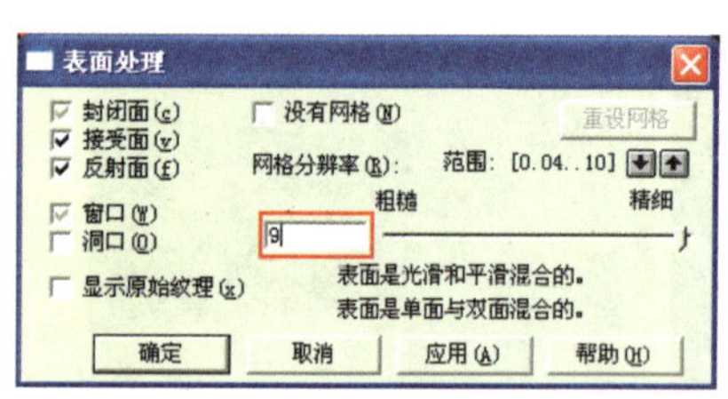

图 7-55　对表面进行细化处理

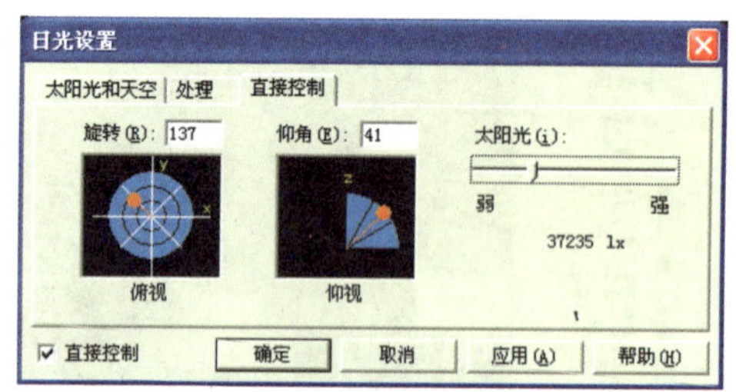

图 7-56　【日光设置】对话框

10）单击下拉菜单中的【处理】|【参数】命令，在弹出的【处理参数】对话框中启用“日光（太阳光＋天空光）”选项，设置“阴影网格大小”为“三级”，如图 7-57 所示。

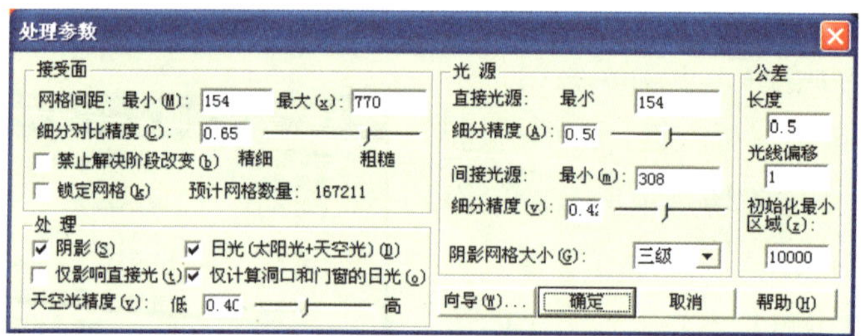

图 7-57　【处理参数】对话框

7.5.2　光能传递

1）单击工具栏中的（初始化）按钮，在弹出的对话框中单击按钮保存文件，此时场景没有光线，变为黑色。

2）单击（开始）按钮进行光能传递。场景中逐渐出现光效，如图 7-58 所示。

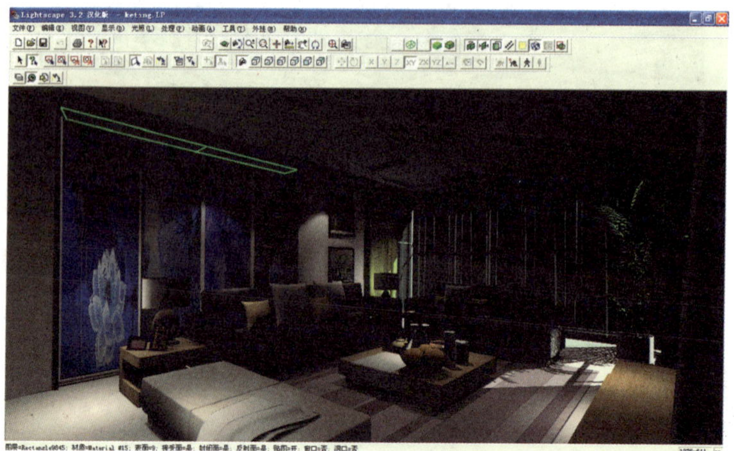

图 7-58　进行光能传递

3）当房间中的光照亮度较为满意时，单击工具栏中的 （停止）按钮，暂停光能传递，最后效果如图 7-59 所示。

图 7-59 光能传递的效果

4）单击工具栏中的【文件】|【属性】命令，在弹出的【文件属性】对话框中打开【颜色】面板，设置参数如图 7-60 所示。

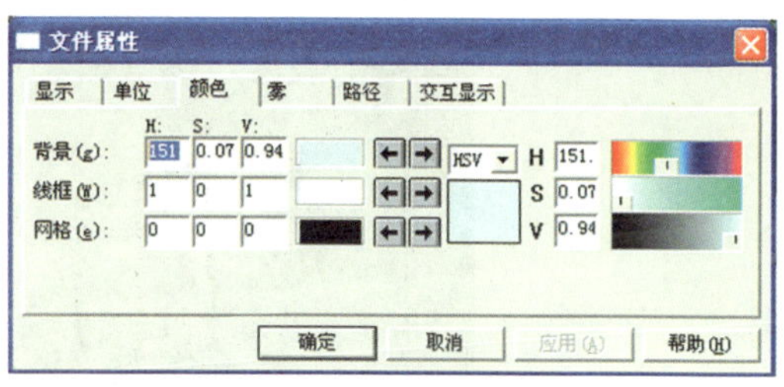

图 7-60 设置颜色属性

5）单击工具栏中的 （重设）按钮，再单击工具栏中的 （开始）按钮，重新进行光能传递，达到满意的效果后单击 按钮停止，效果如图 7-61 所示。

图 7-61 再次光能传递的效果

7.5.3 输出渲染文件

1）将完成光能传递的文件存储为 Lightscape 解决文件，再单击下拉菜单中的【文件】|【渲染】命令，弹出如图 7-62 所示的【渲染】对话框。

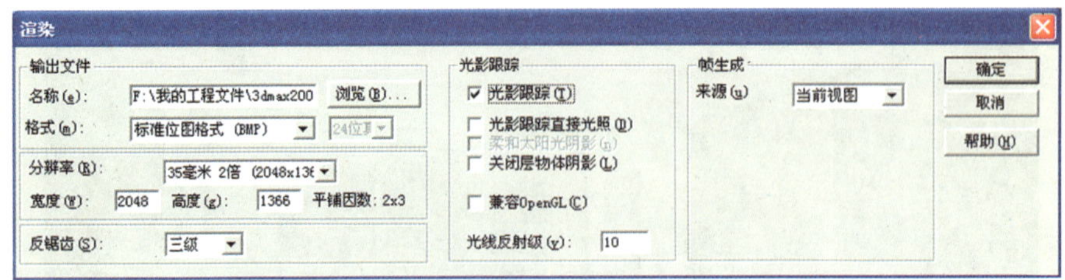

图 7-62 【渲染】对话框

2）在“名称”后输入渲染文件的保存位置和文件名称，设置文件“格式”为“标准位图格式（BMP)”，设置“分辨率”为“35mm 2 倍（2048×1366)”，设置“反锯齿”为“三级”，打开“光影跟踪”选项，见图 7-62。再单击 **确定** 按钮则输出最终的效果图文件。

3）利用工具栏中的视图工具按钮改变视图状态，重复上面的过程可分别得到如图 7-63、图 7-64 和图 7-65 所示客厅与餐厅效果图。

图 7-63 客厅效果图（推拉门方向）

图 7-64 客厅与餐厅效果图

图 7-65 客厅效果图（电视墙方向）

本章小结

本章通过实例讲解了利用 3ds Max 2009 结合渲染巨匠 Lightscape 制作建筑室内效果图的方法。这种方式是目前设计师最常用的方法。这种方法用 3ds Max 2009 创建室内效果图的模型、编辑材质、设置相机和灯光，再将场景文件导出到 Lightscape 中，进一步调整材质和灯光参数，然后进行光能传递，最后渲染出图。

思考题与习题

1. 参考本章的建模方法，找一套建筑平面图，设计室内效果图的场景。

2. 将上题中的场景文件导入到 Lightscape 中，编辑材质和灯光，再进行光能传递，渲染输出一幅室内效果图（也可全部在 3ds Max 2009 中完成）。

第 8 章　室外效果图制作实例

学 习 目 标

- 掌握利用 3ds Max 软件制作室外建筑效果图的基本流程。
- 掌握利用 Autodesk 3ds Max 2009 32-bit 创建建筑模型的方法。
- 进一步学习 3ds Max 计算机图形软件在效果图制作中的应用。
- 能够灵活运用 3ds Max 的各种命令。

学 习 重 点

利用 3ds Max 软件制作室外建筑效果图。

本章以图 8-1 所示的住宅楼室外效果图为例，介绍用 Autodesk 3ds Max 2009 32-bit 软件制作室外效果图的基本方法。

图 8-1　住宅楼效果图

8.1　制作檐口以下模型

8.1.1　制作基础地面和台阶

1. 设置系统单位

1）启动 Autodesk 3ds Max 2009 32-bit，进入 3ds Max 2009 的工作界面。

2）单击下拉菜单中的【Customize】（自定义）|【Units Setup】（单位设置）命令，弹出如图 8-2 所示的【Units Setup】（单位设置）对话框。

3）在【Units Setup】（单位设置）对话框的【Display Unit Scale】（单位比例列表）选项框中单击选择 Metric （公制），然后在【Metric】（公制）下拉列表框中选择单位为“Millimeters”（毫米），再单击 OK 按钮完成单位设置。

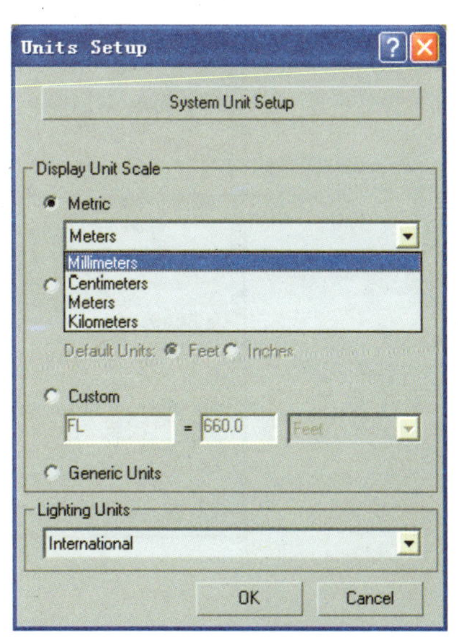

图 8-2　设置系统单位

2. 制作基础地面和台阶

1）激活 Top（顶）视图，单击 （创建）按钮，再单击 （几何体）按钮，进入创建几何体命令面板。

2）单击创建几何体命令面板中的 Box （长方体）命令按钮，在顶视图中创建一个长方体 Box1，在【Parameters】卷展栏中，设置“Length”（长度）为 11500mm，“Width”（宽度）为 22400mm，“Height”（高度）为 450mm。

3）单击视图控制区的（全部视图缩放）按钮，结果如图 8-3 所示。

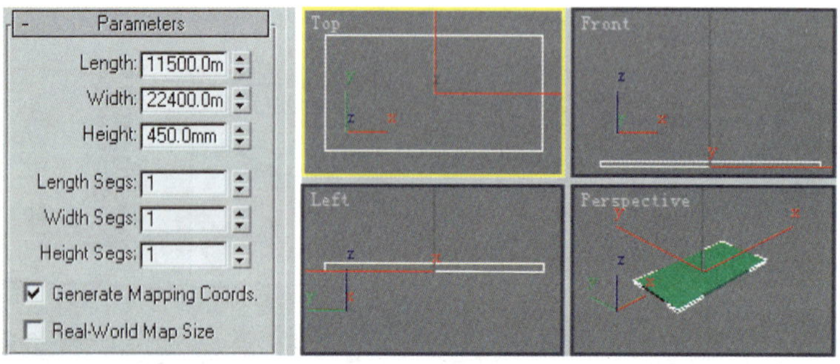

图 8-3　创建一个长方体并命名为“地面”

4）同理创建一个长度为 900mm，宽度为 9200mm，高度为 450mm 的长方体 Box2。

5）选择第 4 步创建的长方体 Box2，单击标准工具栏中的（对齐）命令按钮，在顶视图中再选择第 2 步创建的长方体 Box1，弹出【Align Selection】（对齐选择对象）对话框，设置沿“X Position”（X 轴方向），Box1 的“Center”（中心）与 Box2 的“Center”（中心）对齐，对话框设置如图 8-4a 所示。再单击 OK 按钮。

6）同理设置沿“Y Position”（Y 轴方向），使 Box1 的“Minimum”（最小边）与 Box2 的“Maximum”（最大边）对齐。对话框设置如图 8-4b 所示。

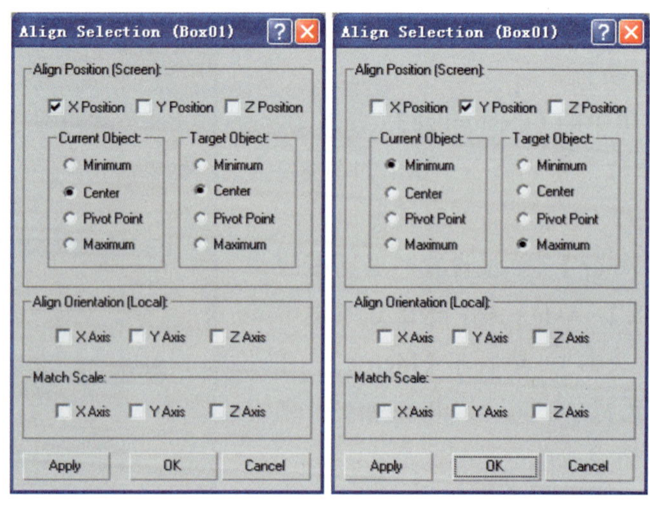

a）　　b）

图 8-4　对齐选择对象对话框

a）设置两长方体 X 轴方向中心对齐　b）设置 Box1 最小边与 Box2 最大边 Y 轴方向对齐

7）选择 Box1 和 Box2，单击下拉菜单中的【Group】（组）|【Group】（组）命令，在弹出的【Group】（组）对话框的“Group name”（组名）后输入“基础地面”，再单击 OK 按钮，结果如图 8-5 所示。

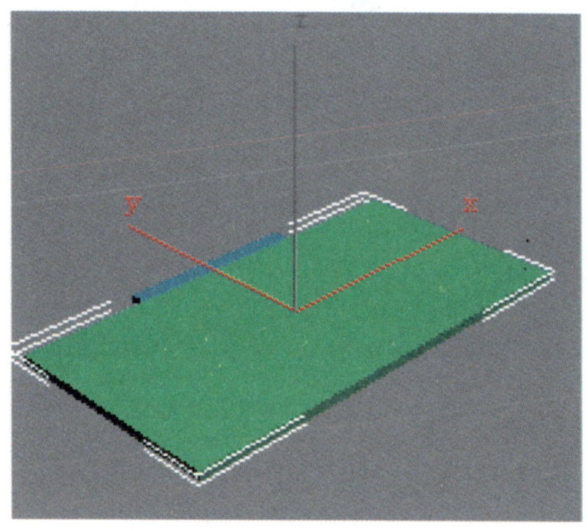

图 8-5 完成的“基础地面”模型

8）利用 Box （长方体）命令在 Top（顶）视图中再创建 3 个长方体，第 1 个长方体长度为 1600mm、宽度为 3300mm、高度为 150mm；第 2 个长方体长度为 1300mm、宽度为 2700mm、高度为 150mm；第 3 个长方体长度为 1000mm、宽度为 2100mm、高度为 150mm。

9）利用标准工具栏中的（对齐）命令，用与第 5 步类似的方法，对齐三个长方体到如图 8-6 所示的状态，并合并到一起，命名为“台阶”。

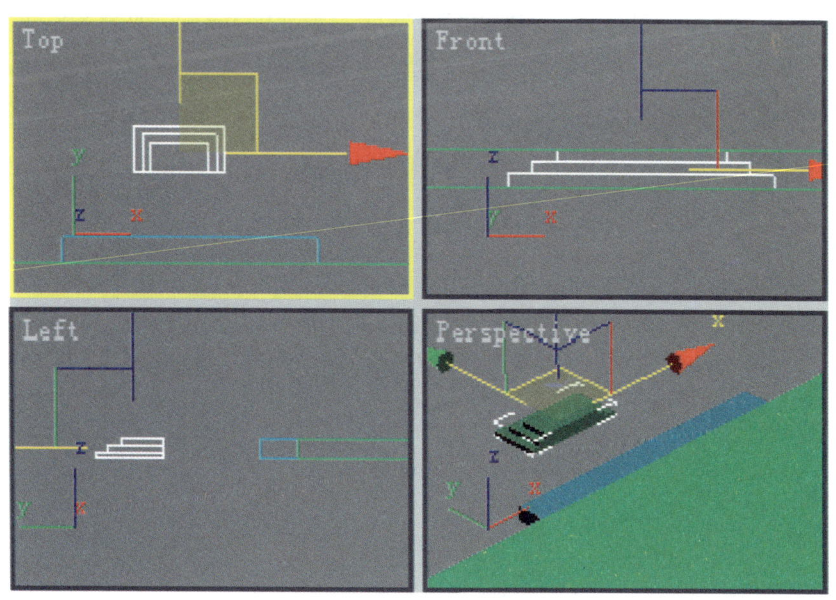

图 8-6 制作“台阶”模型

10）在顶视图中，利用标准工具栏中的（对齐）命令，设置沿“Y Position”（Y 轴方向），将“台阶”的“Minimum”（最小边）与“基础地面”的“Maximum”（最大边）对齐，如图 8-7 所示。

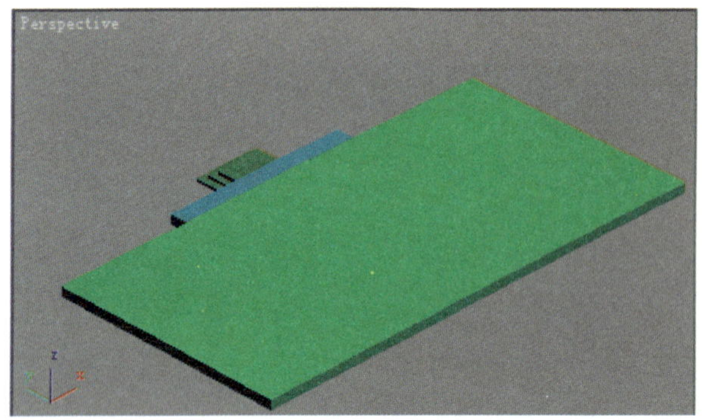

图 8-7　制作“台阶”模型

11）单击下拉菜单中的【File】（文件）|【Save】（保存）命令，将模型保存为“住宅楼.max”文件。

8.1.2　制作檐口以下墙体

1．制作正立面墙体

1）激活 Front（前）视图，单击（创建）按钮，再单击（二维图形）按钮进入创建二维图形命令面板。

2）单击Rectangle（矩形）按钮，在前视图中创建一个矩形，命名为“一层前墙”，修改其“Length”（长度）为 3000mm，“Width”（宽度）为 22400mm，如图 8-8 所示。

3）用与第 2 步相同的做法在前视图中创建一个矩形，命名为“左窗口 001”，修改其“Length”（长度）为 1800mm，“Width”（宽度）为 2400mm，如图 8-8 所示。

4）在前视图中再创建一个矩形，命名为“阳台洞”，修改其“Length”（长度）为 2800mm，“Width”（宽度）为 4620mm，如图 8-8 所示。

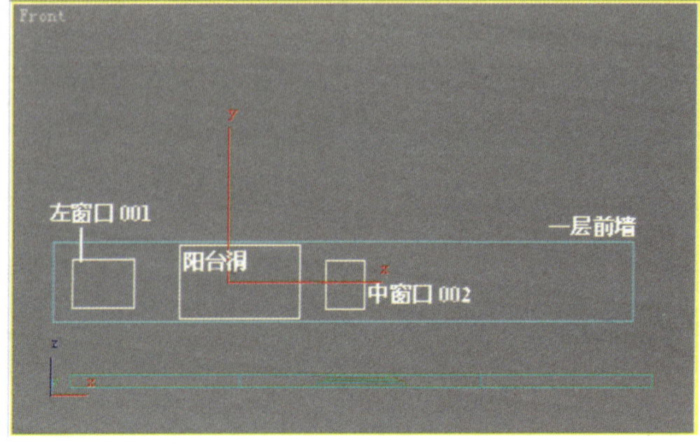

图 8-8　创建 4 个矩形并分别命名

5）在前视图中再创建一个矩形，命名为“中窗口 002”，修改其“Length”（长度）为 1800mm，“Width”（宽度）为 1500mm，如图 8-8 所示。

6）选择“左窗口 001”，单击标准工具栏中的 （对齐）命令按钮，再选择“一层前墙”，在弹出的对齐对话框中同时沿“X Position”（X 轴方向）和“Y Position”（Y 轴方向），将“左窗口 001”的“Minimum”（最小边）与“一层前墙”的“Minimum”（最小边）对齐，如图 8-9a 所示。

7）选择“左窗口 001”，在标准工具栏中的 （移动）命令按钮单击鼠标右键，弹出如图 8-9b 所示的【Move Transform Type-In】（移动变换）对话框，在右侧的文本框中输入 X 轴方向的偏移量为 1450mm，Y 轴方向的偏移量为 900mm，结果如图 8-9c 所示。

8）选择“左窗口 001”，单击下拉菜单中的【Edit】（编辑）|【Clone】（克隆）命令，在弹出的【Clone Options】（克隆对话框）中设置“Copy”方式，并修改名称为“右窗口 001”。

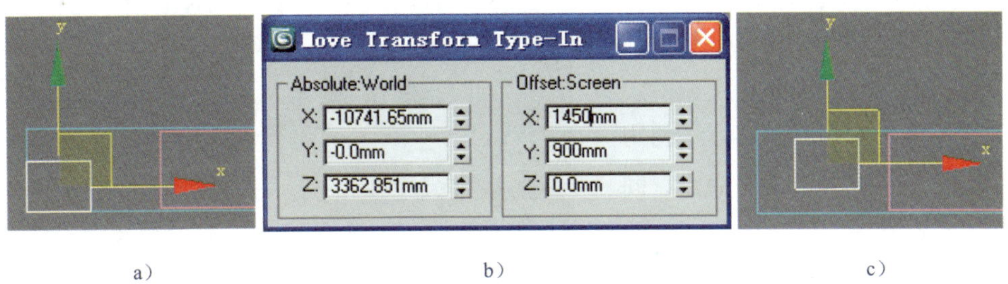

a）　　b）　　c）

图 8-9　对齐并移动“左窗口 001”

a）左下角对齐　b）移动变换对话框　c）移动后结果

9）用与第 7 步相同的方法，将“右窗口 001”沿 X 轴方向移动 17100mm，如图 8-10 所示。

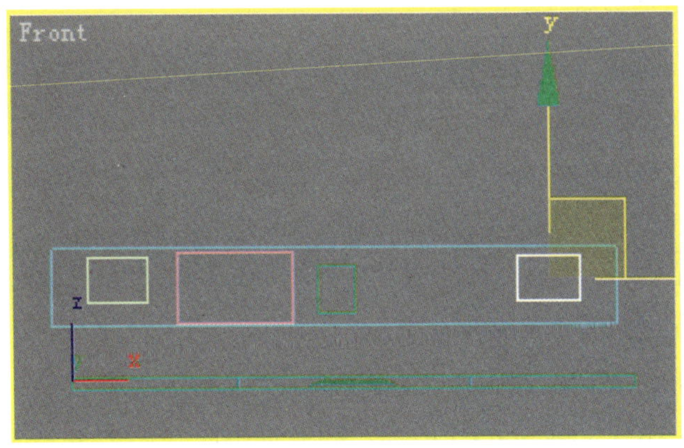

图 8-10　克隆出“右窗口 001”并移动就位

10）用与前面相同的方法将“阳台洞”在 X 轴方向和 Y 轴方向的最小边与“左窗口 001”的最小边对齐，如图 8-11a 所示。

11）再将“阳台洞”沿 X 轴移动 3730mm，沿 Y 轴移动-800mm。移动变换对话框如图 8-11b 所示，结果如图 8-11c 所示。

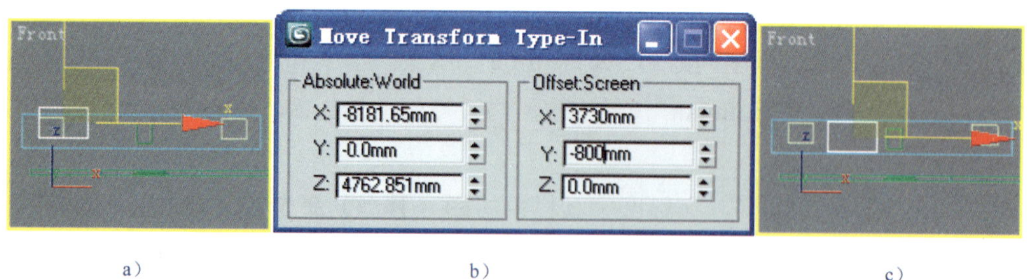

a）　　b）　　c）

图 8-11　对齐“阳台洞”并移动到位

a）左下角对齐　b）移动变换对话框　c）移动后结果

12）与第 8 步、第 9 步类似的方法，克隆出一个“阳台洞 2”，并沿 X 轴方向移动 7500mm，结果如图 8-12 所示。

13）选择“中窗口 002”，利用标准工具栏中的（对齐）命令，同时设置沿“X Position”（X 轴方向）和“Y Position”（Y 轴方向），将“中窗口 002”的“Center”（中心）与“一层前墙”的“Center”（中心）对齐。再将“中窗口 002”沿 Y 轴移动 300mm，结果如图 8-12 所示。

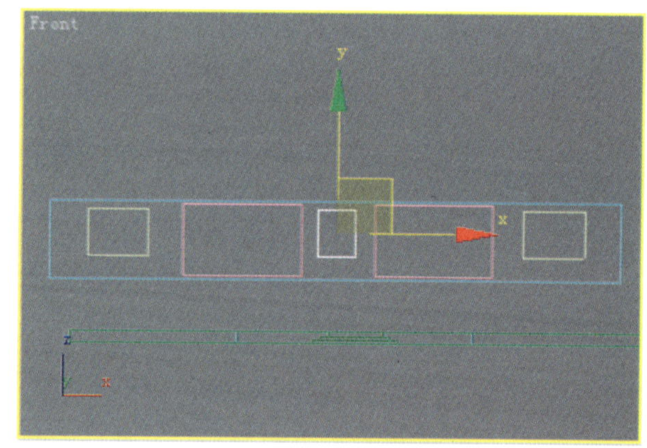

图 8-12　6 个矩形的最终位置关系

14）在 Front（前视图）中选择最大的矩形“一层前墙”，单击命令面板中的（修改）按钮，进入修改命令面板。在【Modifier List】（命令列表）下拉列表中选择“Edit Spline”（编辑样条线）命令，再单击【Edit Spline】（编辑样条线）左侧的“+”号，展开其子对象，选择其下“Spline”（样条线）选项，如图 8-13a 所示。

15）单击命令面板中的【Geometry】（几何图形）卷展栏中的 Attach（附加）命令按钮（图 8-13b），然后分别单击“左窗口 001”、“阳台洞”、“中窗口 002”、“阳台洞 2”和“右窗口 001”5 个矩形，将它们附加到“一层前墙”中，如图 8-13c 所示。然后单击鼠标右键，结束附加操作。再单击【Selection】（选择）卷展栏中的（样条线）图标，退出子对象编辑状态。

16）在修改命令面板的命令列表中选择【Extrude】（拉伸）命令，在【Parameters】（参数）卷展栏中输入“Amount”（数量）为 370，结果如图 8-14 所示。

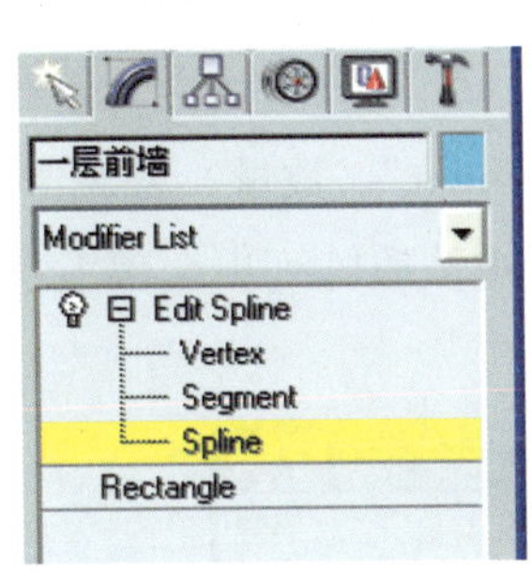

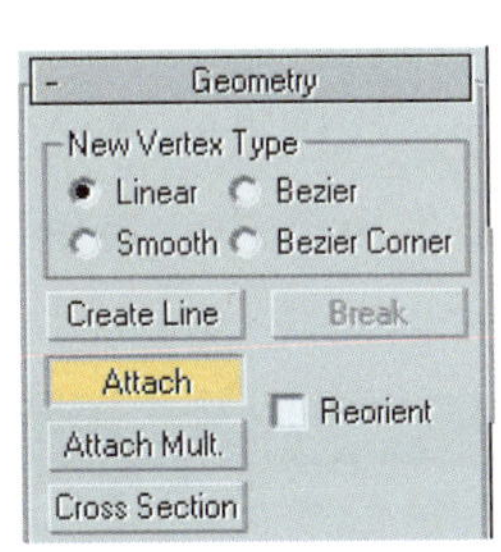

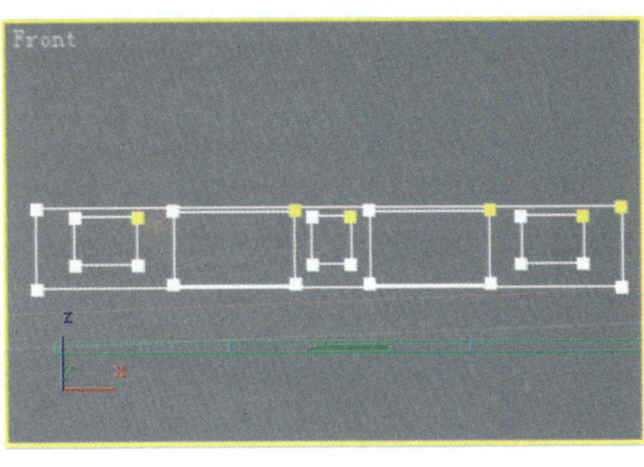

a)　　　　　　　　b)　　　　　　　　c)

图 8-13　将另外 5 个矩形附加到大矩形“一层前墙”中

a）修改命令面板　b）单击 Attach（附加）命令　c）合并后的结果

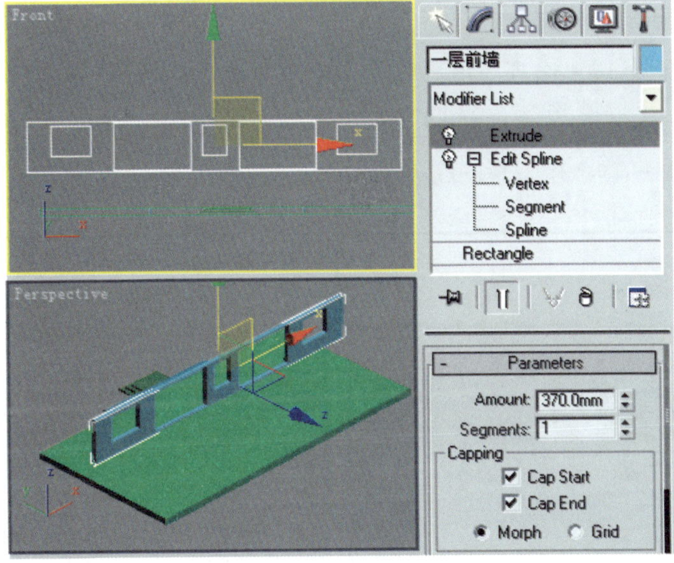

图 8-14　拉伸出一层前墙

17）激活 Top（顶）视图，选择“一层前墙”，单击标准工具栏中的 （对齐）命令按钮，再选择“基础地面”，在弹出的对齐对话框中设置“X Position”（X 轴方向）、“Y Position”（Y 轴方向）和“Z Position”（Z 轴方向），将“一层前墙”的最小边与“基础地面”的最小边对齐。

18）在前视图中将“一层前墙”沿 Y 轴方向移动 450mm，透视图中的结果如图 8-15 所示。

图 8-15　一层前墙与基础地面对齐

19）在前视图中选择“一层前墙”，单击下拉菜单中的【Tools】（工具）|【Array】（阵列）命令，弹出如图 8-16 所示的【Array】（阵列）对话框。

20）设置阵列方式为“1D”（一维）、“Copy”（拷贝），输入“Count”（数量）为 5，Y 轴方向 Incremental（增量）为 3000mm，如图 8-16 所示。再单击 OK 按钮阵列出全部五层的正立面墙体，如图 8-17 所示。

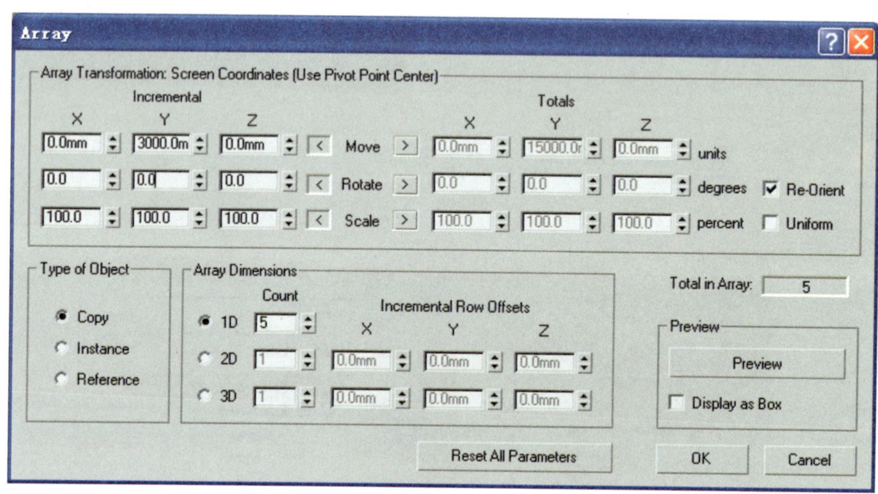

图 8-16 【Array】（阵列）对话框

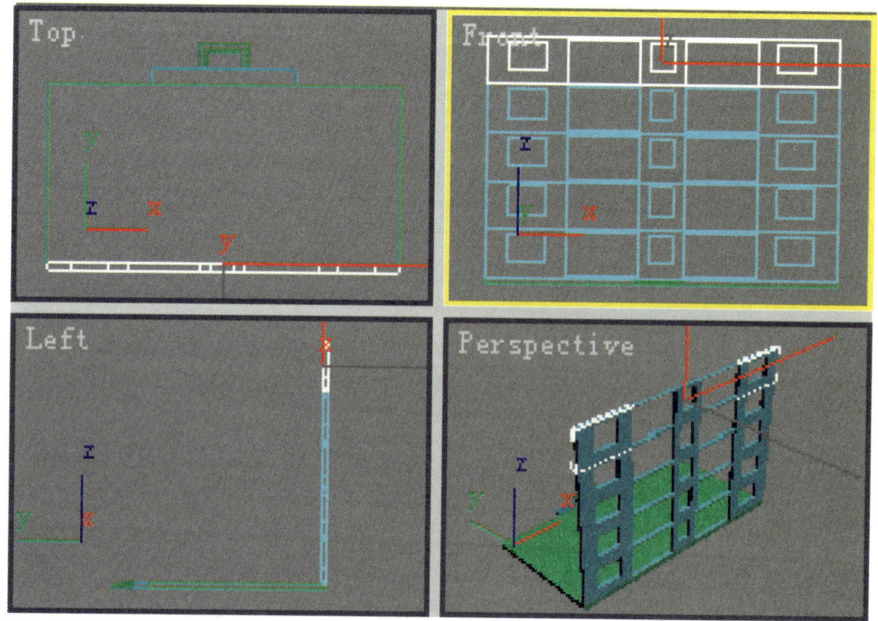

图 8-17 阵列出全部五层的正立面墙体

2. 制作檐口以下侧立面墙体

1）激活 Left（左）视图，单击（创建）按钮，再单击（二维图形）按钮进入创建二维图形命令面板。

2）单击Rectangle（矩形）按钮，在 Left（左）视图中创建一个矩形，命名为“一层左墙”，修改其“Length”（长度）为 3000mm，“Width”（宽度）为 11500mm。同理再创建一个尺寸为 1800mm×1000mm 的矩形，命名为“左窗口”。

3）利用标准工具栏中的（对齐）命令，将矩形“左窗口”沿 X 轴方向、Y 轴方向与矩形“一层左墙”的中心对齐；再右击标准工具栏中的（移动）命令，将矩形“左窗口”沿 Y 轴方向移动 300mm，结果如图 8-18 所示。

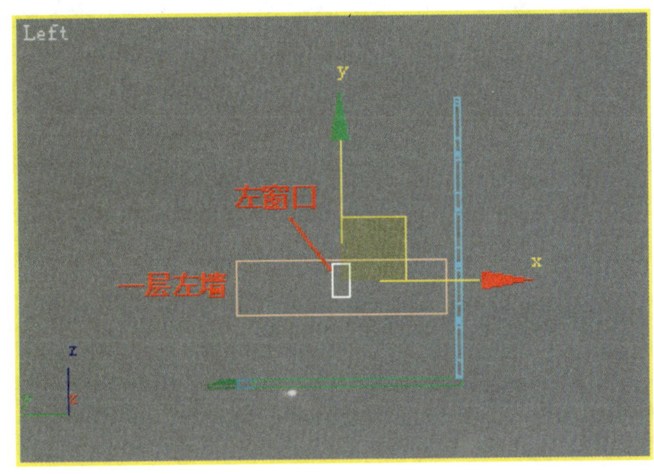

图 8-18　创建两个矩形并调整到适当的位置

4）在 Left（左）视图中选择“一层左墙”，单击命令面板中的（修改）按钮，进入修改命令面板。在【Modifier List】（命令列表）下拉列表中选择“Edit Spline”（编辑样条线）命令，再单击【Edit Spline】（编辑样条线）左侧的“+”号，展开其子对象，选择其下“Spline”（样条线）选项。

5）单击命令面板中的【Geometry】（几何图形）卷展栏中的Attach（附加）命令按钮，然后在视图中单击矩形“左窗口”，将矩形“左窗口”附加到“一层左墙”中，右击结束附加操作。再单击【Selection】（选择）卷展栏中的（样条线）图标，退出子对象编辑状态。

6）在修改命令面板中选择【Extrude】（拉伸）命令，在【Parameters】（参数）卷展栏中输入“Amount”（数量）为 370，结果如图 8-19 所示。

7）激活 Left（左）视图，选择“一层左墙”，利用标准工具栏中的（对齐）命令，将“一层左墙”沿“X Position”（X 轴方向）和“Z Position”（Z 轴方向）的最大边与“基础地面”最大边对齐。

8）同理将“一层左墙”沿“Y Position”（Y 轴方向）的最小边与“基础地面”最大边对齐，结果如图 8-20 所示。

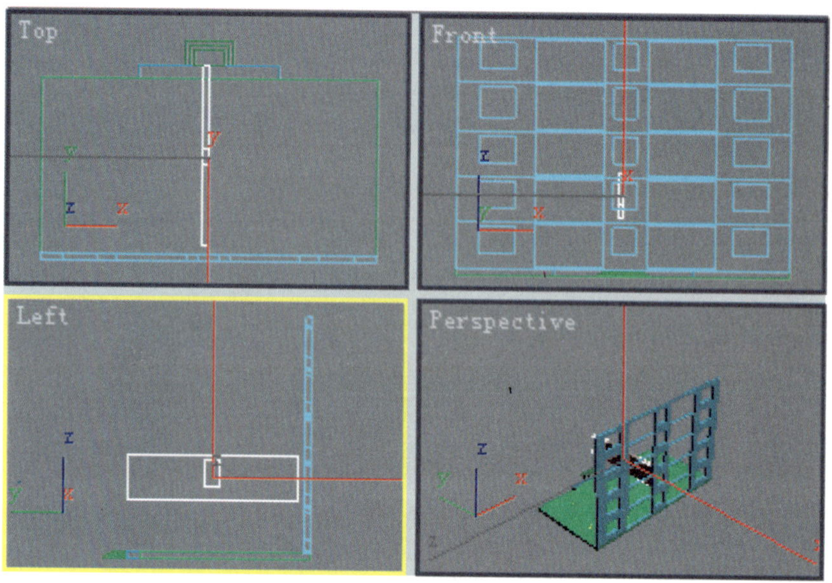

图 8-19　拉伸出一层左侧墙

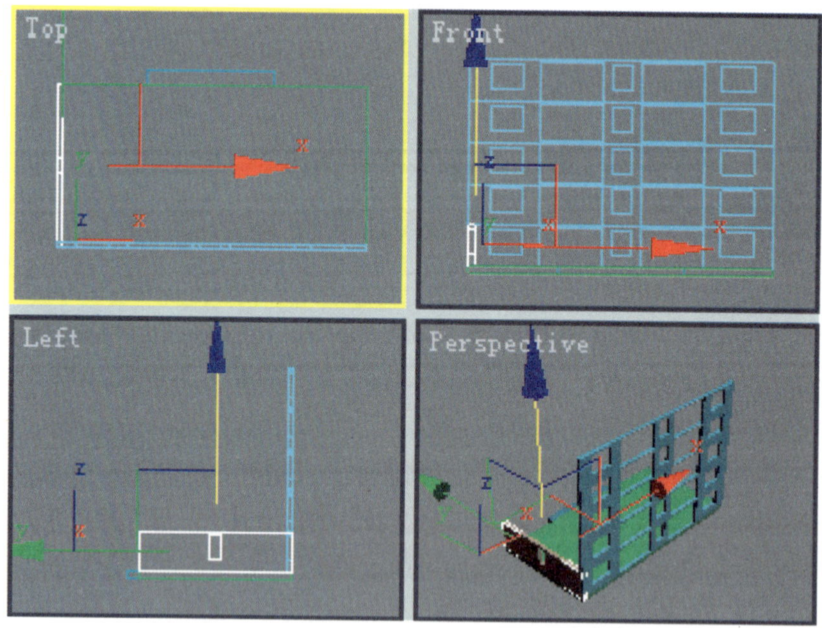

图 8-20　使一层左侧墙与基础地面对齐

9）激活 Top（顶）视图，选择“一层左墙”，单击下拉菜单中的【Edit】（编辑）|【Clone】（克隆）命令，在弹出的【Clone Options】（克隆对话框）中设置“Copy”方式，并修改名称为“一层右墙”。

10）在 Top（顶）视图中选择“一层右墙”，单击标准工具栏中的（对齐）命令，再选择“基础地面”，将“一层右墙”沿“X Position”（X 轴方向）的最大边与“基础地面”最大边对齐，结果如图 8-21 所示。

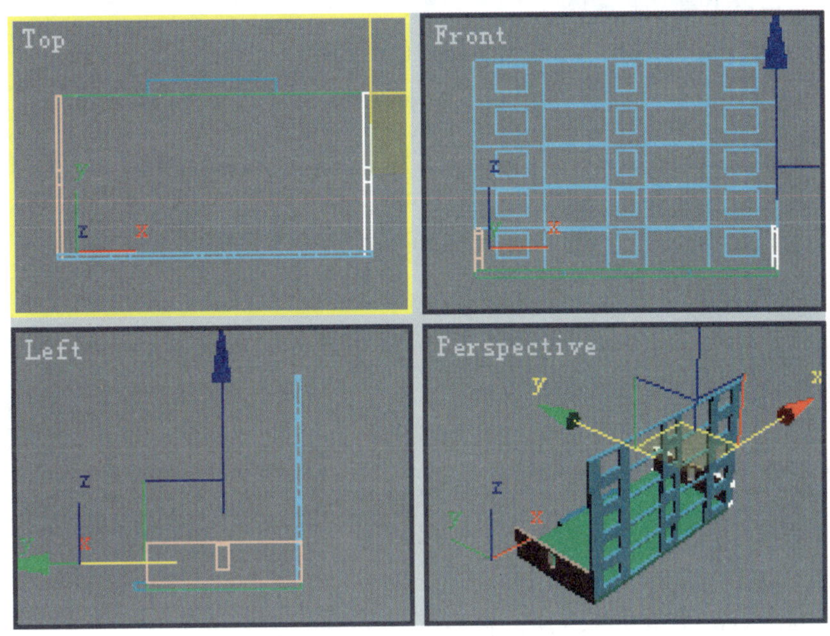

图 8-21 克隆出一层右侧墙体并与基础地面对齐

11）在前视图中选择“一层左墙”，再按住 Ctrl 键单击选择“一层右墙”，单击下拉菜单中的【Tools】（工具）|【Array】（阵列）命令，弹出【Array】（阵列）对话框。

12）在弹出的【Array】（阵列）对话框中设置阵列方式为“1D”（一维）、“Copy”（拷贝），输入“Count”（数量）为 5，Y 轴方向 Incremental（增量）为 3000mm，再单击 OK 按钮阵列出全部五层的侧墙，结果如图 8-22 所示。

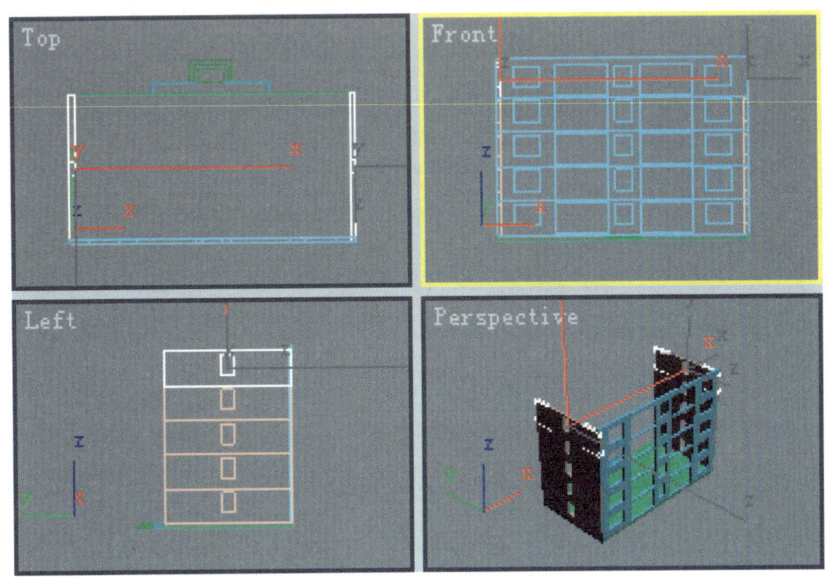

图 8-22 阵列出檐口以下所有的侧墙

3．制作檐口以下背立面墙体

1）激活 Front（前）视图，选择前面创建的所有墙体，单击（显示）按钮进入显示命令面板，单击【Hide】（隐藏）卷展栏下的Hide Selected（隐藏选择）命令按钮，将它们隐藏起来。视图中的状态与图 8-7 相同。

2）用与创建一层前墙相同的方法，在 Front（前）视图中创建 3 个矩形，最大的矩形命名为“一层背左墙”，尺寸为 3000mm×6600mm；两个小矩形尺寸为 1800mm×1500mm，分别命名为“背窗洞 01”和“背窗洞 02”。

3）利用对齐和移动命令，将第 2 步中绘制的矩形调整到如图 8-23 所示的位置。其中“背窗洞 01”与“一层背左墙”X 轴方向最小边的水平距离为 1150mm，两小矩形“背窗洞 01”和“背窗洞 02”的水平距离为 3300mm，两小矩形与大矩形 Y 轴方向最小边间的距离为 900mm。

4）用与创建前墙时相同的方法，将两个矩形附加到大矩形中，并拉伸 370mm 制作出背立面一层左侧墙体，再使之与“基础地面”对齐到如图 8-24 所示的状态。

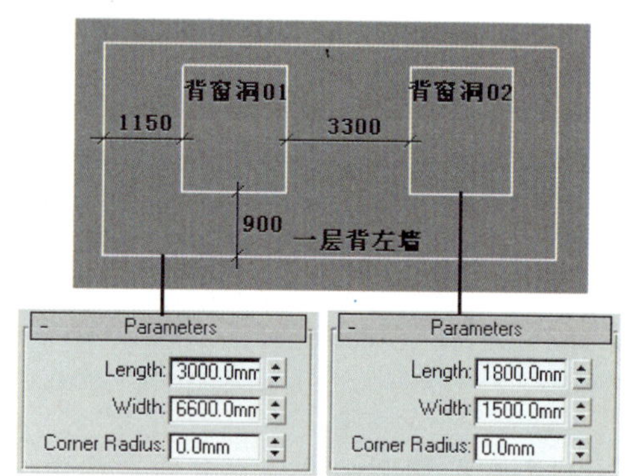

图 8-23　创建一层背左墙的截面形状

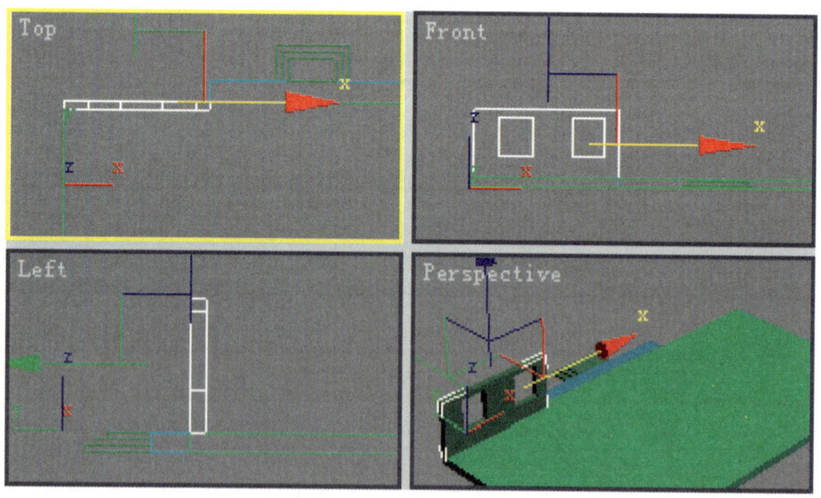

图 8-24　拉伸出一层背左墙并调整到适当位置

5）激活 Top（顶）视图，选择“一层背左墙”，单击下拉菜单中的【Edit】（编辑）|【Clone】（克隆）命令，在弹出的【Clone Options】（克隆对话框）中设置“Copy”方式，并修改名称为“一层背右墙”。

6）在 Top（顶）视图中选择“一层背右墙”，单击标准工具栏中的（对齐）命令，将“一层右墙”与“基础地面”对齐到如图 8-25 所示的状态。

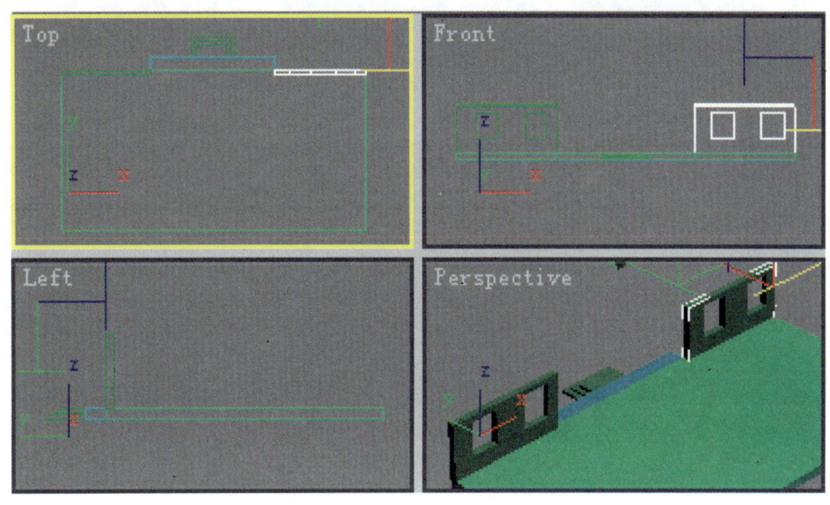

图 8-25　克隆出“一层背右墙”并调整到适当位置

7）激活 Front（前）视图，在其中创建 4 个矩形，如图 8-26 所示，名称与尺寸分别为：“一层背中墙”，3000mm×9200mm；“背窗洞 03”和“背窗洞 04”，1800mm×1500mm；“门洞”，3000mm×1800mm。

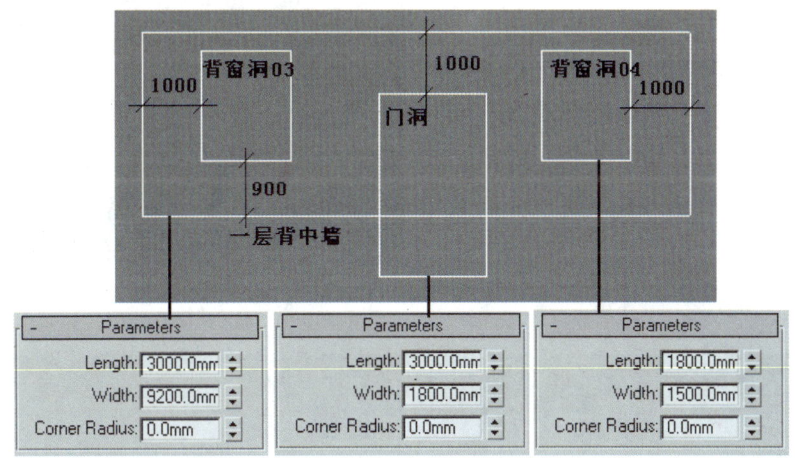

图 8-26　绘制一层背中墙的截面图形并就位

8）利用标准工具栏中的（对齐）和（移动）命令，调整 4 个矩形到如图 8-26 所示的位置。矩形“背窗洞 03”和“背窗洞 04”与矩形“一层背中墙”的左右边距离均为 1000mm，距下边 900mm；矩形“门洞”与矩形“一层背中墙”左右居中对齐，“门洞”的上边与“一层背中墙”距离为 1000mm。

9）用与前面制作其他墙体相同的方法，利用修改命令列表中的【Edit Spline】（编辑样条线）命令，在“Spline”（样条线）层级将图 8-26 中所示的“门洞”、“背窗洞 03”和“背窗洞 04”附加到矩形“一层背中墙”中。

10）在“Edit Spline”（编辑样条线）的“Spline”（样条线）层级中，选择矩形“一层背中墙”，在【Geometry】（几何）卷展栏下，单击 Boolean （布尔运算）命令按钮，再单击其后的 （差集）图标，然后选择矩形“门洞”。卷展栏和操作结果如图 8-27 所示。

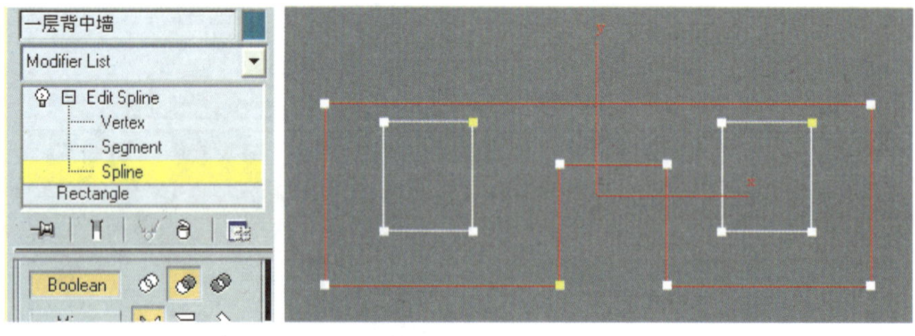

图 8-27　用二维布尔运算制作出一层背中墙的截面

11）利用修改命令列表中的【Extrude】（拉伸）命令，将布尔运算后的“一层背中墙”拉伸 370mm，制作出一层背中墙。

12）利用标准工具栏中的 （对齐）命令，将一层背中墙与基础地面对齐到如图 8-28 所示的状态。

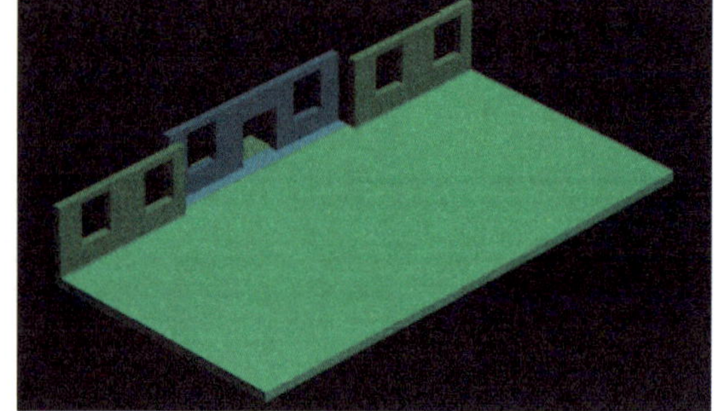

图 8-28　一层背中墙就位后的状态

13）在 Top（顶）视图中创建两个尺寸均为 530mm×370mm×3000mm 的 Box（长方体），作为一层背左墙和一层背右墙与一层背中墙中间的夹墙。再利用标准工具栏中的 （对齐）命令，将所创建的夹墙调整到如图 8-29 所示的位置。这样，就完成了一层背立面所有墙体的创建。

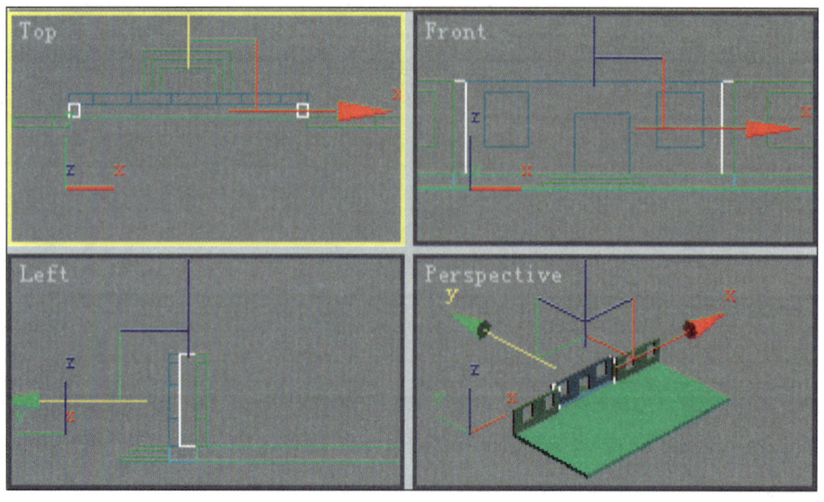

图 8-29　创建两个长方体并与基础地面对齐

14）在 Front（前）视图中选择“一层背中墙”，单击下拉菜单中的【Edit】（编辑）|【Clone】（克隆）命令，在弹出的【Clone Options】（克隆对话框）中设置“Copy”方式，并修改名称为“二层背中墙”。

15）在 Front（前）视图中选择“二层背中墙”，右击标准工具栏中 （移动）命令按钮，在弹出的变换对话框中设置参数，将“二层背中墙”沿 Y 轴移动 3000mm，结果如图 8-30a 所示。

16）选择“二层背中墙”，在编辑命令面板的命令栏（如图 8-30b 所示）中选择【Extrude】（拉伸），单击其下面的 （删除）命令按钮，删除【Extrude】（拉伸）操作。

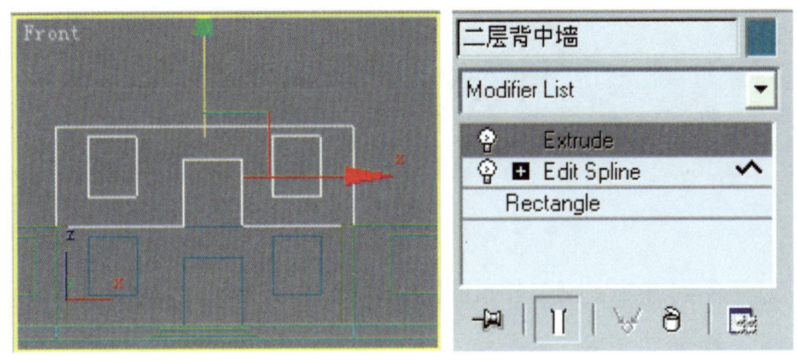

a）　　　　b）

图 8-30　移动“二层背中墙”并在命令栏中进行编辑

a）移动“二层背中墙”　b）命令栏

17）在命令栏中选择“Edit Spline”（编辑样条线）下的“Vertex”（顶点）选项，再选择表示门洞位置的 4 个角点，如图 8-31 所示，再按键盘上的 Del 键删除这 4 个顶点。

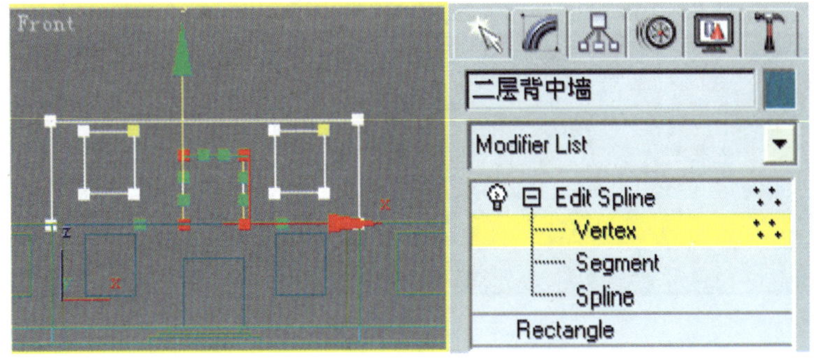

图 8-31　删除“二层背中墙”截面中表示门洞的 4 个角点

18）激活 Front（前）视图，单击 （创建）按钮，再单击 （二维图形）按钮进入创建二维图形命令面板。

19）单击 Rectangle（矩形）按钮，在 Front（前）视图中创建一个尺寸为 1500mm×1500mm 的矩形并命名为“梯间窗口”。

20）利用标准工具栏中的 （对齐）命令，将矩形“梯间窗口”中心与“二层背中墙”

的中心沿 X、Y、Z 轴三个方向对齐。再将“梯间窗口”沿 Y 轴方向移动-300mm。

21）利用“Edit Spline”（编辑样条线）命令将“梯间窗口”附加到“二层背中墙”中，如图 8-32 所示。

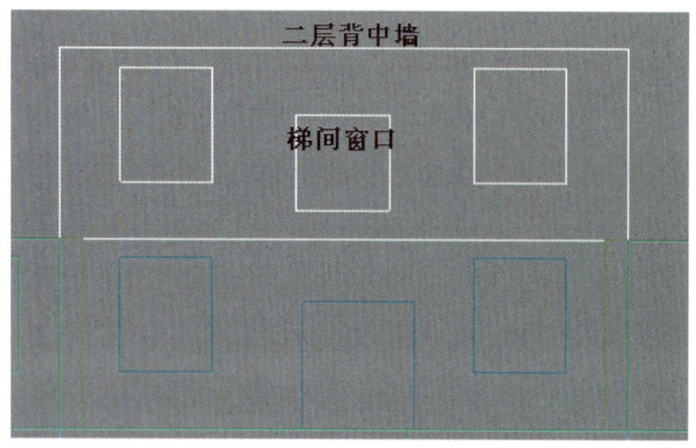

图 8-32　制作二层背中墙的截面

22）利用修改命令列表中的【Extrude】（拉伸）命令，将“二层背中墙”拉伸 370mm，制作出二层背中墙，结果如图 8-33 所示。

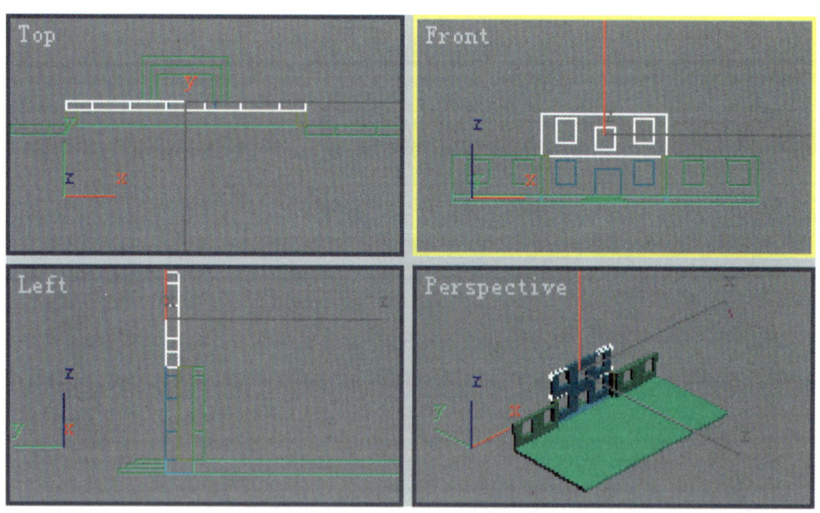

图 8-33　拉伸出二层背中墙

23）在 Front（前）视图中选择“一层背左墙”、“一层背右墙”和表示填充墙的两个长方体。

24）单击下拉菜单中的【Tools】（工具）|【Array】（阵列）命令，弹出【Array】（阵列）对话框。对话框参数设置与图 8-16 所示的相同，也是“1D”（一维）、“Copy”（拷贝），输入“Count”（数量）为 5，Y 轴方向 Incremental（增量）为 3000mm。

25）同理将“二层背中墙”沿 Y 轴方向阵列 4 个，阵列距离为 3000mm，结果如图

8-34 所示。

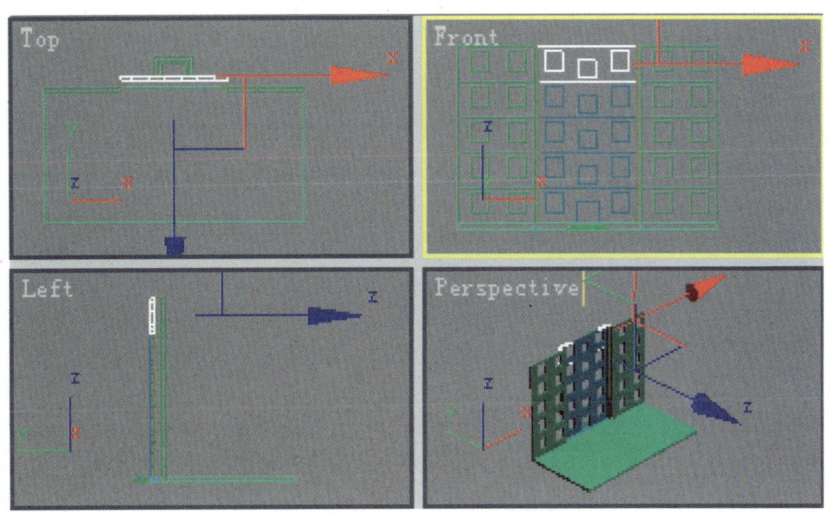

图 8-34　阵列出背立面的所有墙体

4．将墙体分层组合

1）单击 (显示）按钮进入显示命令面板，单击【Hide】（隐藏）卷展栏下的 Unhide All （取消所有隐藏）命令按钮，显示所有已创建的对象，墙体的创建效果如图 8-35 所示。

图 8-35　所有墙体全部显示后的效果

2）选择一至三层所有墙体，如图 8-36 所示。单击下拉菜单中的【Group】（组）|【Group】（组）命令，在弹出的【Group】（组）对话框的“Group name”（组名）后输入“一至三层墙”，再单击 OK 按钮。将一至三层墙组合成一个对象。

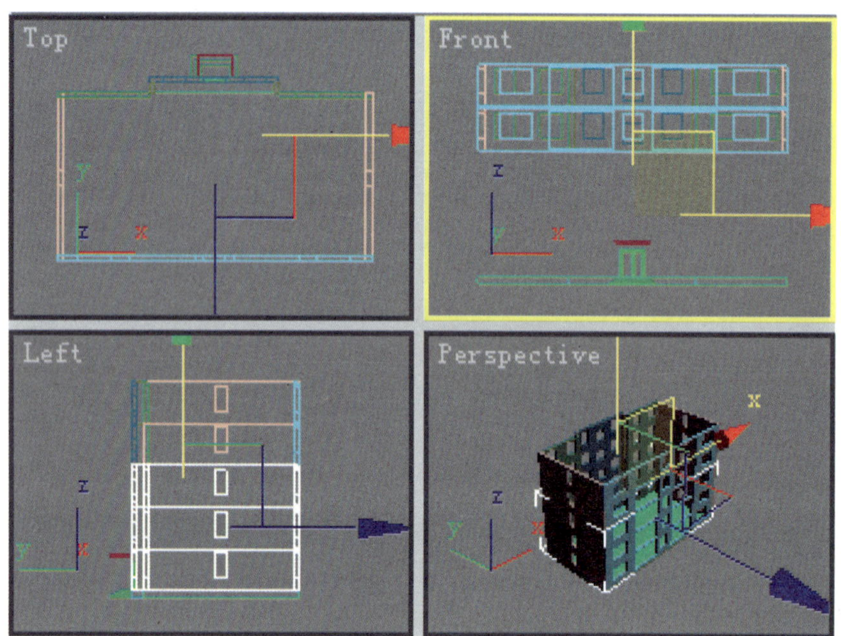

图 8-36　将一至三层墙成组

3）同理，将四至五层墙体组合成一个对象，命名为“四、五层墙”。

8.1.3　制作阳台和雨篷

1．制作阳台墙

1）激活 Top（顶）视图，单击（创建）按钮，再单击（二维图形）按钮进入创建二维图形命令面板。单击Rectangle（矩形）命令按钮，绘制一个尺寸为 900mm×4800mm 矩形，如图 8-37a 所示。

2）单击创建二维图形命令面板中的 Arc（弧）命令按钮，在顶视图中创建一个弧（图 8-37a）。在【Parameters】（参数）卷展栏下，修改“Radius”（半径）为 3800mm，“From”（从）240°，“To”（到） 300°，勾选“☑ Pie Slice（饼片）选项，如图 8-37b 所示。最终效果如图 8-37c 所示。

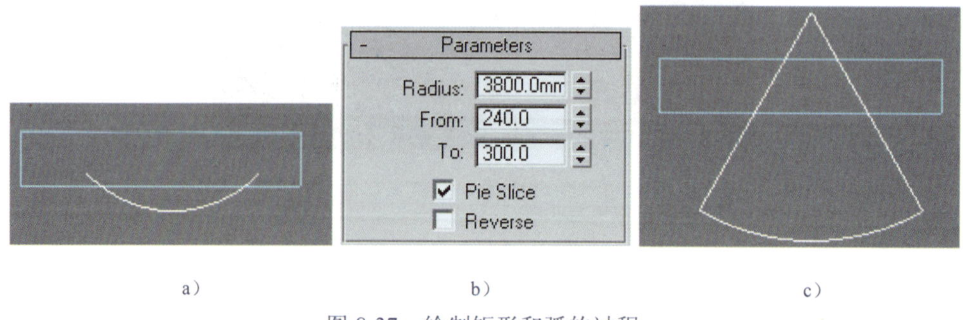

图 8-37　绘制矩形和弧的过程
a）绘制矩形和弧　b）修改弧的参数　c）绘制完成的弧

3）单击标准工具栏中的（对齐）命令，将弧和矩形的“Center”（中心）沿 X、Y、两个方向对齐，如图 8-38a 所示。再单击标准工具栏中（移动）命令按钮，沿 Y 轴方向移动弧到如图 8-38b 所示的位置。

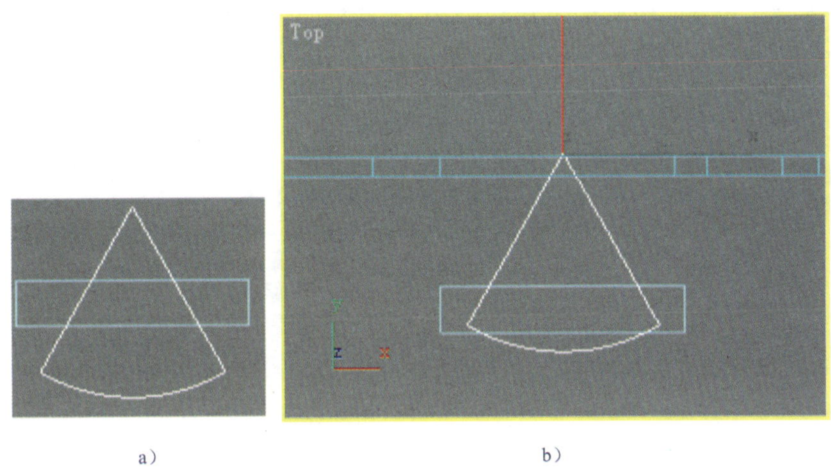

a） b）

图 8-38 调整弧的位置

a）弧与矩形中心对齐 b）移动弧

4）选择弧，单击命令面板中的（修改）按钮，进入修改命令面板。在【Modifier List】（命令列表）下拉列表中选择“Edit Spline”（编辑样条线）命令，再单击【Edit Spline】（编辑样条线）左侧的“+”号，展开其子对象，选择其下“Vertex”（顶点）选项。

5）选择弧的圆心点，如图 8-39a 所示，单击键盘上的 Del 键将该点删除，结果图 8-39b 所示。

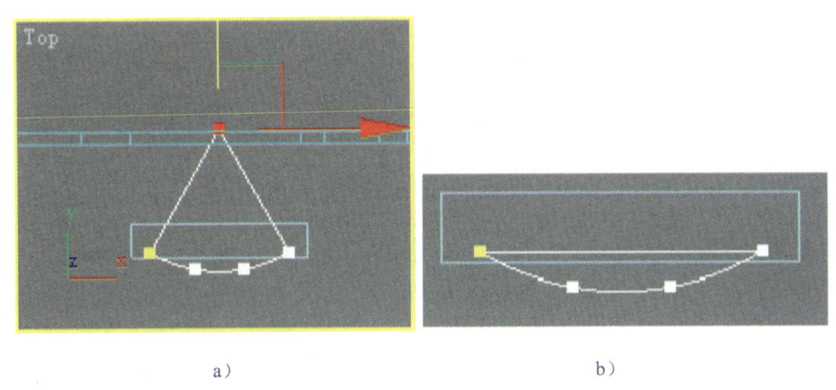

a） b）

图 8-39 删除弧的圆心点

a）选择弧的圆心点 b）删除弧圆心点的结果

6）选择弧，如图 8-40a 所示，再单击【Geometry】（几何图形）卷展栏中的 Attach （附加）命令按钮，在顶视图中选择矩形，将弧和矩形附加到一起，再单击 Attach 结束附加操作。

7）选择弧，单击【Geometry】（几何图形）卷展栏中的 Boolean （布尔运算）命令按钮，通过单击保证（并集）处于选择状态，在顶视图中选择矩形，完成二维布尔运算，结果如图 8-40b 所示。

8）单击【Selection】（选择）卷展栏中的（样条线）图标，退出子对象编辑状态，再将完成二维布尔运算的图形命名为“阳台轮廓线”。

9）在顶视图中，利用（对齐）和（移动）命令，将“阳台轮廓线”与住宅楼的正立面墙对齐到如图 8-41 所示的状态。

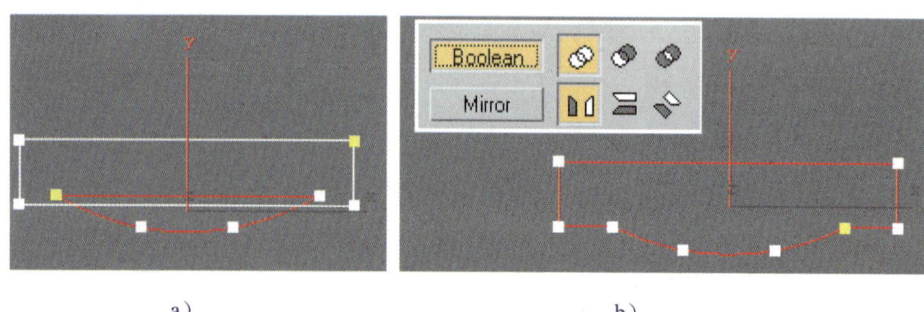

a） b）

图 8-40 将矩形附加到弧中并进行二维布尔运算

a）选择弧 b）二维布尔运算结果

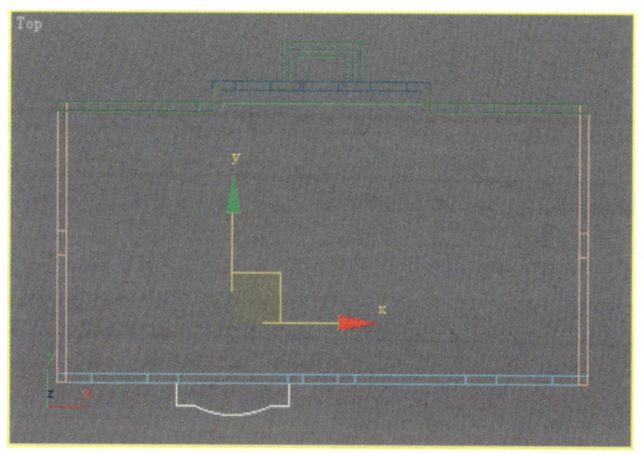

图 8-41 将“阳台轮廓线”调整到适当位置

10）选择“阳台轮廓线”，单击下拉菜单中的【Edit】（编辑）|【Clone】（克隆）命令，在弹出的【Clone Options】（克隆对话框）中设置“Copy”方式，并修改名称为“阳台窗楣”。

11）选择“阳台窗楣”，单击命令面板中的（修改）按钮，进入修改命令面板。单击命令栏中【Edit Spline】（编辑样条线）左侧的“+”号，展开其子对象，选择其下 “Segment”（段）选项。

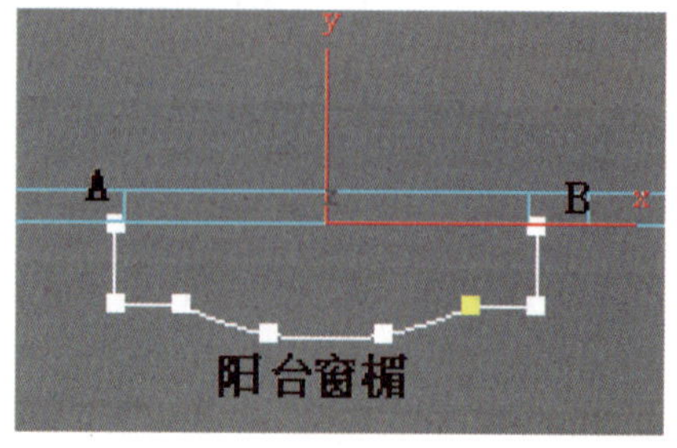

图 8-42 删除“阳台窗楣”中的 AB 段

12）如图 8-42 所示，选择“阳台窗楣”中的 AB 段，单击键盘上的 Del 键将该段删除。再次单击命令栏中【Edit Spline】（编辑样条线）下的“Segment”（段）选项。完成对“阳台窗楣”的修改。

13）用与第 10 步类似的方法“Copy”方式克隆“阳台窗楣”，并命名为“阳台下墙”。

14）在 Top（顶）视图中选择“阳台下墙”，进入修改命令面板中，再进入命令栏中【Edit Spline】（编辑样条线）下的“Spline”（样条线）子对象级别，选择“阳台下墙”，在 Outline （轮廓）按钮后的文本框中输入 90mm，如图 8-43a 所示，再单击 Outline （轮廓）按钮，将“阳台下墙”变为闭合双线，如图 8-43b 所示。再单击命令栏中【Edit Spline】（编辑样条线）下的“Spline”（样条线）选项，退出样条线编辑状态。

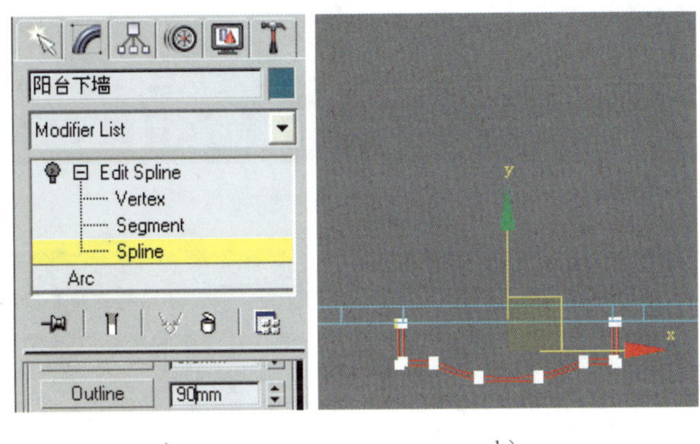

a）　　　　b）

图 8-43　制作阳台下墙的截面形状

a）命令面板的状态　b）阳台下墙的截面形状

15）在 Top（顶）视图中选择“阳台下墙”，在修改命令面板的命令列表中选择【Extrude】（拉伸）命令，在【Parameters】（参数）卷展栏中输入“Amount”（数量）为 600，拉伸出阳台下墙。

16）在 Front（前）视图中选择“阳台下墙”，在标准工具栏中的 （移动）命令按钮单击鼠标右键，在弹出的变换对话框中设置沿 Y 轴方向，移动 450mm，将“阳台下墙”移动到位。

17）将“阳台下墙”以“Copy”方式克隆一个，命名为“阳台上墙”，并沿 Y 轴方向移动 2900mm。再进入修改命令面板，修改【Extrude】（拉伸）的【Parameters】（参数）卷展栏下的“Amount”（数量）为 100mm，结果如图 8-44 所示。

18）选择“阳台下墙”和“阳台上墙”，利用【Edit】（编辑）|【Clone】（克隆）命令以“Copy”方式克隆一个，在前视图中，沿 X 轴方向移动 7500mm，结果如图 8-45 所示。

19）在 Front（前）视图中选择一层的阳台墙，单击下拉菜单中的【Tools】（工具）|【Array】（阵列）命令，在弹出的【Array】（阵列）对话框中设置“Copy”方式，一维阵列 5 个，沿 Y 轴方向，距离 3000mm（参数设置与图 8-16 相同），结果如图 8-46 所示。

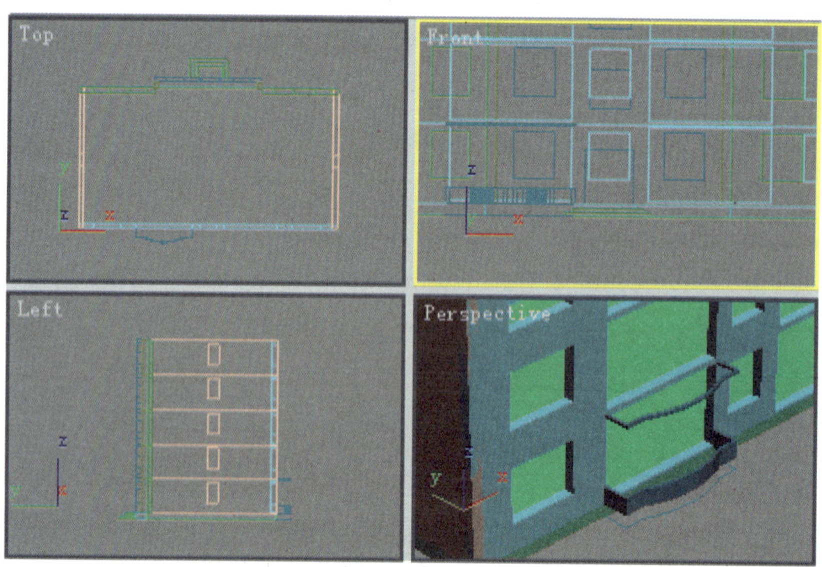

图 8-44　阳台墙的形态

图 8-45　克隆出右面的阳台墙并移动就位

图 8-46　阵列阳台墙后的透视图

20）选择一至三层的阳台墙，用【Group】（组）命令成组，命名为“一至三层阳台墙”。选择四层和五层的阳台墙，用【Group】（组）命令成组，命名为“四、五层阳台墙”。

2．制作阳台窗楣和阳台窗棂

1）激活 Front（前）视图，选择“一至三层阳台墙”、“四、五层阳台墙”、“一至三层墙”和“四、五层墙”，单击（显示）按钮进入显示命令面板，单击【Hide】（隐藏）卷展栏下的Hide Selected（隐藏选择）命令按钮，将它们隐藏起来。

2）激活 Top（顶）视图，选择“阳台窗楣”线，利用【Edit】（编辑）|【Clone】（克隆）命令克隆一个，命名为“阳台平棂”。

3）在 Top（顶）视图中选择“阳台窗楣”，用与制作“阳台下墙”截面类似的方法，但要注意勾选Outline（轮廓）按钮下的 Center（中心）选项，将“阳台窗楣”用Outline（轮廓）命令向两侧扩展，距离 180mm，变为闭合双线，如图 8-47 所示。

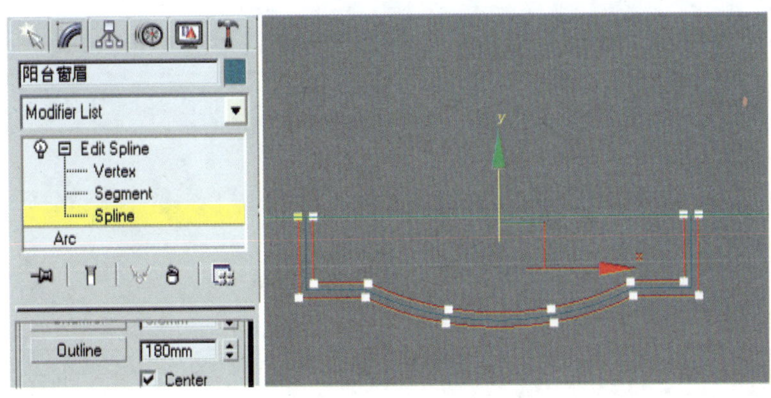

图 8-47 制作阳台窗楣的截面

4）在 Top（顶）视图中选择扩展后的“阳台窗楣”双线，利用【Extrude】（拉伸）命令，拉伸数值为 100mm。

5）在 Front（前）视图中将拉伸后的“阳台窗楣”沿 Y 轴方向移动 1050mm。再将“阳台窗楣”克隆一个，将克隆后的窗楣沿 Y 轴方向移动 2100mm。再进入修改命令面板，将上面窗楣的拉伸数值改为 200mm，结果见图 8-48。

6）如图 8-48 所示，选择前面制作的两个窗楣，利用【Group】（组）命令成组，命名为“窗楣 01”。

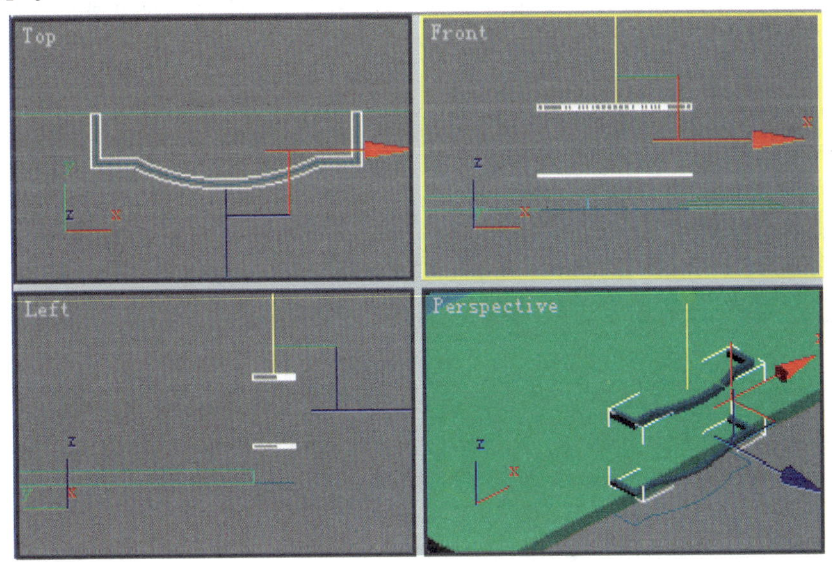

图 8-48 制作阳台窗楣并成组

7）用与制作阳台窗楣相同的方法，在 Top（顶）视图中将“阳台平栎”线扩展为双线（注意先取消 Center 选项），距离为 80mm，再利用【Extrude】（拉伸）命令拉伸 80mm，结果如图 8-49 所示。

8）在 Front（前）视图中将“阳台平栎”沿 Y 轴方向移动 2650mm，再利用【Group】

（组）命令与“窗楣 01”成组，命名为“窗楣与中棂”。如图 8-50 所示。

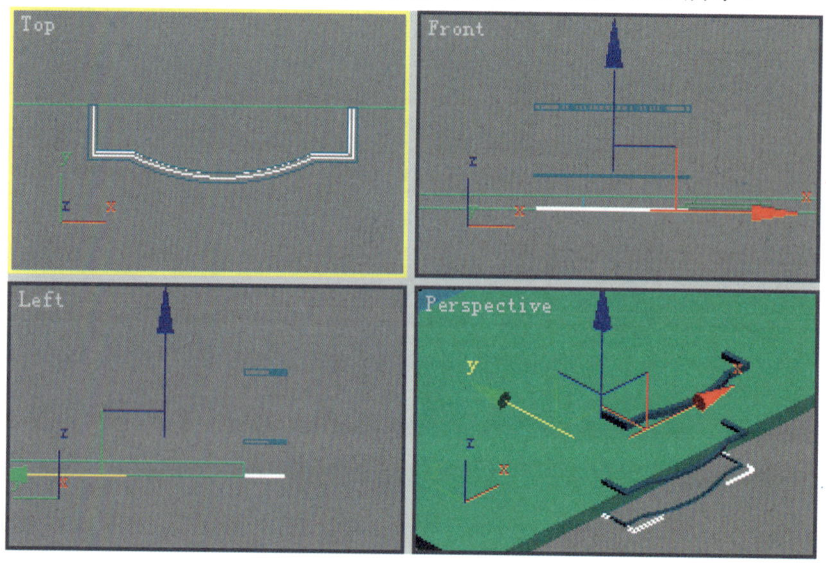

图 8-49　制作出阳台的水平窗棂

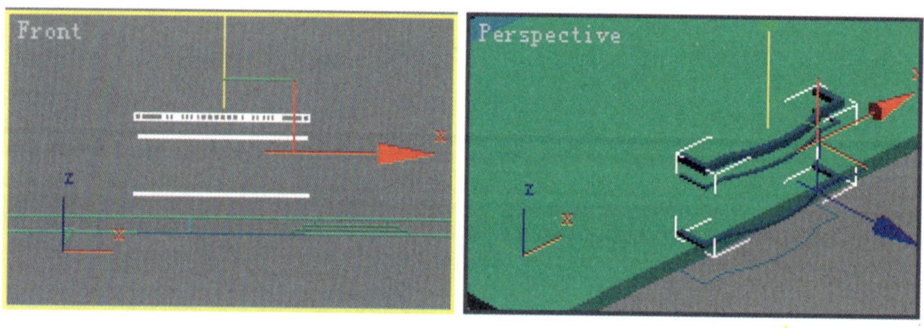

图 8-50　制作阳台的水平窗棂并与“窗楣 01”成组

9）在 Front（前）视图中，将“窗楣与中棂”克隆一个，右移 7500mm，再选择左右两组“窗楣与中棂”按前述方法沿 Y 轴方向阵列 5 个，距离为 3000mm。再选择所有阵列出的窗楣与中棂，组合成一个对象，命名为“窗楣与中棂”，如图 8-51 所示。

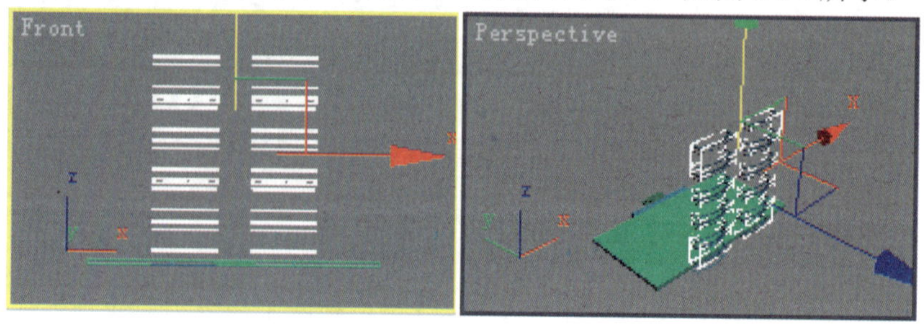

图 8-51　克隆、阵列窗楣与中棂并组合成一个对象

10）在 Top（顶）视图中制作一个尺寸为 80mm×80mm×14800mm 长方体，作为阳台窗的窗框，然后在 Front（前）视图中将该长方体沿 Y 轴方向移动 500mm，并在 Top（顶）

视图移动到如图 8-52 所示的位置。

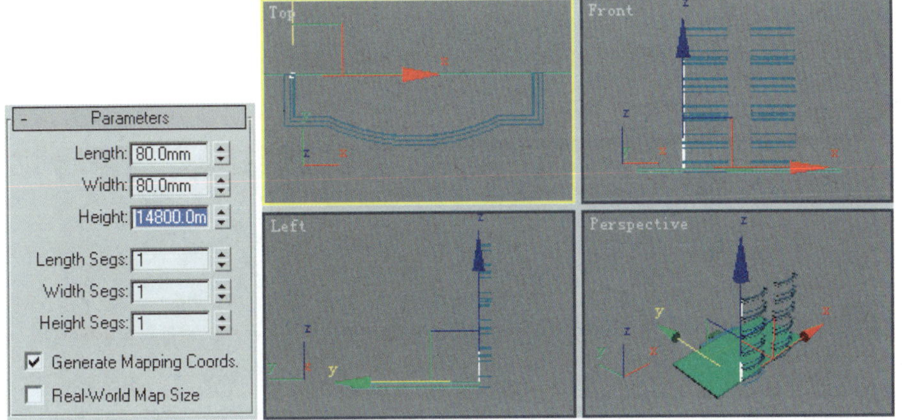

图 8-52　制作一个长方体并移动到适当位置

11）单击标准工具栏中的（移动）命令按钮，在 Top（顶）视图中选择前面绘制的长方体，按住 Shift 键，按住鼠标左键拖动复制出的另外 5 个长方体并移动到适当的位置，如图 8-53 所示。

12）选择前面绘制的 6 个长方体，用【Group】(组）命令成组，并命名为“阳台立棂”。再将“阳台立棂”克隆一个，在 Front（前）视图中沿 X 轴方向移动 7500mm。结果如图 8-54 所示。

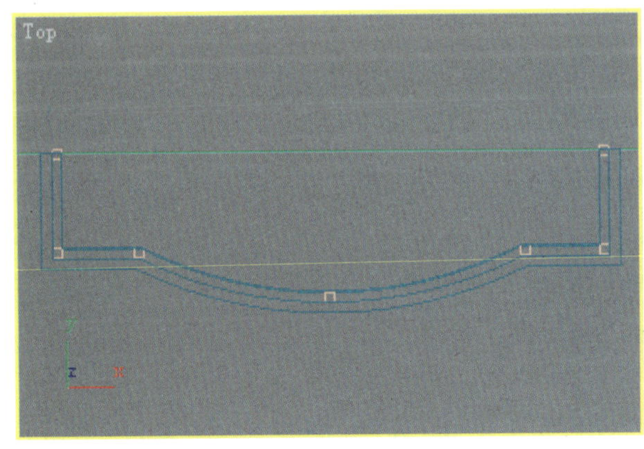

图 8-53　绘制阳台窗框和立窗棂

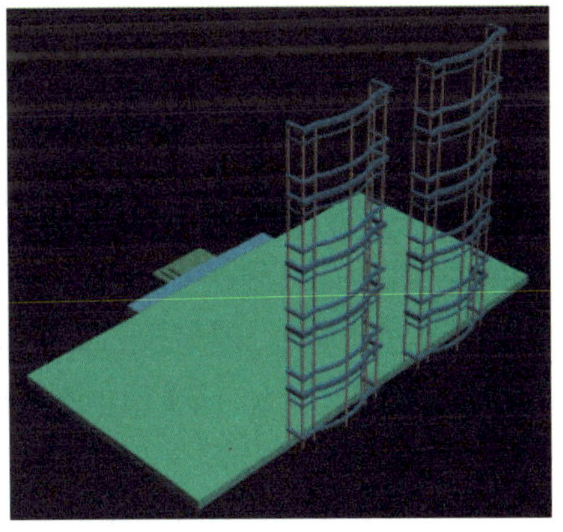

图 8-54　阳台窗框和窗棂的状态

13）在 Front（前）视图中选择两组“阳台立棂”和“窗楣与中棂”，用【Group】(组）命令组合成一个对象，命名为“阳台框”。

3．制作雨篷

1）利用 Box（长方体）命令在 Top（顶）视图中创建一个长方体，命名为“雨篷”，修改其长度为 1600mm、宽度为 2400mm、高度为 200mm。

2）利用标准工具栏中的（对齐）命令，在 Top（顶）视图中将“雨篷”的最小边与

“基础地面”的最大边沿 Y 轴方向对齐；再将“雨篷”的中心与“基础地面”中大长方体的中心沿 X 轴方向对齐。

3）利用标准工具栏中的（移动）命令，在 Front（前）视图中将“雨篷”沿 Y 轴方向移动 2850mm，结果如图 8-55 所示。

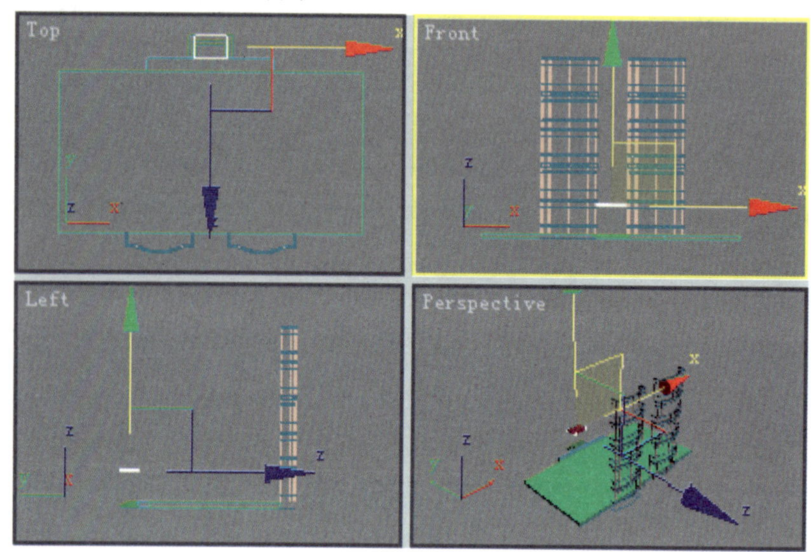

图 8-55　制作“雨篷”并移动到适当位置

8.1.4　制作一至五层的门窗

1．制作一至五层的窗

1）单击（显示）按钮进入显示命令面板，单击【Hide】（隐藏）卷展栏下的 Unhide All（取消所有隐藏）命令按钮，显示全部对象。

2）在标准工具栏的（2.5 维捕捉）命令按钮上按住鼠标左键，从弹出的下拉列表中选择（三维捕捉）。然后在按钮上单击鼠标右键，弹出如图 8-56 所示的【Grid and Snap Settings】（网格与捕捉设置）对话框。

3）单击【Grid and Snap Settings】（网格与捕捉设置）对话框中的 Clear All（清除所有），再单击勾选 Endpoint（端点），设置端点方式。

4）激活 Perspective（透视）视图并调整视角，在视图中显示住宅楼的左下窗口，并在 Perspective（透视）视图的名称上单击鼠标右键，在弹出的快捷菜单中单击✔ Edged Faces（显示边界的面）命令。

5）单击（创建）按钮，再单击（几何体）

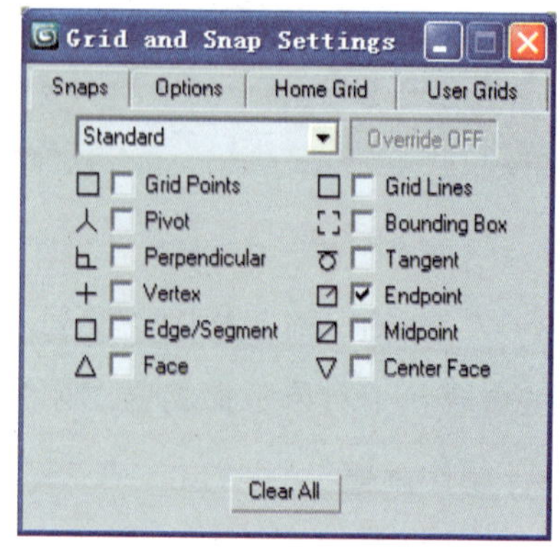

图 8-56　【Grid and Snap Settings】（网格与捕捉设置）对话框

按钮，然后选择几何体类型下拉列表中的“Windows”（窗）命令，则进入创建窗的命令面板，如图 8-57a 所示。

6）单击 Fixed（固定窗）命令按钮，捕捉到图 8-57b 中所示的点 1，按住鼠标左键拖曳并捕捉到点 2，松开鼠标左键，再单击捕捉到点 3，最后单击捕捉到点 4，则创建出一个窗，并命名为“前窗 01”。

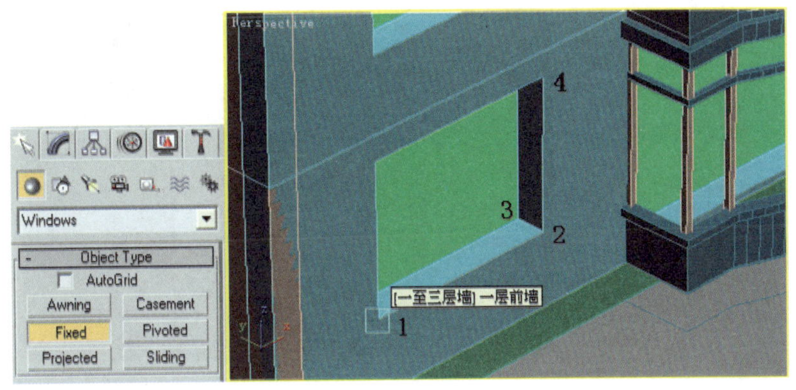

a）　　b）

图 8-57　创建窗命令面板和创建“前窗 01”的捕捉点位置

a）创建窗命令面板　b）创建“前窗 01”的捕捉点位置

注意： 利用三维对象捕捉功能可精确匹配新建模型与原有模型的尺寸和位置。

7）在命令面板中修改【Parameters】（参数）卷展栏中【Frame】（窗框）选项组中的“Horiz.Width”（水平窗框宽度）为 80mm，“Vert.Width”（竖直窗框宽度）为 80mm，“Thickness”（厚度）为 130mm；在【Glazing】（玻璃）选项组中设置“Thickness”（厚度）为 3mm；在【Rails and Panels】（窗棂和窗扇）选项组中设置“Width”（宽度）为 60mm，“#Panels Horiz”（水平窗扇）数为 2，见图 8-58a，修改后效果如图 8-58b 所示。

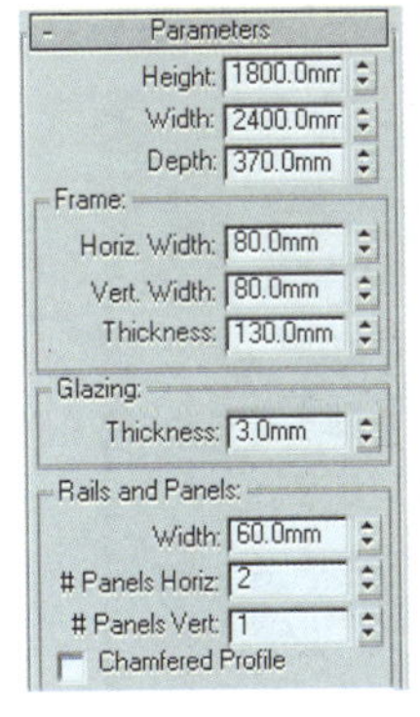

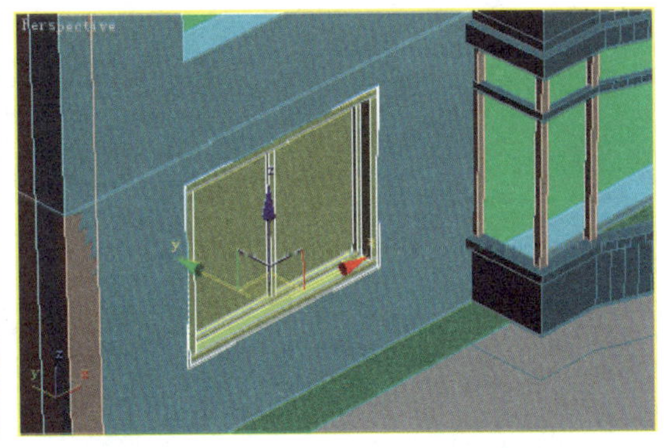

a）　　b）

图 8-58　修改“前窗 01”的参数

a）【Parameters】（参数）卷展栏　b）“前窗 01”修改后的效果

8）单击标准工具栏中的 按钮，关闭三维捕捉方式。选择“前窗 01”，单击命令面板中的 （修改）按钮，进入修改命令面板。在【Modifier List】（命令列表）下拉列表中选择“Edit Mesh”（编辑网格）命令，再单击【Selection】（选择）卷展栏中的 （矩形面）图标，如图 8-59a 所示。在视图中单击选择窗玻璃的正面，按键盘上的 Del 键删除，同样方法删除窗玻璃的后面，结果如图 8-59b 所示。

a）　　　　b）

图 8-59　删除“前窗 01”的玻璃

a）修改命令面板　b）删除“前窗 01”玻璃后的效果

注意： 本章的住宅楼实例中，将统一制作玻璃，因此删除窗模型中的玻璃。

9）在 Front（前）视图中选择“前窗 01”，用“Copy”（拷贝）方式【Clone】（克隆）一个，再沿 X 轴方向移动 17100mm，制作出右侧的前窗。

10）选择一层左右两个前窗，利用下拉菜单中的【Tools】（工具）|【Array】（阵列）命令，沿 Y 轴“Copy”方式阵列 5 组，距离为 3000mm，结果如图 8-60 所示。

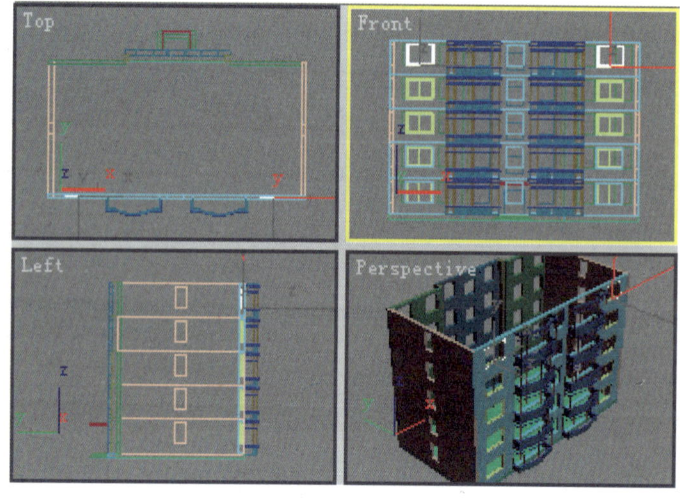

图 8-60　制作正立面左右两侧的所有前窗

11）用与前面 6~10 步相同的方法绘制出其他所有的窗。再选择全部的窗，组合成一个对象，命名为“窗子”，结果如图 8-61 所示。

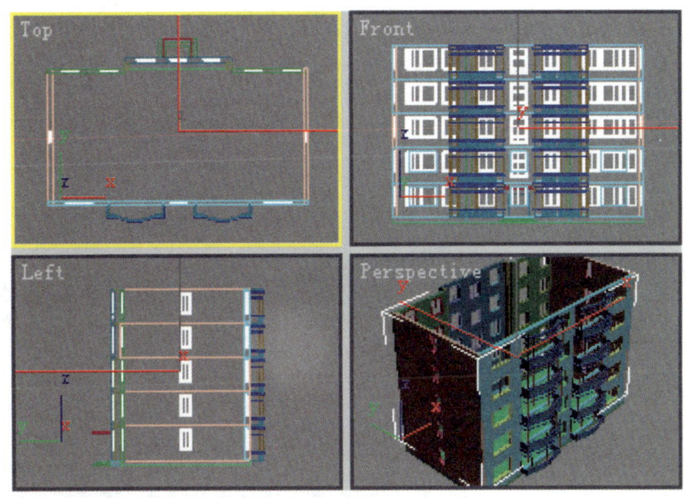

图 8-61　绘制出全部的窗并组合成“窗子”

2. 制作门

1）利用视图工具栏中的 （圆弧旋转）、 （缩放）、 （视角缩放）、 （平移视图）等命令调整 Perspective（透视）视图，以合适的角度显示门洞的位置。

2）单击标准工具栏中的 按钮打开三维对象捕捉功能。单击 （创建）按钮，再单击 （几何体）按钮，然后选择几何体类型下拉列表中的“Doors”（门）命令，进入创建门命令面板，见图 8-62a。

3）单击 Pivot （枢轴门）命令按钮，捕捉到图 8-62b 中的点 1，按住鼠标左键拖曳并捕捉到点 2，松开鼠标左键，再单击捕捉到点 3，最后单击捕捉到点 4，则创建出门，并命名为“大门”。

a）　　　　b）

图 8-62　创建门命令面板与捕捉点位置
a）创建门命令面板　b）创建门的捕捉点位置

4）在命令面板的【Parameters】（参数）卷展栏中，修改“Height”（高度）为 1940mm、“Width”（宽度）为 1620mm、“Depth”（厚度）为 400mm，勾选☑ Double Doors（双门）选项和☑ Flip Swing（翻转）选项。设置【Frame】（结构）选项组中的“Width”（宽度）为 120mm，“Depth”（厚度）为 0mm，“Door Offset”（门偏移）为 160mm。在【Leaf Parameters】（门扇参数）卷展栏中，设置“Thickness”（厚度）为 80mm，“Stiles/Top Rail”（竖/顶框）为 80mm，“Bottom Rail”（底框）为 80mm。勾选【Panels】（门板）选项组中的◉ Glass（玻璃）选项，卷展栏设置如图 8-63a 所示，修改完成后的效果如图 8-63b 所示。

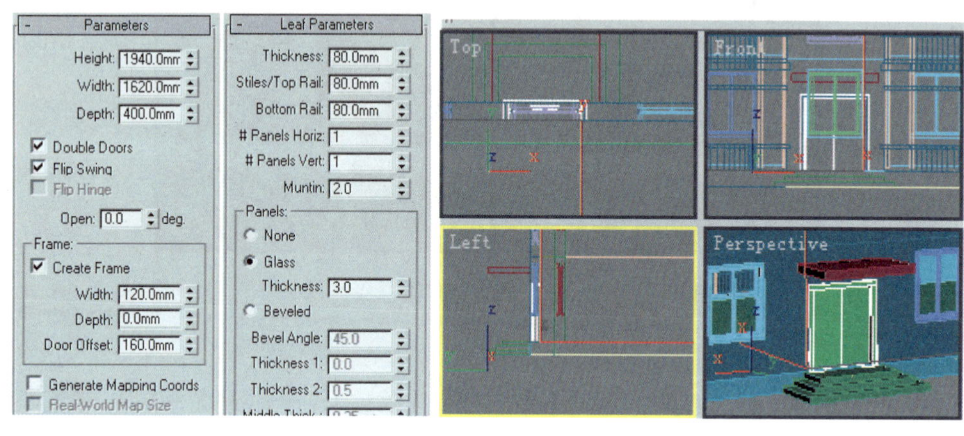

a）　　　　　　　　　　　　b）

图 8-63　修改门的参数

a）门参数卷展栏　b）修改参数后门的状态

8.1.5　制作楼板、空调架、装饰线与五层屋面

1）激活 Front（前）视图，选择除“基础地面”和“阳台轮廓线”之外的所有对象，单击（显示）按钮进入显示命令面板，单击【Hide】（隐藏）卷展栏下的 Hide Selected（隐藏选择）命令按钮，将它们隐藏起来。

2）在标准工具栏的（三维捕捉）命令按钮上按住鼠标左键，从弹出的下拉列表中选择（2.5 维捕捉）命令按钮，然后在按钮上单击鼠标右键，在弹出的【Grid and Snap Settings】（网格与捕捉设置）对话框中设置☑ Endpoint（端点）捕捉方式。

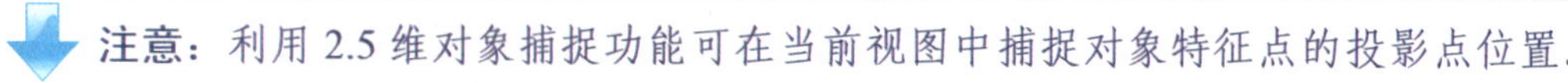

注意：利用 2.5 维对象捕捉功能可在当前视图中捕捉对象特征点的投影点位置。

3）激活 Top（顶）视图，单击（创建）按钮，再单击（二维图形）按钮进入创建二维图形命令面板。

4）单击 Line（线）按钮，再单击图 8-64 中 “地基基础”边缘上的点 1，再依次单击点 2、点 3、点 4、点 5、点 6、点 7、点 8，最后再次单击点 1，这时弹出一个【Spline】（样条线）对话框，在该对话框中单击 Yes(Y) 按钮，使线闭合，然后修改名称为“轮廓线”。

5）单击标准工具栏中的 （2.5 维捕捉）命令按钮，退出对象捕捉状态。选择“基础地面”，用与第 1 步相同的方法将“基础地面”隐藏起来。

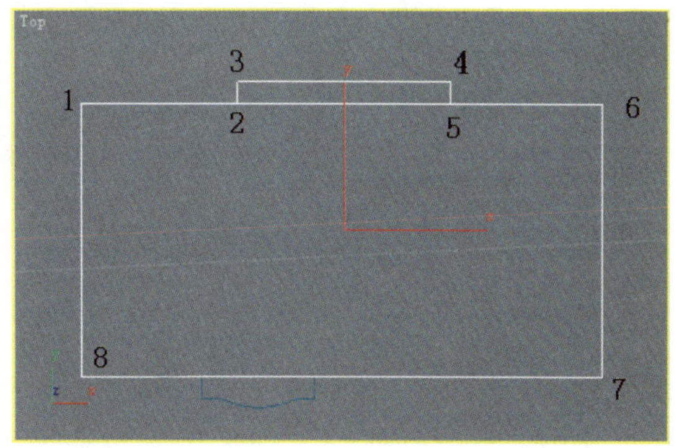

图 8-64 绘制基础地面轮廓线的捕捉点

6）在 Top（顶）视图中选择“阳台轮廓线”，单击命令面板中的 （修改）按钮，进入修改命令面板。在修改器命令栏中单击【Edit Spline】（编辑样条线）左侧的“+”号，展开其子对象，选择其下的“Vertex”（顶点）选项。

7）选择“阳台轮廓线”最上方的两个角点，利用标准工具栏中的 （移动）命令将这两个点沿 Y 轴方向移动适当距离，如图 8-65a 所示。再单击【Edit Spline】（编辑样条线）下的“Vertex”（顶点）选项，退出编辑状态。

8）在 Top（顶）视图中选择“阳台轮廓线”，利用下拉菜单中的【Edit】（编辑）|【Clone】（克隆）命令，以“Copy”方式克隆一条阳台轮廓线并修改名称为“阳台轮廓线 01”。再将“阳台轮廓线 01”沿 X 轴方向移动 7500mm，如图 8-65b 所示。

9）选择“轮廓线”，进入修改命令面板，利用【Edit Spline】（编辑样条线）命令，利用附加命令将两条阳台轮廓线附加到其中，再退出编辑状态。

10）选择附加了阳台轮廓线的“轮廓线”，以“Copy”方式克隆一个并命名为“楼板装饰线”，在确认“楼板装饰线”处于选择状态的情况下，进入【Edit Spline】（编辑样条线）的“Spline”（样条线）层级，保证 （并集）处于激活状态，使三个图形进行 Boolean（布尔运算），结果如图 8-66a 所示。

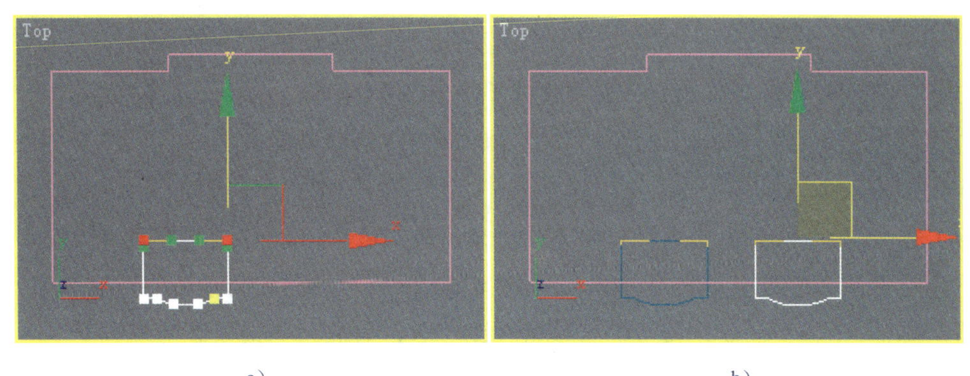

a） b）

图 8-65 修改“阳台轮廓线”

a）移动“阳台轮廓线”的两个顶点 b）克隆出“阳台轮廓线 01”并移动就位

11）在“Spline”（样条线）层级选择“楼板装饰线”的轮廓线，在 Outline（扩展）后输入 90mm，单击Outline按钮，将“楼板装饰线”扩展为双线，如图 8-66b 所示。再选择内侧的样条线，按 Del 键删除。

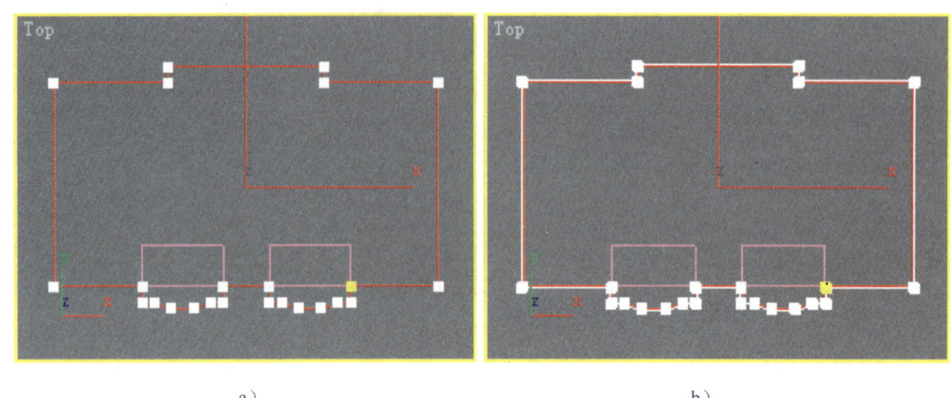

a）　　b）

图 8-66　修改“楼板装饰线”

a）并集布尔运算　b）扩展“楼板装饰线”为双线

12）单击【Edit Spline】（编辑样条线）下的“Vertex”（顶点）选项，将阳台左右位置的点分别沿 X 轴方向移动±500mm，结果如图 8-67 所示。

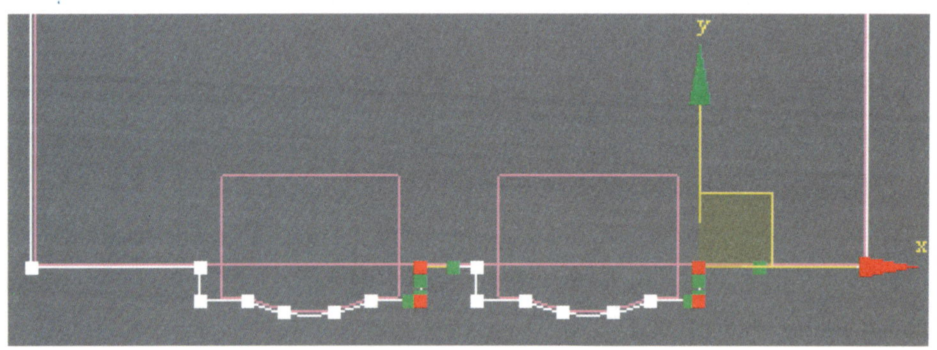

图 8-67　移动“楼板装饰线”靠近阳台两侧位置的四个点

13）在修改命令面板的命令列表中选择【Extrude】（拉伸）命令，在【Parameters】（参数）卷展栏中输入“Amount”（数量）为 200mm。再修改其颜色为白色，结果如图 8-68 所示。

14）在 Front（前）视图中将拉伸完的“楼板装饰线”沿 Y 轴方向移动 450mm，再沿 Y 轴方向以距离 3000mm 阵列 6 个，结果如图 8-69a 所示。然后将顶层的楼板装饰线命名为“五层屋面”，将下面 5 个楼板装饰线合并到一起，命名为“楼板装饰线”。

15）选择底层的“楼板装饰线”，再单击鼠标右键激活 Top（顶）视图，进入修改命令面板，在修改命令栏中【Edit Spline】（编辑样条线）下的“Vertex”（顶点）级别将最上边（门位置）的两个点沿 Y 轴方向移动-100mm，如图 8-69b 所示。再回到【Extrude】（拉伸）级。

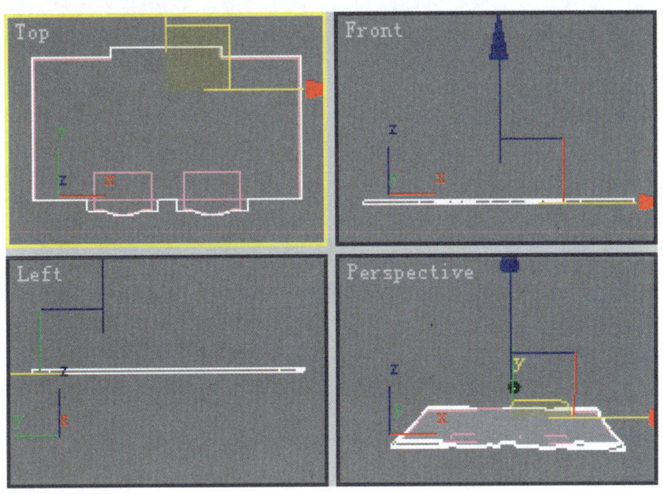

图 8-68　拉伸出“楼板装饰线”

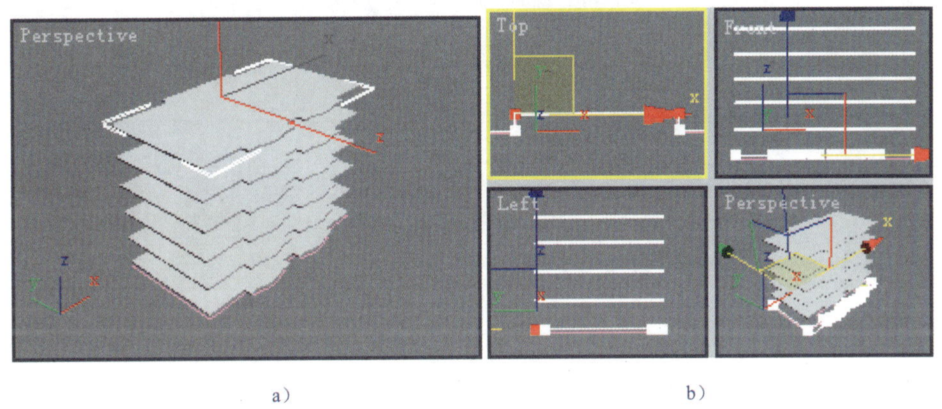

a)　　　　b)

图 8-69　制作楼板、装饰线、空调架和五层屋面

a）移动并阵列“楼板装饰线”　b）修改一层楼板

8.1.6　制作玻璃

1）将前面制作的所有楼板装饰线隐藏起来。选择“轮廓线”，以“Copy”（复制）方式克隆一个并命名为“玻璃”。选择“玻璃”，在修改命令面板中进入【Edit Spline】（编辑样条线）的“Spline”（样条线）级别，将表示阳台轮廓的两条线用 Outline （扩展）命令扩成双线，距离为 50mm，再将表示基础轮廓线的样条线扩充-190mm，如图 8-70 所示。

2）选择原来的三条线（外边线）按 Del 键删除，再利用 Boolean （二维布尔运算）将三个图形做并集运算，制作出玻璃的外轮廓线，然后将外轮廓线 Outline （扩展）5mm，得到玻璃的截面，如图 8-71a 所示。

3）在 Top（顶）视图中将“玻璃”截面拉伸 14400mm，制作出玻璃，再进入 Front（前）视图，将“玻璃”沿 Y 轴方向移动 1000mm，结果图 8-71b 所示。

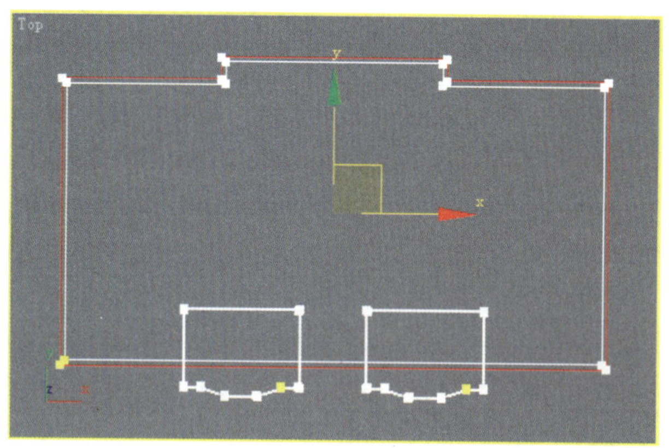

图 8-70　将三条线均扩成双线

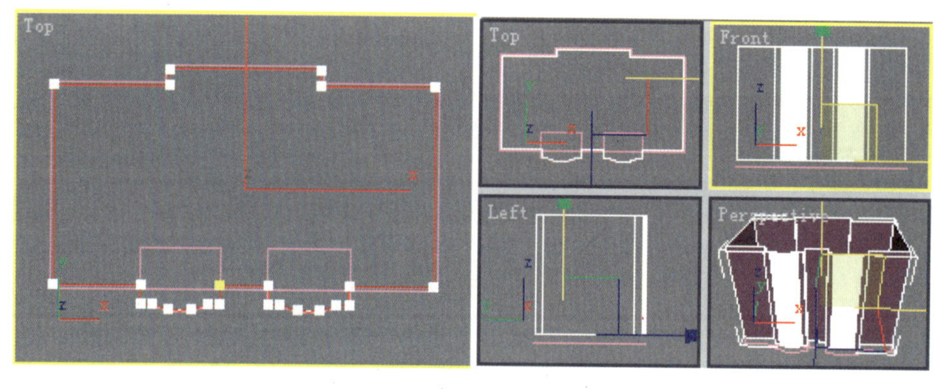

a）　　　　b）

图 8-71　制作玻璃截面、拉伸并调整玻璃位置

a）扩双线制作玻璃截面　b）拉伸出玻璃并移动到适当位置

至此，已完成檐口以下所有模型的制作。单击（显示）按钮进入显示命令面板，单击【Hide】（隐藏）卷展栏下的Unhide All（取消所有隐藏）命令按钮，显示所有已创建的对象，适当调整透视图，透视图的渲染效果如图 8-72 所示。

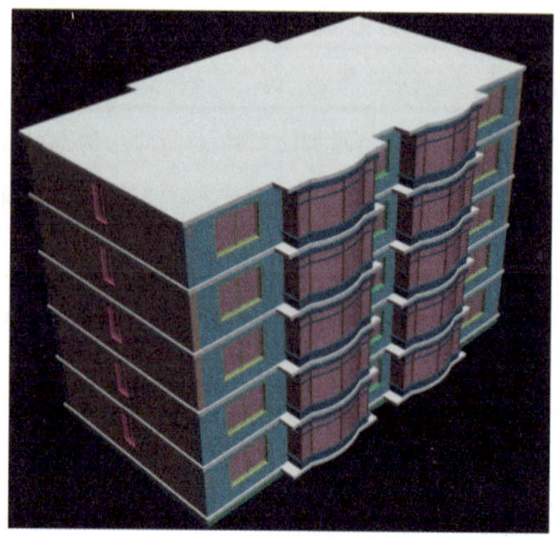

图 8-72　檐口以下模型的渲染图

8.2 制作阁楼

8.2.1 制作阁楼围墙

1）激活 Front（前）视图，选择除“轮廓线”之外的所有模型，单击（显示）按钮进入显示命令面板，单击【Hide】（隐藏）卷展栏下的Hide Selected（隐藏选择）命令按钮，将它们隐藏起来。

2）在 Top（顶）视图中选择“轮廓线”，单击下拉菜单中的【Edit】（编辑）|【Clone】（克隆）命令，在弹出的【Clone Options】（克隆对话框）中设置“Copy”方式，并修改名称为“阁楼围墙”。

3）在修改命令面板的命令栏中选择【Edit Spline】（编辑样条线）命令下的“Spline”（样条线）选项，选择阳台轮廓线，如图 8-73a 所示，按 Del 键删除。再选择“Segment”（段）选项，从顶视图中选择图 8-73a 中所示的 AB 段，按 Del 键删除。

4）重新选择“Spline”（样条线）选项，选择“阁楼围墙”线，在Outline（轮廓）按钮后的文本框中输入-370mm 后回车，将“阁楼围墙”线扩展成闭合双线，如图 8-73b 所示。

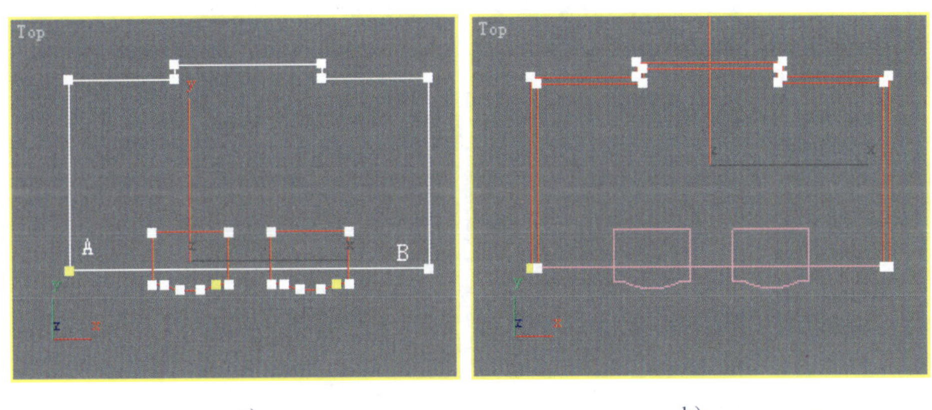

a） b）

图 8-73 制作阁楼围墙的截面线

a）选择阳台轮廓线后删除 b）制作阁楼围墙的截面形状

5）在修改命令下拉列表中选择【Extrude】（拉伸）命令，在“Amount”（数量）后的文本框中输入 3600mm，在“Segments”（段数）后的文本框中输入段数为 5 段，结果如图 8-74 所示。

注意： 为保证后面的三维布尔运算能够成功，应尽量赋予对象更多的段数。

6）在 Front（前）视图中选择“阁楼围墙”，在标准工具栏中的（移动）命令按钮单击鼠标右键，在弹出的【Move Transform Type-In】（移动变换）对话框右侧的文本框中输入 Y 轴方向的偏移量为 15200mm。将“阁楼围墙”移动到设计位置。

7）在 Left（左）视图中，利用创建标准几何体命令面板中的Box（长方体）命令，制作一个大长方体，设置“Length”（长度）5000mm，“Width”（宽度）为 12000mm，“Height”（高度）为 25000mm，“Length Segs”（长方向段数）为 10，“Width Segs”（宽方向段数）为 20，“Height Segs”（高方向段数）为 40。

8）利用标准工具栏中的（移动）命令，在顶视图中将大长方体移动到如图 8-75 所示的位置。

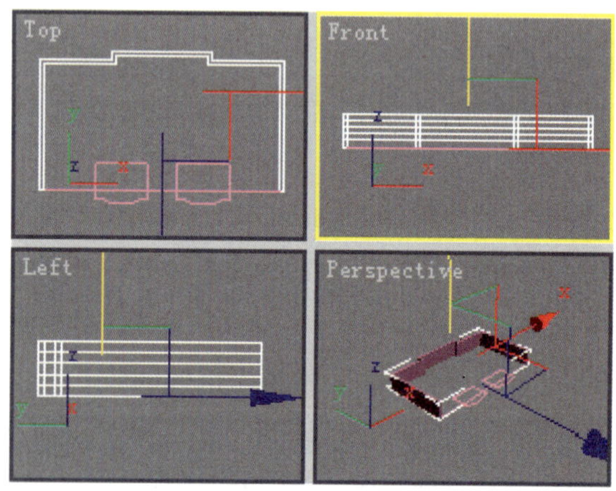

图 8-74　拉伸出阁楼围墙

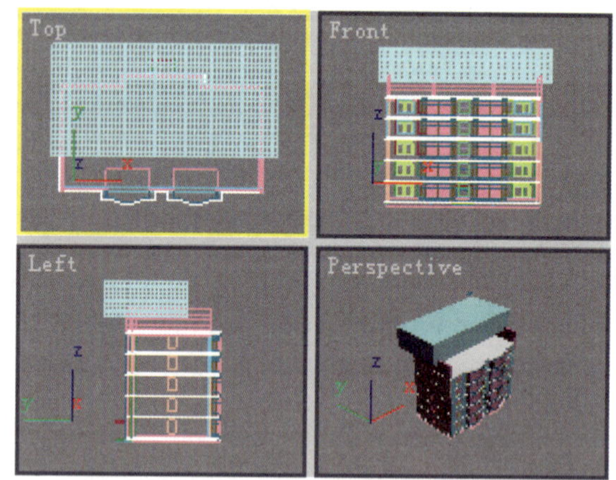

图 8-75　制作大长方体并移动到适当位置

9）在 Left（左）视图中选择前面创建的大长方体，单击下拉菜单中的【Edit】（编辑）|【Clone】（克隆）命令，在弹出的【Clone Options】（克隆对话框）中设置“Copy”方式，单击OK按钮，复制出另一个大长方体。

10）在 Left（左）视图中选择一个大长方体，在标准工具栏中的（旋转）命令按钮单击鼠标右键，在弹出的变换对话框中右侧的“X”后输入旋转角度 24°，同理将另一个大长方体旋转-24°。再利用标准工具栏中的（移动）命令移动两个大长方体到如图 8-76 所示的位置。

11）在标准工具栏中的 （2.5 维捕捉）命令按钮上单击打开 2.5 维捕捉方式，并单击鼠标右键设置 Endpoint （端点）捕捉方式。

12）单击 （创建）按钮，再单击 （二维图形）按钮进入创建二维图形命令面板。单击 Line （线）按钮，在左视图中依次单击图 8-76 中点 1、点 3、点 4，并将所绘折线命名为"中间屋面"。同理用 Line （直线）命令连接图 8-76 中的点 2、点 3、点 4，将该折线命名为"主屋面"。最后单击 （2.5 维捕捉）命令按钮，退出对象捕捉状态。

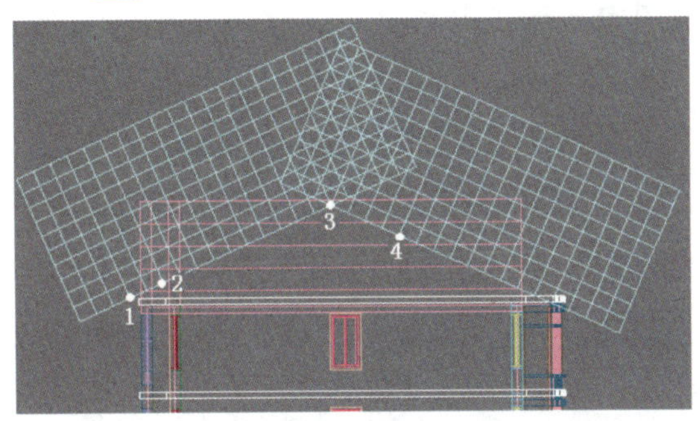

图 8-76　绘制两个大长方体并旋转后移动到适当位置

13）单击 （创建）按钮，再单击 （几何体）按钮，然后从几何体类型下拉列表中选择【Compound Objects】（复合对象），进入创建复合对象命令面板，如图 8-77a 所示。

14）激活 Left（左）视图，选择前面创建的"阁楼围墙"，单击创建复合对象命令面板中的 Boolean （布尔运算）命令按钮，从下面【Parameters】（参数）卷展栏的【Operation】（操作）选项框中选择 Subtraction (A-B) [减(A-B)]选项。再单击 Pick Operand B （选择操作数 B）按钮，从视图中选择其中一个大长方体，完成一次布尔运算，在视图中空白的地方单击鼠标右键退出创建布尔体操作。

15）用与第 14 步相同的方法，使"阁楼围墙"再与另一个大长方体做布尔运算，完成阁楼围墙的制作，结果如图 8-77b 所示。

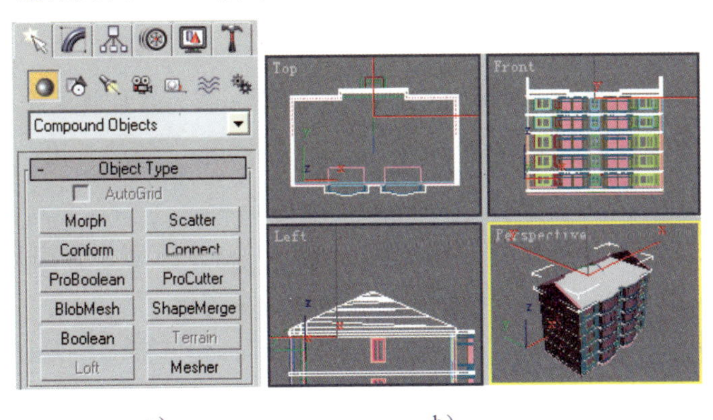

a）　　　　b）

图 8-77　用制作布尔体的方法制作阁楼围墙

a）创建复合对象命令面板　b）制作完阁楼围墙后的视图

8.2.2 制作阁楼坡屋面

1）在 Left（左）视图中选择前面创建的折线“中间屋面”，在修改命令面板的下拉命令列表中选择【Edit Spline】（编辑样条线）命令，单击（样条线）图标进入样条线级别，在Outline（轮廓）按钮后的文本框中输入 120mm，制作出中间屋面的截面形状，如图 8-78a 所示。

2）在 Left（左）视图中选择“中间屋面”，在修改命令面板的下拉命令列表中选择【Extrude】（拉伸）命令，在“Amount”（数量）后的文本框中输入 9500mm，在“Segments”（段数）后的文本框中输入段数为 1 段。

3）在 Front（前）视图中，利用标准工具栏中的（对齐）命令，沿 X 轴方向，将“中间屋面”的中心与“阁楼围墙”的中心对齐，结果如图 8-78b 所示。

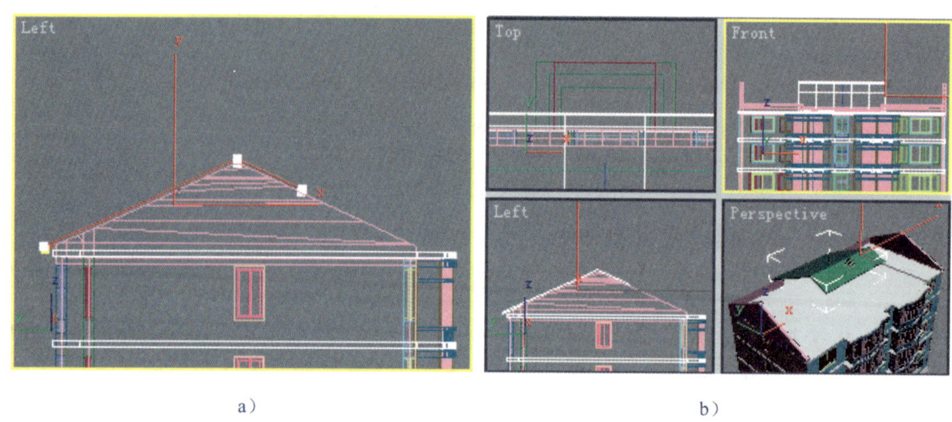

a）　　b）

图 8-78　制作中间位置的屋面

a）制作中间位置屋面的轮廓线　b）拉伸出中间位置的屋面并移动就位

4）用与 1～3 步相同的方法，将折线“主屋面”扩展 120mm 成闭合双线，再拉伸 22900mm，并沿 X 轴方向，将“主屋面”的中心与“阁楼围墙”的中心对齐，结果如图 8-79 所示。

5）在 Front（前）视图中单击标准工具栏中的（2.5 维捕捉）命令按钮，打开 2.5 维对象捕捉状态，打开利用Line（线）命令，捕捉图 8-80a 中的点 1 和点 2 绘制出线段 12，然后单击（2.5 维捕捉）命令按钮，退出对象捕捉状态。

6）选择线段 12 单击标准工具栏中的（镜像）命令按钮，弹出如图 8-80b 所示的【Mirror】（镜像）对话框，设置镜像方向为 X，Copy方式，再单击OK按钮，镜像出另一条对称的直线，如图 8-80c 所示。

7）在 Front（前）视图中，利用标准工具栏中的（对齐）命令，沿 X 轴方向，将镜像直线的最小边与原直线的最大边对齐，见图 8-81a。

8）选择前面绘制的一条直线，在修改命令面板的修改命令下拉中选择【Edit Spline】

（编辑样条线）命令，单击图标进入样条线级别，利用【Geometry】（几何图形）卷展栏中的Attach（附加）命令将两条线段附加到一起并命名为“虎窗屋面”。

9）单击图标进入点级别，选择两条线段的交点，再单击Weld（焊接）命令按钮将两条直线的顶点焊接到一起，如图 8-81a 所示。

10）再单击图标进入样条线级别，在Outline（轮廓）按钮后的文本框中输入 120mm，制作出老虎窗屋面的截面形状，如图 8-81b 所示。

11）在修改命令面板的下拉命令列表中选择【Extrude】（拉伸）命令，在“Amount”（数量）后的文本框中输入 6190mm，拉伸出老虎窗上的坡屋面。

12）在 Top（顶）视图中，利用标准工具栏中的（移动）命令移动“虎窗屋面”的 Y 方向最大边到与“主屋面”的屋顶位置对齐。然后在 Front（前）视图中，利用标准工具栏中的（对齐）命令，沿 X 轴方向将“虎窗屋面”的中心与“主屋面”的中心对齐。结果如图 8-82 所示。

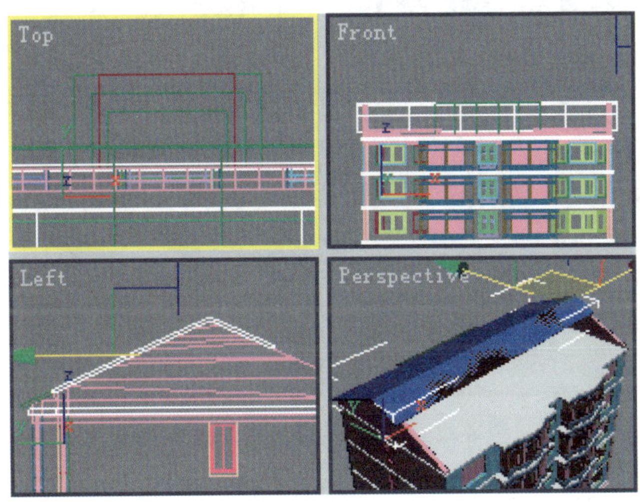

图 8-79　制作主屋面

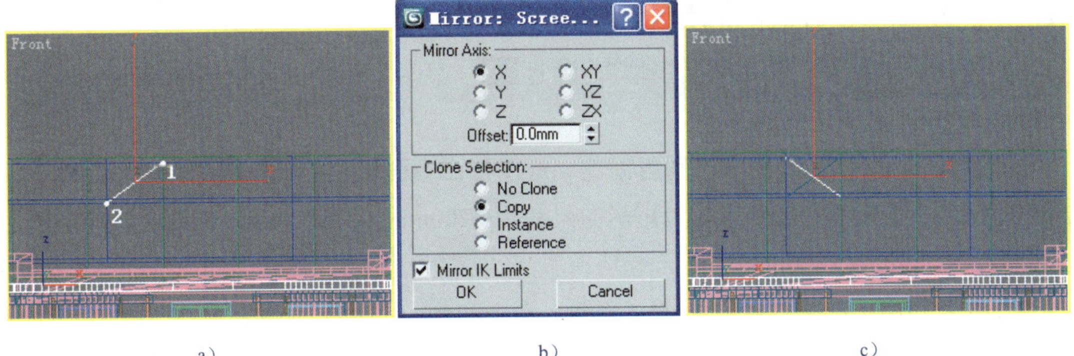

a）　　b）　　c）

图 8-80　绘制符合坡屋面角度的两条直线

a）绘制直线　b）【Mirror】（镜像）对话框　c）镜像直线的结果

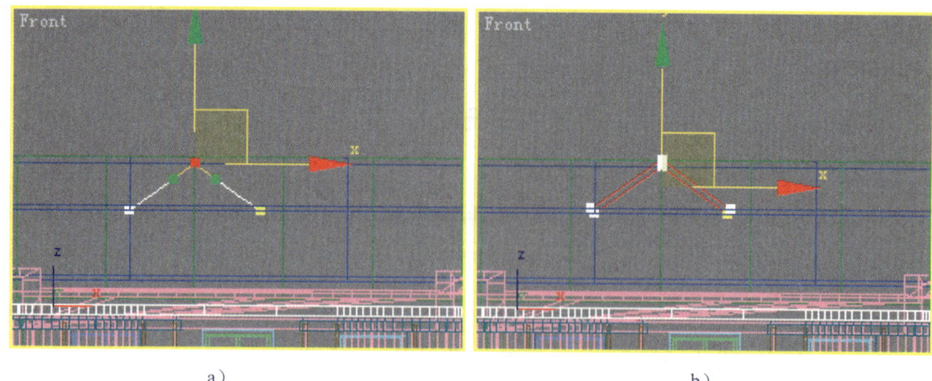

a） b）

图 8-81 制作老虎窗坡屋面的截面形状

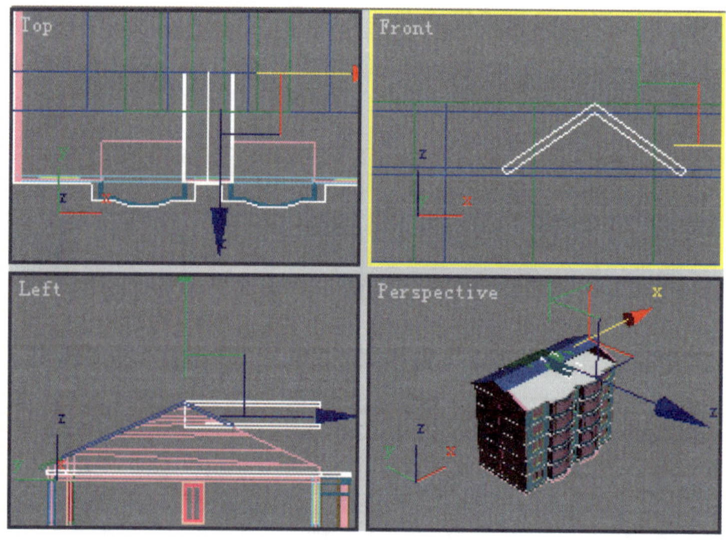

图 8-82 移动和对齐“虎窗屋面”

13）选择“中间屋面”“主屋面”和“虎窗屋面”，修改颜色为深红色，再利用下拉菜单中的【Group】（组）|【Group】（组）命令，将选择的对象合并成组，并命名为“坡屋面”。

8.2.3 制作阁楼正立面的墙和窗

1）选择“坡屋面”和“阁楼围墙”，通过（显示）命令面板中的 Hide Selected （隐藏选择）命令将它们隐藏起来。

2）在 Front（前）视图中，利用创建二维图形命令面板中的 Rectangle （矩形）命令，绘制如图 8-83 所示的几个矩形，大矩形的尺寸为 2200mm×22000mm，表示窗口的小矩形尺寸均为 1000mm×1800mm。

3）综合利用标准工具栏中的（移动）命令和（对齐）命令，将 5 个矩形的位置调整到如图 8-83 所示的状态。其中左右对称，小矩形和大矩形 Y 轴方向最小边的距离均为 900mm，边缘的小矩形和大矩形近边的距离为 1500mm，左边两个矩形之间（或右面两个矩形）之间的距离为 3000mm。

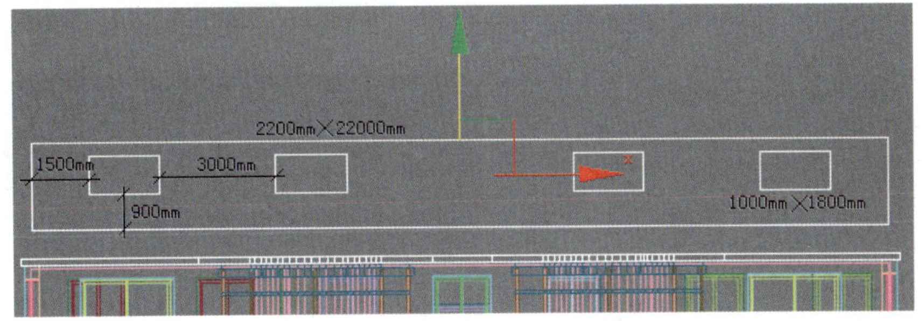

图 8-83 创建阁楼前墙的截面

4）选择大矩形，利用修改命令面板中修改命令列表下的【Edit Spline】（编辑样条线）命令，在“Spline”（样条线）级别，利用Attach（附加）命令附加 4 个小矩形，并将整体命名为“阁楼前墙”。

5）在 Front（前）视图中选择截面“阁楼前墙”，在修改命令面板的下拉命令列表中选择【Extrude】（拉伸）命令，在“Amount”（数量）后的文本框中输入 240mm，拉伸出阁楼前墙。

6）在 Front（前）视图中利用标准工具栏中的（对齐）命令，沿 Y 轴方向使“阁楼前墙”的最小边与“五层屋面”的最大边对齐。同理沿 X 轴方向使“阁楼前墙”的中心与“五层屋面”的中心对齐。

7）单击（显示）命令面板中的Unhide All（取消所有隐藏）命令。在 Top（左）视图中利用标准工具栏中的（移动）命令将“阁楼前墙”沿 X 轴方向移动到如图 8-84 所示的位置。

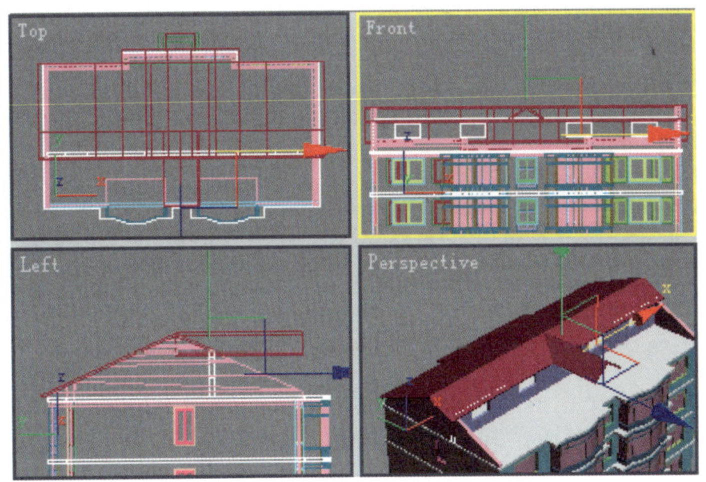

图 8-84 制作完阁楼前墙后的效果

8）打开三维捕捉，调整透视图，用与前面制作五层以下窗相同的方法制作阁楼前墙上的窗（详见 8.1.4），窗参数设置也与 8.1.4 相似，完成后关闭三维捕捉，再注意删除玻璃。

最后将 4 个窗合并成组，命名为“阁楼窗”。制作的第一个窗如图 8-85a 所示，图 8-85b 是制作完阁楼前墙上的窗后，阁楼部分的渲染效果。

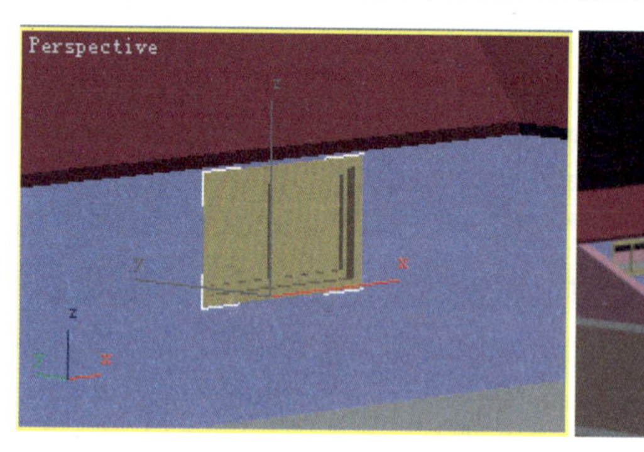

a)

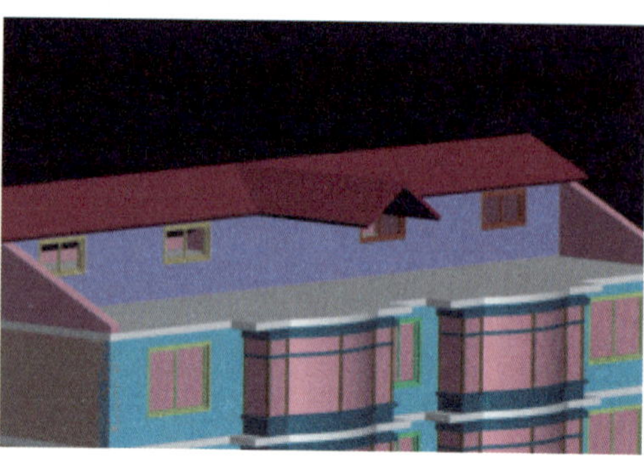

b)

图 8-85　制作阁楼前墙上的窗

a）制作左侧第二个窗口上的窗　b）创建阁楼前墙窗后的效果

9）选择“阁楼围墙”和“坡屋面”，通过 （显示）命令面板中的 Hide Selected （隐藏选择）命令将它们隐藏起来。

10）利用创建标准几何体命令面板中的 Box （长方体）命令，在 Front（前）视图中适当的位置，创建一个适当大小的长方体，如图 8-86a 所示，修改其高度为 3mm，命名为“阁楼玻璃”。

11）在 Left（左）视图中选择“阁楼玻璃”，利用标准工具栏中的 （移动）命令将“阁楼玻璃”沿 X 轴方向移动到如图 8-86b 所示的位置。

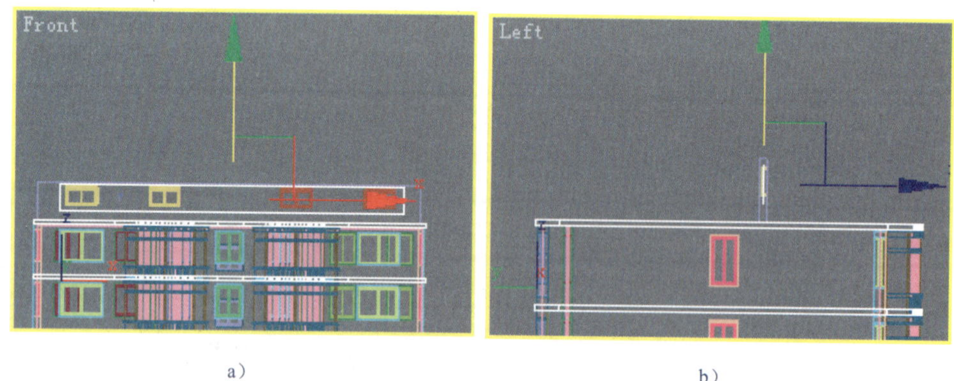

a)　　b)

图 8-86　制作阁楼玻璃并移动就位

a）制作阁楼玻璃　b）移动阁楼玻璃

12）在 Left（左）视图中，利用创建标准几何体命令面板中的 Box （长方体）命令，制作一个长度为 2200mm、宽度为 4200mm、高度为 240mm 的长方体。再切换到 Front（前）视图中通过 （对齐）命令和 （移动）命令将该长方体调整到如图 8-87 中所示的左侧老虎窗墙的位置。

13）利用下拉菜单中的【Edit】（编辑）|【Clone】（克隆）命令，将第 12 步中创建的老虎窗左侧墙体克隆一个，并利用 （移动）命令调整到如图 8-87 中所示的右侧老虎窗墙的位置。

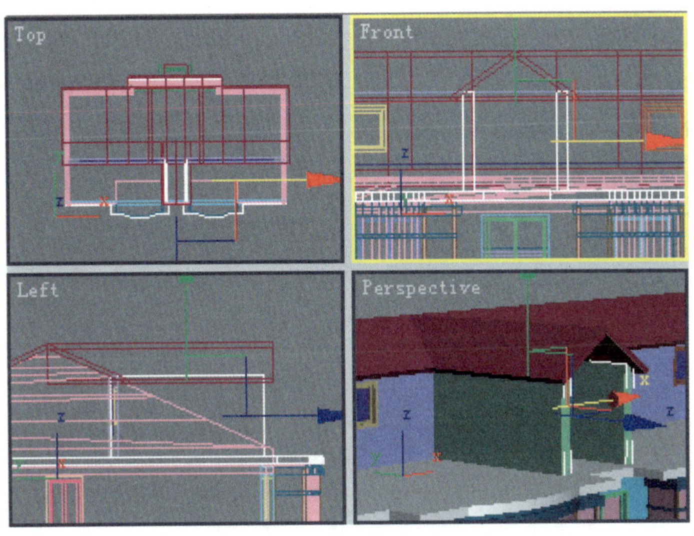

图 8-87 制作老虎窗侧墙

14）单击标准工具栏的 （2.5 维捕捉）命令按钮打开 2.5 维对象捕捉方式，再在 按钮处单击鼠标右键，从弹出的对话框中设置 Endpoint （端点）捕捉方式。

15）激活 Front（前）视图，利用二维图形命令面板中的 Line （线）命令，再依次单击图 8-88a 中的点 1、点 2、点 3、点 4、点 5，最后再单击点 1，从弹出的【Spline】（样条线）对话框中单击 Yes(Y) 按钮，使线闭合。然后修改名称为“老虎前墙”。

16）进入修改命令面板，从修改命令的下拉列表中选择【Edit Spline】（编辑样条线）命令，再单击 进入点级别修改。将所绘闭合图形的各角点移动到图 8-88b 所示的位置，制作出老虎窗前墙的外轮廓线。

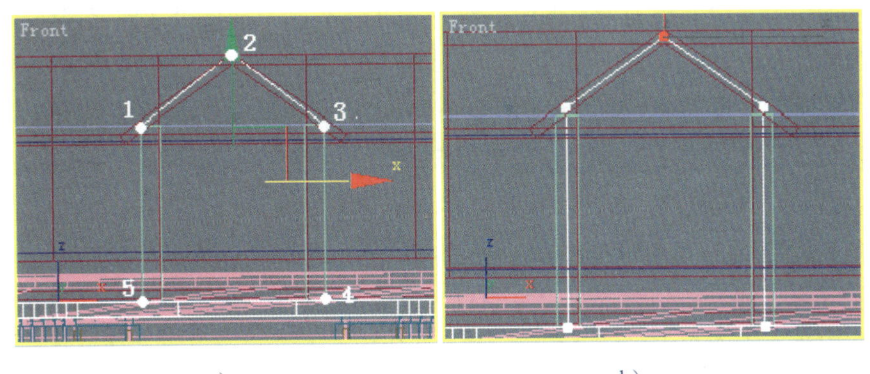

a） b）

图 8-88 绘制老虎窗前墙的截面轮廓
a）捕捉点位置 b）移动顶点的位置

17）在 Front（前）视图中选择“坡屋面”和“阁楼围墙”，利用（显示）命令面板中的Hide Selected（隐藏选择）命令将它们隐藏起来。

18）利用绘制二维图形命令面板中的Rectangle（矩形）命令绘制一个尺寸为 1000mm×1000mm 矩形，利用Circle（圆）命令绘制一个半径为 500mm 的圆。再利用标准工具栏中的（对齐）命令沿 X 轴方向将圆的中心与矩形的中心对齐，再沿 Y 轴方向使圆的中心与矩形的最大边对齐，如图 8-89a 所示。

19）选择前面绘制的矩形，利用修改命令面板中的【Edit Spline】（编辑样条线）命令，在“Spline”（样条线）级别通过Attach（附加）命令将前面绘制的圆附加进来。在“Spline”（样条线）级别将矩形和圆进行（并集）Boolean（布尔运算），制作出老虎窗前墙窗口的截面，如图 8-89b 中的红线所示。最后修改其名称为“老虎窗截面”，单击退出样条线修改级别。

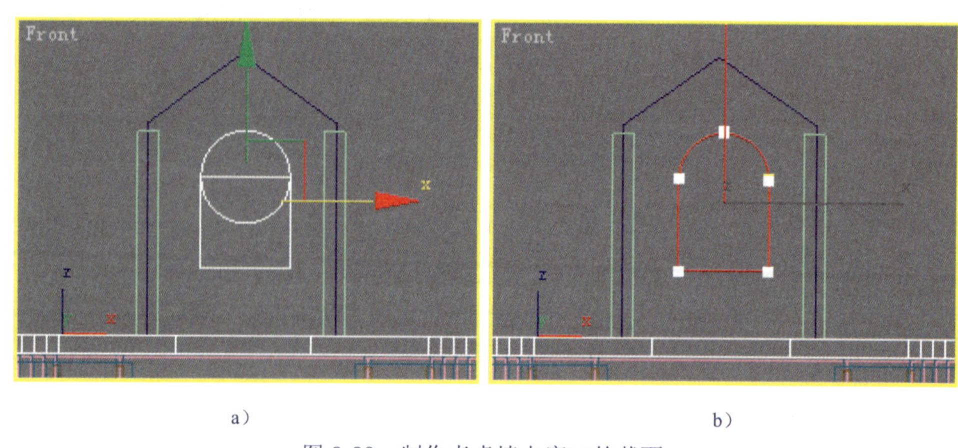

a）　　b）

图 8-89　制作老虎墙上窗口的截面

a）绘制矩形和圆　b）进行二维布尔运算

20）在 Front（前）视图中利用标准工具栏中的（对齐）命令，沿 X 轴方向使“老虎窗截面”的中心与“老虎前墙”的中心对齐，再沿 Y 轴方向使“老虎窗截面”的最小边与“老虎前墙”的最小边对齐。

21）利用标准工具栏中的（移动）命令，将“老虎窗截面”沿 Y 轴方向移动 900mm。

22）利用下拉菜单中【Edit】（编辑）|【Clone】（克隆）命令，以“Copy”方式克隆一个“老虎窗截面”并命名为“老虎窗洞口”。

23）在 Front（前）视图中选择“老虎前墙”，利用【Edit Spline】（编辑样条线）命令，在“Spline”（样条线）级别将“老虎窗洞口”附加到当前图形中，见图 8-90a。

24）利用修改命令列表中的【Extrude】（拉伸）命令，将“老虎前墙”拉伸 240mm。

25）在 Left（左）视图中，利用标准工具栏中的（对齐）命令，沿 X 轴方向将拉伸出的“老虎前墙”的最大边与虎窗侧墙的最大边对齐，如图 8-90b 所示。

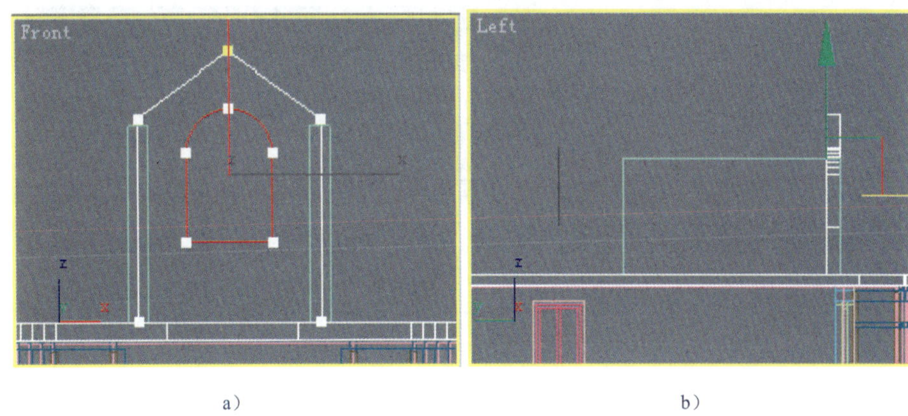

a）　　　　b）

图 8-90　制作老虎窗前墙并编辑

a）将窗洞口截面附加到墙轮廓截面中　b）将拉伸出的老虎窗前墙就位

26）利用（显示）命令面板中的Hide Selected（隐藏选择）命令将老虎窗前墙隐藏起来。然后在 Front（前）视图中选择“老虎窗截面”，利用下拉菜单中的【Edit】（编辑）|【Clone】（克隆）命令，以“Copy”（拷贝）方式克隆一个，并命名为“老虎窗边框”。

27）在修改命令面板的命令栏中，进入【Edit Spline】（编辑样条线）命令下的“Spline”（样条线）级别，勾选Outline（轮廓）按钮后的☑ Center（中心）选项，再在Outline按钮后的文本框中输入 60mm 并回车，将“老虎窗边框”制作成双线，如图 8-91a 所示。

28）利用修改命令面板中修改命令列表下的【Extrude】（拉伸）命令，设置拉伸数值为 260mm，拉伸出老虎窗的边框。

29）在 Front（前）视图中利用制作标准几何体命令面板下的Box（长方体）命令，绘制两个长方体，尺寸分别为 60mm×1000mm×60mm、1500mm×60mm×60mm。然后利用标准工具栏中的（对齐）命令和（移动）命令将两个长方体移动到图 8-91b 所示的位置。再选择“老虎窗边框”和两个长方体，利用下拉菜单中的【Group】（组）命令将它们合并成组，并命名为“老虎窗框”。

30）取消对“老虎前墙”的隐藏，在左视图中选择“老虎窗框”，利用标准工具栏中的（对齐）命令，在 X 轴方向使“老虎窗框”的最小边与“老虎前墙”的最小边对齐，如图 8-92 所示，完成老虎窗框的制作。

31）在 Front（前）视图中选择“老虎窗截面”，利用下拉菜单中的【Edit】（编辑）|【Clone】（克隆）命令，以“Copy”（拷贝）方式克隆一个，并命名为“老虎窗玻璃”。

32）利用修改命令面板中修改命令列表下的【Extrude】（拉伸）命令，设置拉伸数值为 5mm，拉伸出老虎窗的玻璃。再从 Left（左）视图中利用标准工具栏中的（对齐）命令和（移动）命令将玻璃调整到老虎窗的位置。此时，适当调整透视图的视角，渲染效果如图 8-93 所示。

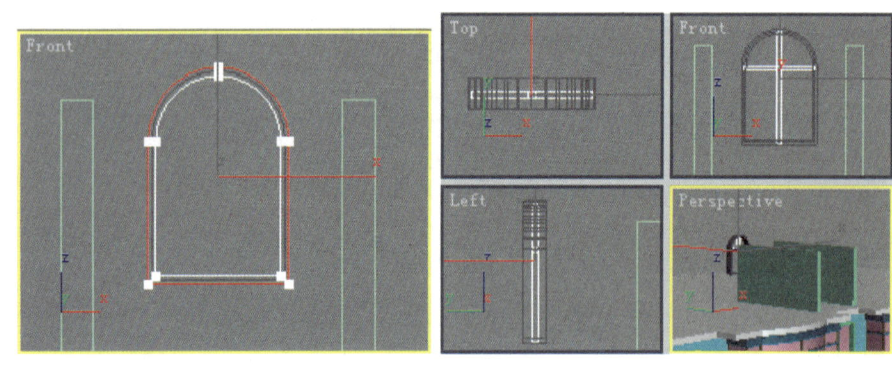

a）　　b）

图 8-91　制作老虎窗的窗框

a）制作老虎窗边框的截面　b）绘制老虎窗的窗棂

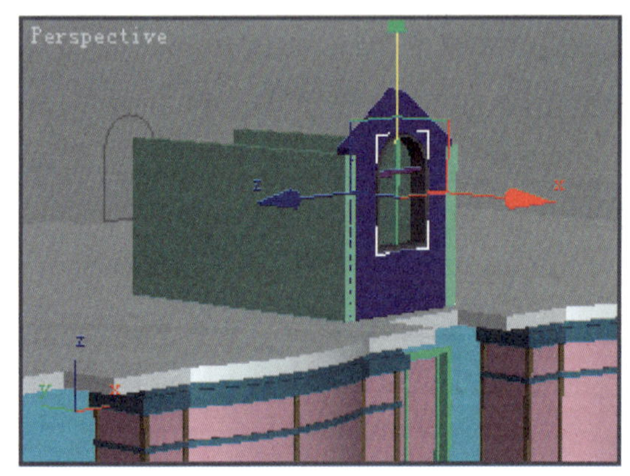

图 8-92　将“老虎窗框”与“老虎前墙”对齐

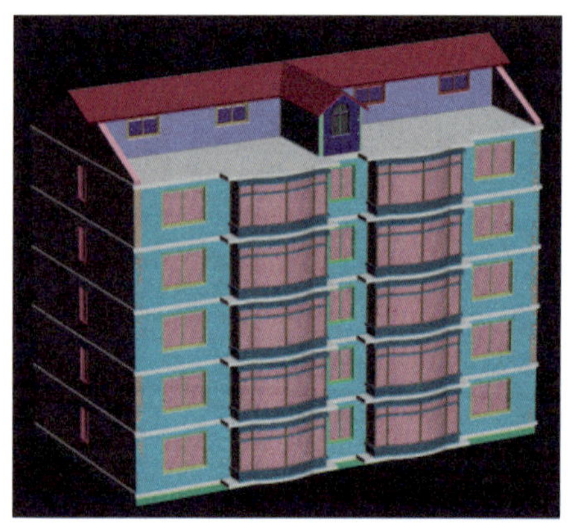

图 8-93　制作完老虎窗玻璃的效果

33）选择“阁楼前墙”、表示老虎窗侧墙的两个长方体、“虎窗前墙”，利用下拉菜单中的【Group】（组）命令将它们合并成组，并命名为“阁楼正面墙”。

8.2.4　制作阁楼扶手和栏杆

1．制作扶手

1）利用 （显示）命令面板中的Hide Selected（隐藏选择）命令隐藏除“轮廓线”外的所有对象。利用下拉菜单中的【Edit】（编辑）|【Clone】（克隆）命令，以“Copy”（拷贝）方式克隆一个“轮廓线”，并命名为“扶手 01”。再利用 （移动）命令结合变换对话框将“扶手 01”沿 Z 轴方向移动 16550mm。

2）进入修改命令面板命令栏中【Edit Spline】（编辑样条线）下的“Vertex”（顶点）级别，在 Top（顶）视图中选择位于门位置的 4 个点，如图 8-94a 所示，按键盘上的 Del 键删除。再选择 Y 轴最大方向的两个顶点，利用标准工具栏中的 （移动）命令结合变换对话框将“扶手 01”沿 Y 轴方向移动-8000mm，结果如图 8-94b 所示。

3）单击[icon]进入线级别，利用[icon]（并集）Boolean（布尔运算）制作出阁楼扶手的边界线，如图 8-94c 所示。再单击[icon]进入段级别，选择图 8-94c 所示的 12 段，按键盘上的 Del 删除该段。

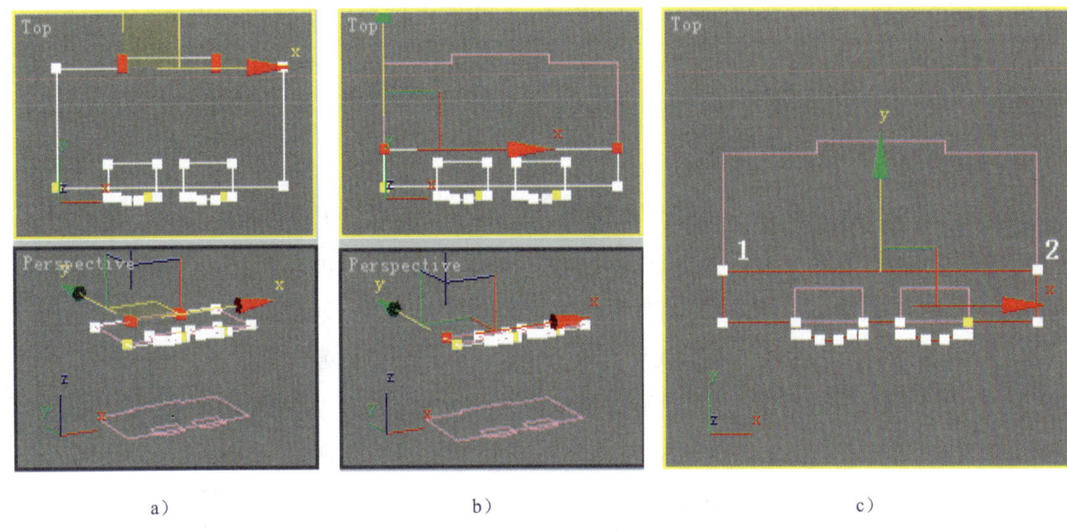

图 8-94　编辑样条线
a）删除点　b）移动点　c）二维布尔运算

4）单击[icon]进入线级别，取消 Center 选择，利用 Outline（轮廓）命令将“扶手 01”的单线扩展-240mm 变为双线，如图 8-95a 所示。

5）利用修改命令面板中修改命令列表下的【Extrude】（拉伸）命令，设置拉伸数值为 200mm，拉伸出扶手。再在标准工具栏中的[icon]（缩放）命令按钮单击鼠标右键，在弹出的【Scale Transform】（缩放变换）对话框中，在右侧的【Offset: Screen】（偏移：屏幕）下的文体框中输入比例为 99.5%，如图 8-95b 所示，缩小前面制作的扶手“扶手 01”。

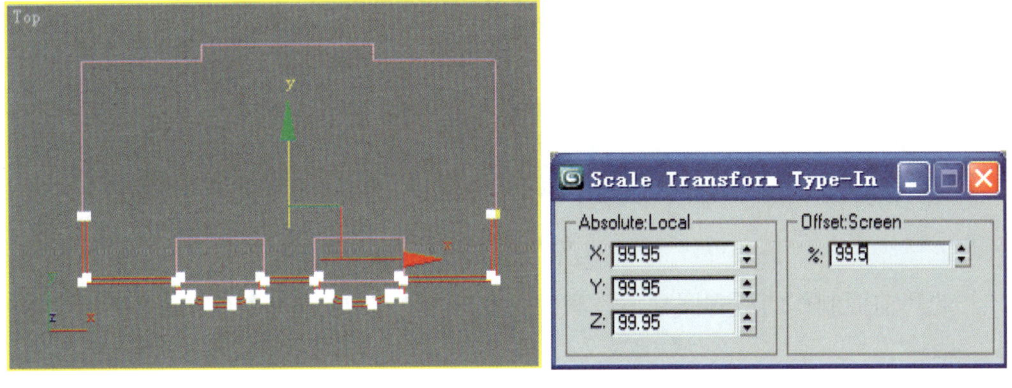

图 8-95　制作阁楼栏杆的扶手
a）将“扶手 01”扩为双线　b）缩放变换对话框

6）在 Front（前）视图中，选择前面制作“扶手 01”，利用下拉菜单中的【Edit】（编辑）|【Clone】（克隆）命令，以“Copy”（拷贝）方式克隆一个，并命名为“扶手 02”。

7）利用标准工具栏中的（移动）命令将“扶手 02”沿 Y 轴方向移动-600mm，再进入修改命令面板，将拉伸数量修改为 100mm，制作出栏杆中间位置的扶手。

8）再选择“扶手 01”和“扶手 02”，利用下拉菜单中的【Group】（组）命令，组合后命名为“扶手”。

2. 制作栏杆

1）激活 Top（顶）视图，单击创建标准几何体命令面板中的Cylinder（圆柱）命令，创建一个“Radius”（半径）为 70mm，“Height”（高度）为 920mm 的圆柱。利用标准工具栏中的（移动）命令结合变换对话框将圆柱沿 Z 轴方向移动 15650mm。

2）保证（移动）命令按钮处于活动状态，在顶视图中选择前面绘制的圆柱，按住键盘上的 Shift 键，拖动圆柱到适当位置，在弹出的对话框中，单击OK按钮复制出另一个圆柱。重复拖动复制，复制出所有的栏杆并移动到合适的位置，结果如图 8-96 所示。

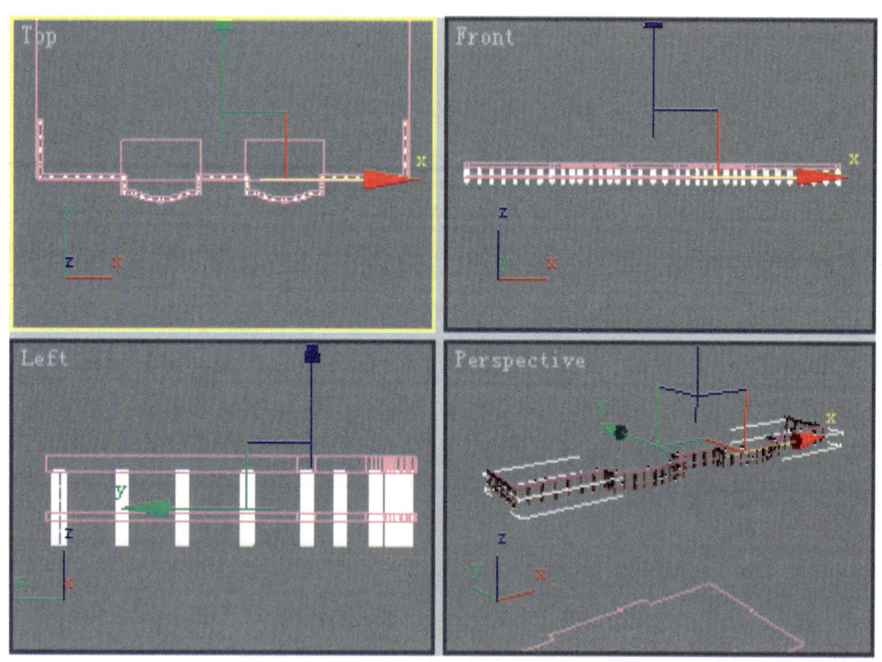

图 8-96 制作栏杆

3）选择前面制作的所有圆柱体，利用下拉菜单中的【Group】（组）命令，组合后命名为“栏杆”。

至此，住宅楼的模型已全部制作完毕。单击（显示）命令面板中的Unhide All（取消所有隐藏）命令，适当调整透视图的视角，并单击标准工具栏中的（快速渲染）命令按钮，不同视角时模型的最终效果如图 8-97 所示。

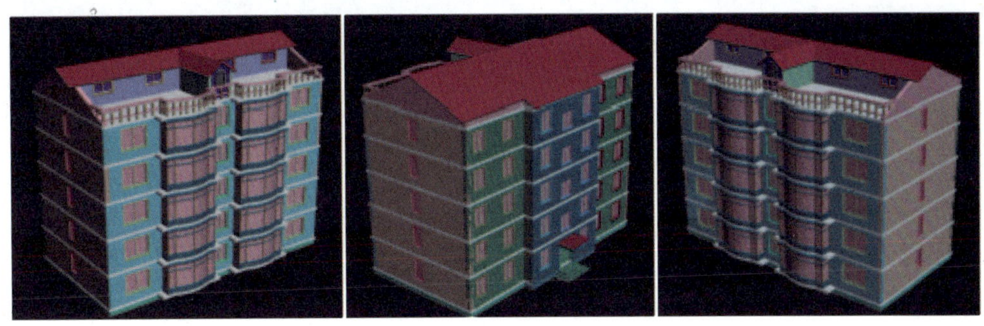

图 8-97 不同视角时住宅楼模型的效果

注意：本章制作的住宅楼效果图，精细制作了住宅楼的全部模型。实际上，也可只创建可见的造型，以加快室外效果图的制作进度并加快渲染速度，对效果图最终结果的影响不大。

8.3 制作住宅楼的材质

本节介绍制作住宅楼的材质并赋予相应模型的方法。住宅楼模型中的对象和需要制作的材质如图 8-98 所示。

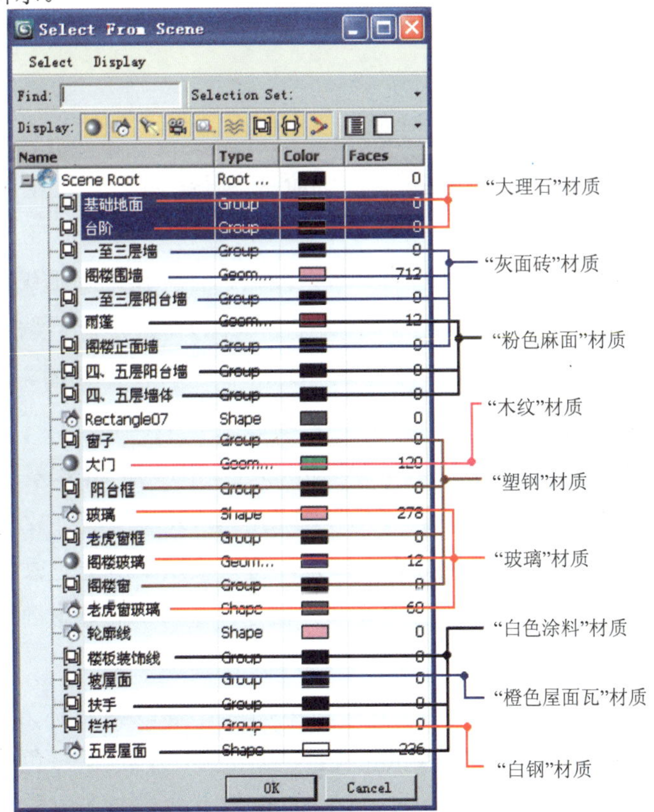

图 8-98 【Select From Scene】（从场景选择）对话框和住宅楼的材质

8.3.1 制作大理石材质和灰色面砖材质

1）单击标准工具栏中的（按名称选择）命令按钮，弹出如图 8-98 所示的【Select From Scene】（从场景选择）对话框，从中选择“基础地面”和“台阶”。再单击 OK 按钮关闭该对话框。

2）单击标准工具栏中的（材质编辑器）按钮，在弹出的材质编辑器对话框中选择一个新的示例球，修改其名称为“大理石”。在【Maps】（贴图）卷展栏中，单击“Diffuse Color”（漫反射色）后的 None 按钮，再选择“Bitmap”（位图）贴图方式，从本书配套光盘中选择“大理石.tif”文件。设置【Coordinates】（匹配）卷展栏中 “U”和“V”方向的“Tiling”（平铺）均为 8.0。再单击（赋予材质）按钮，将材质赋给“基础地面”和“台阶”。

3）用与第 1 步相同的操作，选择场景中的“一至三层墙”、“一至三层阳台墙”、“阁楼围墙”和“阁楼正面墙”

4）在材质编辑器对话框中选择一个新的示例球，修改其名称为“灰瓷砖”。在【Maps】（贴图）卷展栏中，单击“Diffuse Color”（漫反射色）后的 None 按钮，再选择“Bitmap”（位图）贴图方式，从本书配套光盘中选择“灰瓷砖.tif”文件。设置【Coordinates】（匹配）卷展栏中“U”方向的“Tiling”（平铺）为 4.0。再单击（赋予材质）按钮，将材质赋给所选择的对象。

8.3.2 制作粉色麻面和白色涂料材质

1）利用标准工具栏中的（按名称选择）命令，选择“雨篷”、“四、五层墙”和“四、五层阳台墙”。

2）单击标准工具栏中的（材质编辑器）按钮，在弹出的材质编辑器对话框中选择一个新的示例球，修改其名称为“粉色麻面”。在【Maps】（贴图）卷展栏中，单击“Diffuse Color”（漫反射色）后的 None 按钮，再选择“Bitmap”（位图）贴图方式，从本书配套光盘中选择“粉色涂料.jpg”文件。

3）单击（返回到上一级）按钮，单击“Bump”（凸凹）后的 None 按钮，选择“Noise”（噪波）贴图方式，设置【Coordinates】（匹配）卷展栏中“X”、“Y”、“Z”轴方向的“Tiling”（平铺）均为 8.0。再单击（赋予材质）按钮，将材质赋给所选对象。

4）利用标准工具栏中的（按名称选择）命令，选择“楼板装饰线”、“五层屋面”和“扶手”。

5）在材质编辑器对话框中选择一个新的示例球，修改其名称为“白色涂料”。在【Blinn Basic Parameters】中的【Ambient】（阴影色）中选择白色作为涂料的颜色，“Specular Level”（高光色）值设为 97，“Glossiness”（光泽度）值为 50。再单击（赋予材质）按钮，将材质赋给所选对象。

8.3.3 制作木纹、塑钢、玻璃、白钢材质

1）利用标准工具栏中的 （按名称选择）命令，选择“门”。

2）单击标准工具栏中的 （材质编辑器）按钮，在弹出的材质编辑器对话框中选择一个新的示例球，修改其名称为“木纹”。在【Maps】（贴图）卷展栏中，单击“Diffuse Color”（漫反射色）后的 None 按钮，再选择“Bitmap”（位图）贴图方式，从本书配套光盘中选择“木纹.gif”文件。再单击 （赋予材质）按钮，将材质赋给“门”。

3）利用标准工具栏中的 （按名称选择）命令，选择“窗子”、“阳台框”、“阁楼窗”和“老虎窗框”。

4）在材质编辑器对话框中选择一个新的示例球，修改其名称为“塑钢”。将【Blinn Basic Parameters】中的【Ambient】（阴影色）设置为白色，将“Specular Level”（高光色）值设为65，“Glossiness”（光泽度）值高为28。再单击 （赋予材质）按钮，将材质赋给所选对象。

5）利用标准工具栏中的 （按名称选择）命令，选择“玻璃”、“阁楼玻璃”和“老虎窗玻璃”。

6）在材质编辑器对话框中选择一个新的示例球，修改其名称为“玻璃”。设置【Specular Level】（高光级别）值为 32，“Glossiness”（光泽度）值为 7，“Opacity”（透明度）值为75。然后在【Maps】（贴图）卷展栏中，单击“Diffuse Color”（漫反射色）后的 None 按钮，再选择“Bitmap”（位图）贴图方式，从本书配套光盘中选择“天空.jpg”文件。再单击 （赋予材质）按钮，将材质赋给所选对象。

7）利用标准工具栏中的 （按名称选择）命令，选择“栏杆”。

8）在材质编辑器对话框中选择一个新的示例球，修改其名称为“白钢”。在【Blinn Basic Parameters】中材料类型下拉列表中选择“Metal”（金属），将【Ambient】（阴影色）设置为白色，将“Specular Level”（高光色）值设为 99，“Glossiness”（光泽度）值高为 60。再单击 （赋予材质）按钮，将材质赋给“栏杆”。

8.3.4 制作橙色屋面瓦材质

1）利用标准工具栏中的 （按名称选择）命令，选择“坡屋面”。

2）单击标准工具栏中的 （材质编辑器）按钮，在弹出的材质编辑器对话框中选择一个新的示例球，修改其名称为“橙色屋面瓦”。在【Maps】（贴图）卷展栏中，单击“Diffuse Color”（漫反射色）后的 None 按钮，再选择“Bitmap”（位图）贴图方式，从本书配套光盘中选择“橙色屋面瓦.jpg”文件。

3）单击 （返回到上一级）按钮，单击“Bump”（凸凹）后的 None 按钮，选择“Noise”（噪波）贴图方式，设置【Coordinates】（匹配）卷展栏中“X”、“Y”、“Z”轴方向的“Tiling”（平铺）均为 3.0。再单击 （赋予材质）按钮，将材质赋给“坡屋面”。

住宅楼模型被赋予材质后，透视图的渲染效果如图 8-99 所示。

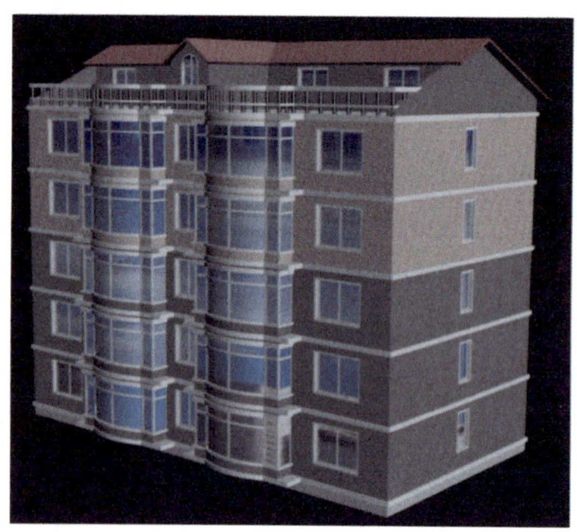

图 8-99　赋予住宅楼模型材质后的渲染效果

8.4　复制楼群并制作其他附属物

8.4.1　复制楼群

1）选择前面制作的所有模型，利用下拉菜单中的【Group】（组）命令，组合后命名为“单楼”。

2）激活 Top（顶）视图，单击标准工具栏中 （移动）命令按钮，按住 Shift 键，锁定 X 轴方向向右移动“单楼”到适当位置，复制出一个“单楼 01”，如图 8-100a 所示。

3）利用下拉菜单中的【Edit】（编辑）|【Clone】（克隆）命令，以“Copy”（拷贝）方式克隆“单楼 01”，并命名为“单楼 02”。再利用移动变换对话框，将“单楼 02”沿 X 轴方向移动 22030mm。利用下拉菜单中的【Group】（组）命令，将三个单楼组合成一个，并命名为“全楼”，结果如图 8-100b 所示。

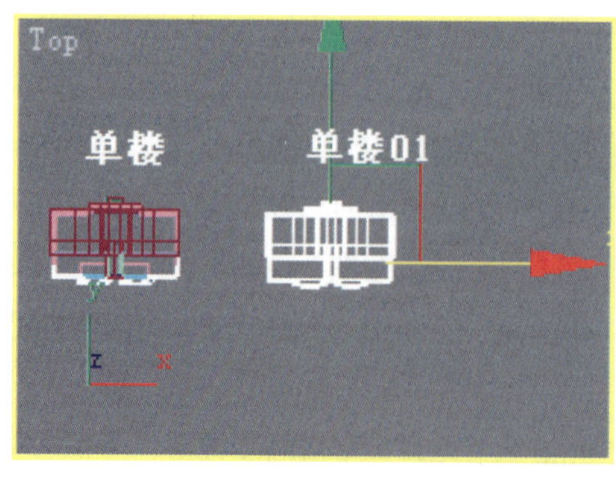

a）

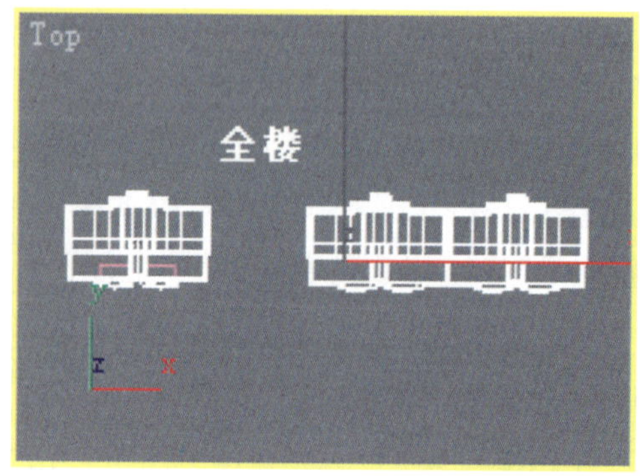

b）

图 8-100　复制“单楼”，并组合成“全楼”

a）由“单楼”复制出“单楼 01”　b）将三个单楼组合成“全楼”

4）在 Top（顶）视图中选择“全楼”，用与第 2 步类似的方法，沿 Y 轴方向移动适当距离复制两个全楼，组成楼群，如图 8-101 所示。

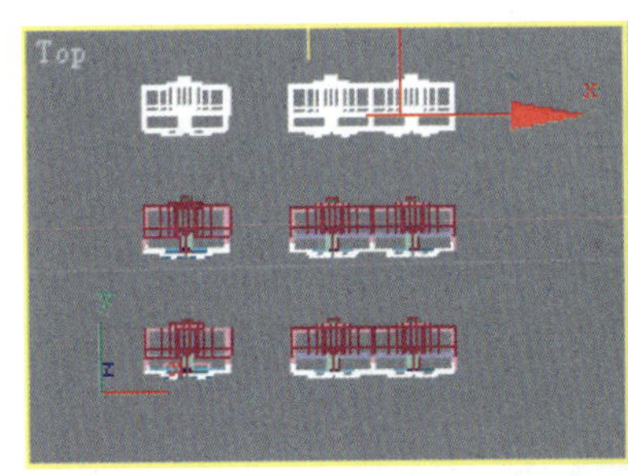
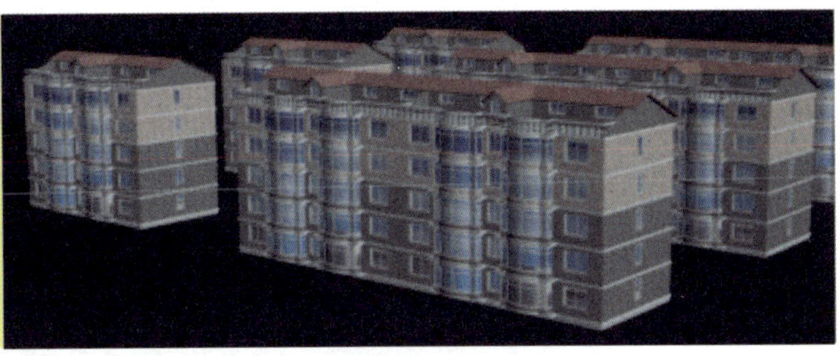

图 8-101　制作出的楼群

8.4.2　制作草坪和道路

1）激活 Top（顶）视图，利用创建二维平面图形命令面板中的 Rectangle（矩形）命令，创建多个矩形，如图 8-102a 所示。

2）利用修改命令面板修改命令列表中的【Edit Spline】（编辑样条线）命令，在“Spline”（样条线）级别，执行 Attach（附加）命令，将第 1 步绘制的所有矩形附加到一起。再利用 Boolean（布尔运算）命令分别进行（并集）和（差集）运算，结果如图 8-102b 所示。

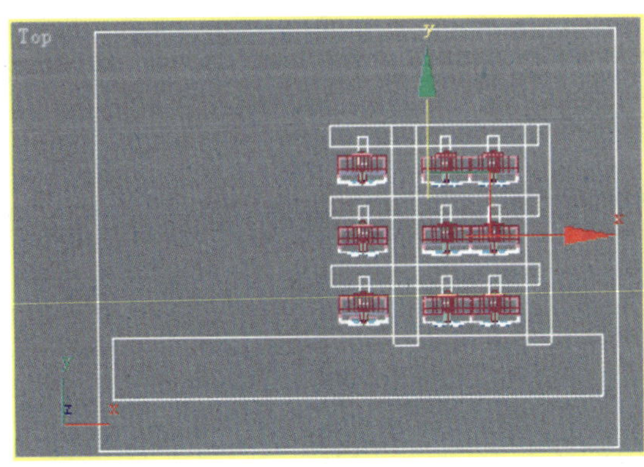

a）

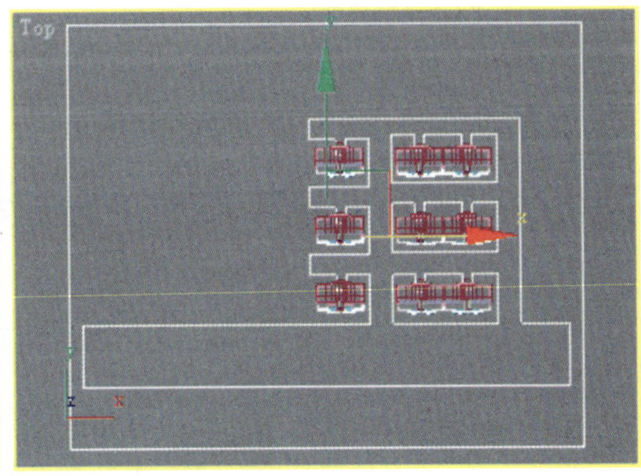

b）

图 8-102　制作草坪的截面

a）绘制多个矩形　b）附加成合一个图形并进行二维布尔运算

3）将前面绘制的图形命名为“草地”，再利用修改命令面板修改命令列表中的【Extrude】（拉伸）命令，将“草地”拉伸 10mm。

4）利用创建标准几何体命令面板下的 Box（长方体）命令创建一个尺寸为长和宽如图 8-103 所示、高度为-10mm 的长方体，并修改名称为“道路”，修改其颜色为浅灰色。

5）单击标准工具栏中的（材质编辑器）按钮，在弹出的材质编辑器对话框中选择一个新的示例球，修改其名称为“草地”。在【Maps】（贴图）卷展栏中，单击“Diffuse Color”（漫反射色）后的 None 按钮，再选择“Bitmap”（位图）贴图方式，从本书配套光盘中选择“草地.jpg”文件，设置【Coordinates】（匹配）卷展栏中“U”和“V”方向的“Tiling”（平铺）均为 15。再单击 （赋予材质）按钮，将材质赋给“草地”。

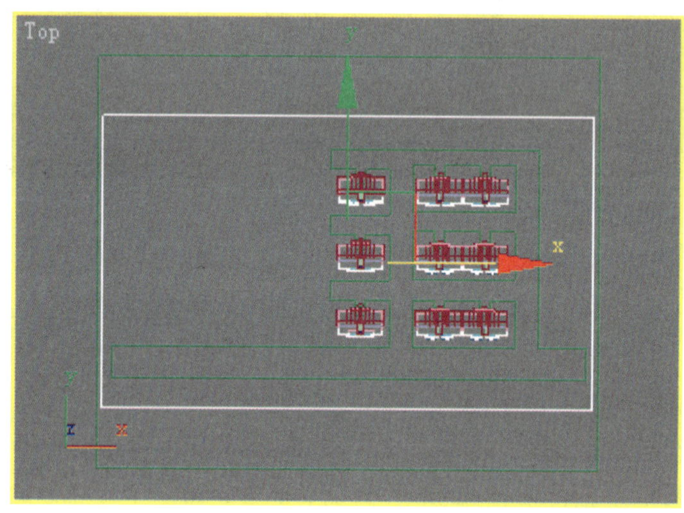

图 8-103　制作道路

8.4.3　添加背景天空

1）单击下拉菜单中的【Rendering】（渲染）|【Environment】（环境）命令，弹出如图 8-104 所示的【Environment and Effects】（环境与效果）对话框。

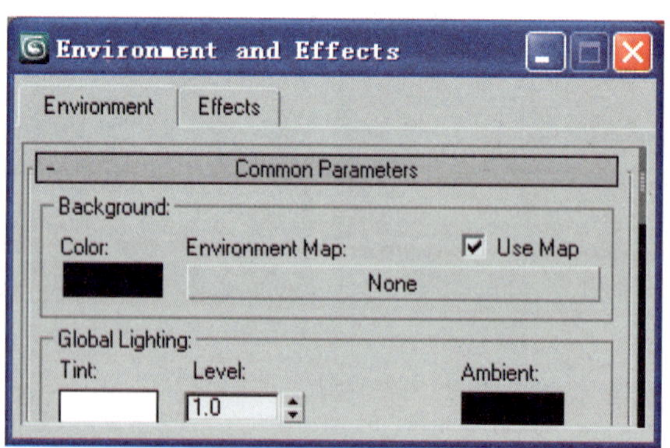

图 8-104　制作道路

2）单击【Environment Map】（环境贴图）后的长按钮 None，选择“Bitmap”（位图）方式，再选择本书配套光盘中的“背景天空.jpg”文件，作为背景图片。

3）激活 Perspective（透视）视图，适当调整透视图的视角，单击标准工具栏中的 （快速渲染）命令按钮，渲染效果如图 8-105 所示。

图 8-105　制作完附属物后的效果

8.5　摄像机、灯光设置与渲染输出

8.5.1　摄像机设置

1）激活 Top（顶）视图，单击创建摄像机命令面板中的（目标摄像机）按钮，创建一架摄像机，修改摄像机参数“Lens”（镜头）为 52mm，“FOV”（视角）为 38°。

2）激活 Front（前）视图，利用标准工具栏中（移动）命令将摄像机沿 Y 轴移动 1700mm（与人的视线高大致相同），再移动摄像机观察点到如图 8-106 所示的位置。

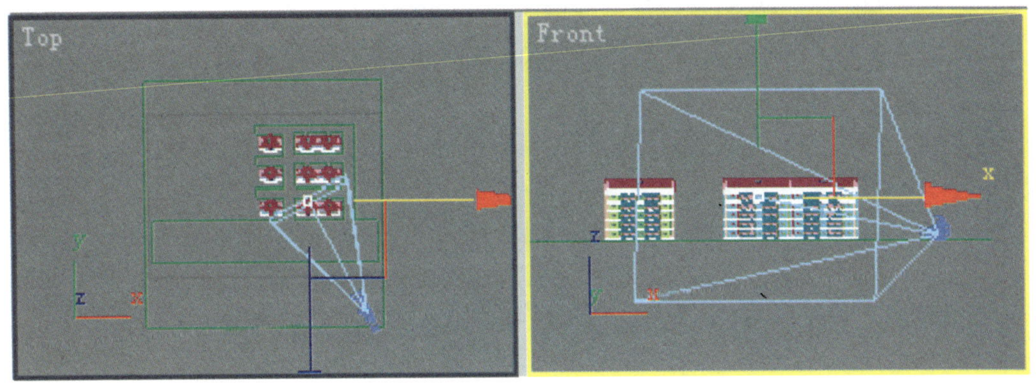

图 8-106　制作摄像机并进行调整参数和位置

3）激活 Perspective（透视）视图，按 C 键，变换视图为摄像机视图，使用界面右下角的视图工具初步调整观察角度，直到如图 8-107 所示的状态。

图 8-107　调整摄像机视图

8.5.2　灯光设置

1）单击创建命令面板上的（灯光）按钮，进入创建灯光命令面板，在灯光类型下拉列表中选择“Standard”（标准）灯光类型，单击Skylight（天空光）按钮，创建一个天空光作为环境光，并在【Skylight Parameters】（天光参数）卷展栏中修改“Multiplier”（倍增）为 0.5。然后移动到适当的位置，如图 8-108 所示。

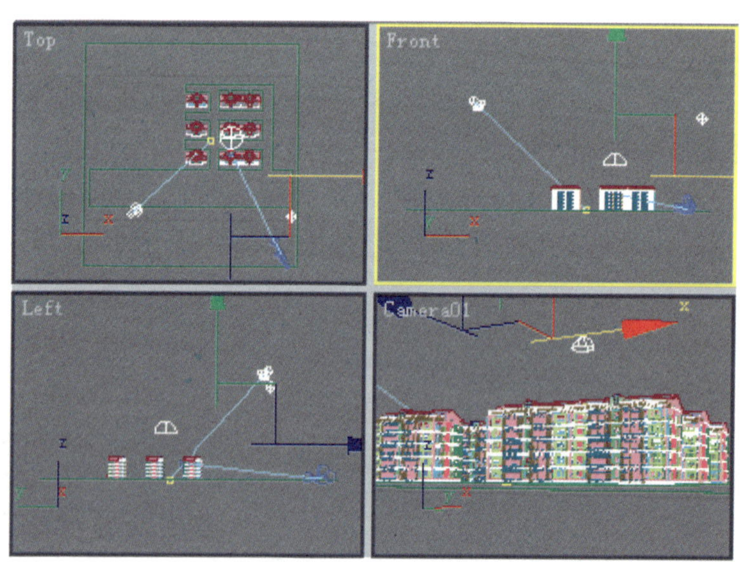

图 8-108　灯光设置

2）单击Target Direct（目标平行光）按钮，在顶视图中创建一个目标平行光作为主光源，在【General Parameters】（一般参数）卷展栏的【Shadows】（阴影）选项中，勾选☑ On打开阴影。在【Directional Parameters】（平行光参数）卷展栏中设置“Hotspot/Beam”（聚光区/光束）的值为 150000mm。再移动目标平行光到 8-108 所示的位置。

3）单击Omni（泛光灯）按钮，创建一盏泛光灯作为辅助光源，并修改其“Multiplier”（倍增）为 0.2，调位置到如图 8-108 所示的状态。单击【General Parameters】（一般参数）卷展栏中的Exclude...（排除）按钮，在弹出的【Exclude/Include】（隐藏/包含）对话框右侧选择 Exclude（排除）和 Both（两者）选项，从左侧的列表中选择“草地”和“道路”，单击中间的>>按钮将它们放到右侧的列表中。这样，排除了泛光灯对“草地”和“道路”的照明。

8.5.3 渲染输出

1）激活摄像机视图，单击下拉菜单栏中的渲染命令按钮，在【Render Scene】（渲染场景）对话框的【Common】（公共）选项卡中设置输出的“Aperture Width”（光圈宽度）为 1000mm，“Width”（宽度）为 2000mm，“Height”（高度）为 1500mm。

2）选择【Advanced Lighting】（高级照明）中的“Light Tracer”（光跟踪器）选项。

3）单击（渲染）按钮，得到住宅楼的效果图，如图 8-1 所示。

4）单击渲染窗口中的（保存）按钮，将渲染文件保存为“住宅楼效果图.jpg”。关闭渲染窗口，选择菜单栏中的【File】（文件）|【Save】（保存）命令，将场景保存为“住宅楼.max”文件。

为了使效果图更逼真，还需要运用 Photoshop 软件对本章制作的效果图做后期处理，这部分内容详见第 9 章。

本章小结

本章通过住宅楼效果图实例，讲述了用 Autodesk 3ds Max 2009 32-bit 制作室外建筑效果图的基本方法。其中对建模、制作材质、设置摄像机、设置灯光等都作了详细的讲解。

思考题与习题

1. 通过对本章室外效果图实例的学习，归纳出室外效果图制作的基本流程。

2. 深刻体会本章中制作墙体的基本方法，尝试创建多个 box（长方体），再运用布尔运算的方法创建墙体和窗口模型。

3. 尝试用不同方法制作本章的综合楼效果图，尝试用不同的方法调配材质。

4. 参考本章制作室外效果图的方法，到实际中拍摄特色建筑的照片，并按照片制作室外效果图。

5. 自己找一套高层建筑的图纸，并按图纸的尺寸制作建筑效果图。

第 9 章　用 Photoshop 对效果图做后期处理

学习目标

- 了解用图形处理软件 Photoshop CS3 对建筑效果图进行后期处理的基本内容。
- 掌握 Photoshop CS3 软件相关命令的基本功能。
- 掌握利用 Photoshop CS3 软件调整图像效果的方法。
- 掌握运用图层处理图形的基本方法。
- 掌握用 Photoshop CS3 软件对效果图进行后期处理的基本过程。

学习重点

利用 Photoshop 软件调整图像色彩的方法、选择对象的方法以及处理效果图的基本方法。

9.1 室内效果图后期处理实例

本节介绍利用 Photoshop CS3 图形处理软件对第 7 章制作的客厅效果图进行后期处理的方法。

第 7 章制作的客厅效果图已添加了所需的室内陈设，无需再添加环境物，但是光线比较暗，没有完全体现出日光照射的效果，因此需要进一步处理。图中还有一些瑕疵，也需要进行修补。

9.1.1 调控整体色调

1）启动 Adobe Photoshop CS3 软件，单击下拉菜单中的【文件】|【打开】命令（或按快捷键 Ctrl+O），在弹出的【打开】对话框中选择本书配套光盘中的图形文件“客厅.jpg”，再单击[打开(O)]命令按钮，打开该文件，如图 9-1 所示。

图 9-1　修改前的客厅效果图

2）单击下拉菜单栏中的【图像】|【调整】|【曲线】命令（或按快捷键 Ctrl+M），弹出如图 9-2 所示的【曲线】对话框，在曲线图上单击鼠标左键，然后将“输入（I）”设置为 111，将“输出（O）”设置为 139，再单击[确定]按钮，退出该对话框。

3）单击下拉菜单中的【图像】|【调整】|【色彩平衡】命令，弹出如图 9-3 所示的【色彩平衡】对话框，适当调整图像的色彩，“色阶”后三个文本框中的数据分别为+8、0 和–19。单击[确定]按钮，退出该对话框。

4）单击下拉菜单中的【图像】|【调整】|【亮度/对比度】命令，弹出如图 9-4 所示的【亮度/对比度】对话框，调整“对比度”滑块，使对比度的数值为+10。单击[确定]按钮，退出该对话框。

5）单击下拉菜单中的【滤镜】|【锐化】|【锐化】命令，对效果图进行锐化。

经过上述调整后，与原图相比，效果图更具有层次感和空间感，色彩也更加鲜明，如图 9-5 所示。

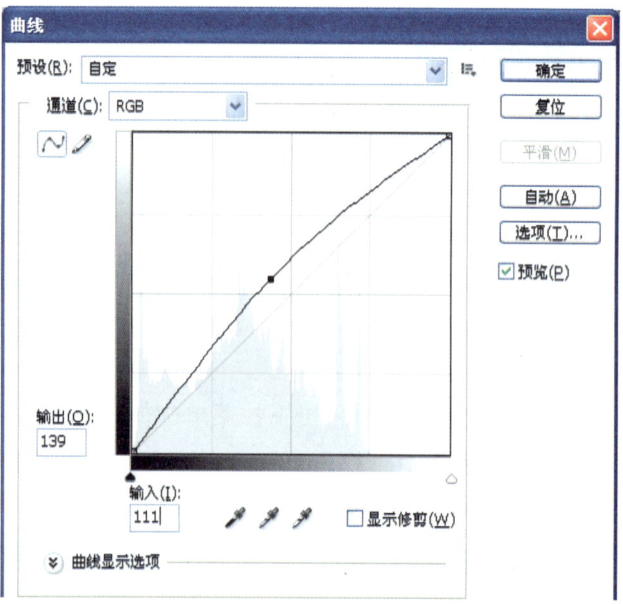

图 9-2 【曲线】对话框

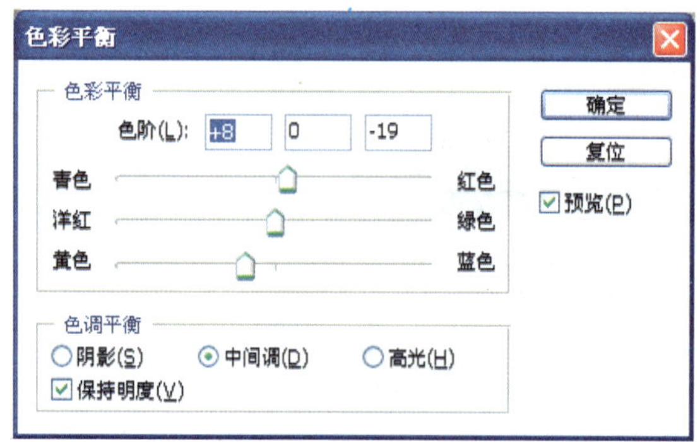

图 9-3 【色彩平衡】对话框

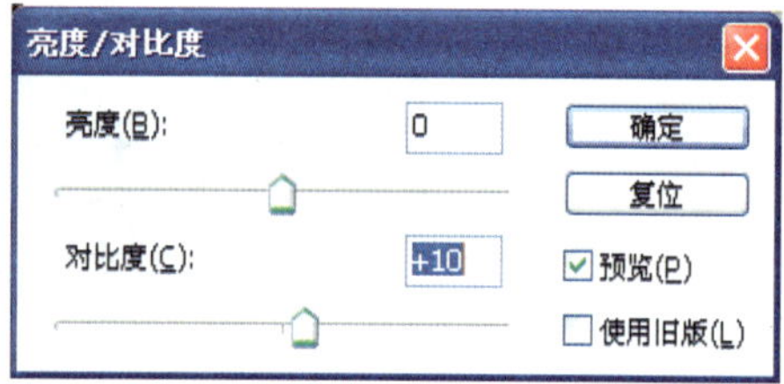

图 9-4 【亮度/对比度】对话框

图 9-5 调整整体色调后的客厅效果图

9.1.2 修补渲染图的瑕疵

仔细观察，会发现效果图的左下角有三条特别明显的白线，甚至覆盖到茶几的边缘，这是渲染时出现的问题，如图 9-6 所示。下面介绍用 Adobe Photoshop CS3 软件进行修补的方法。

图 9-6 渲染图的问题

1）单击工具栏中的 （多边形套索工具）命令按钮，通过在转折点处顺序单击，在图中构建一个如图 9-7 所示的选区。

图 9-7 选择茶几的修改区域

2）单击工具栏中的 （仿制图章工具）命令按钮，在选区中单击鼠标右键，在弹出的对话框中设置主直径为 8px。

3）按住键盘上的 Alt 键，在图中单击茶几边缘色彩正确的位置，定义复制的源点位置，如图 9-8a 所示。然后松开 Alt 键，在图中白色的位置单击，修复其中的一个瑕疵点，如图 9-8b 所示。同理修复选区中的所有瑕疵点。

4）同样方法，用 （多边形套索工具）将屏风的瑕疵部分选中，如图 9-9 所示。再利用 （仿制图章工具）进行修改，结果如图 9-10 所示。

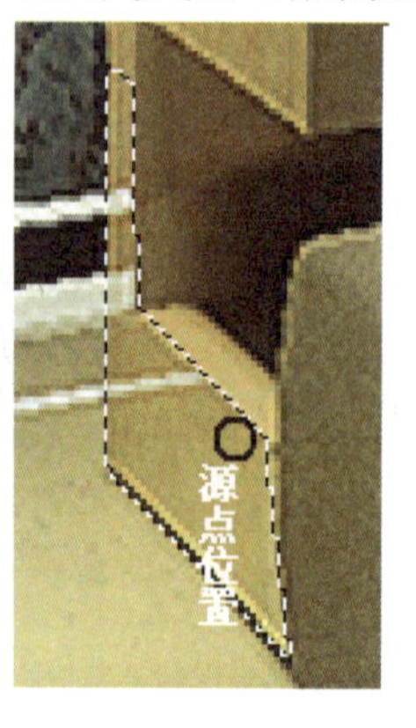

a）

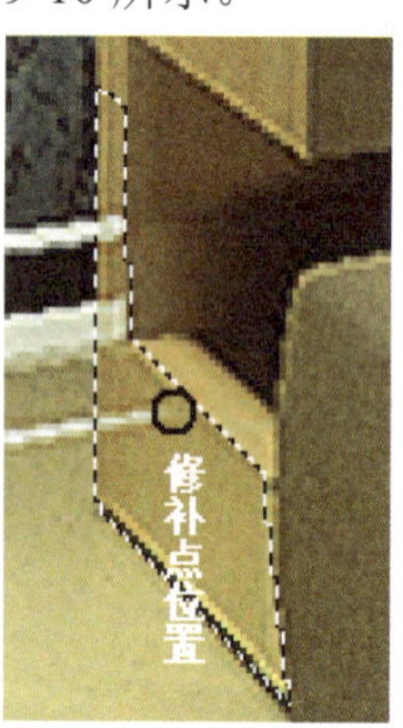

b）

图 9-8　修补瑕疵点

a）复制源点的位置　b）修补的瑕疵点

图 9-9　选中屏风的瑕疵部分

图 9-10　用图章工具修改后的效果

5）效果图中地面瓷砖上的白色倒影太明显，用与前面同样的方法可进行修补，结果如图 9-11 所示。

经过前面的处理，客厅效果图的最终效果如图 9-12 所示。

图 9-11　修补瓷砖的倒影

图 9-12　处理完的客厅效果图

9.2 室外效果图后期处理实例

本节以第 8 章制作的住宅楼效果图的后期处理为例，介绍室外建筑效果图后期处理的基本方法。

9.2.1 调控渲染图的整体色调

1）启动 Photoshop CS3 图形处理软件。

2）单击下拉菜单中的【文件】|【打开】命令，打开第 8 章制作的“住宅楼效果图.tif”文件。再单击下拉菜单中的【文件】|【存储为】（快捷键 Shift+Ctrl+S）命令，将图像另存为“住宅楼处理图.psd”。

3）单击右侧【图层】面板底部的 （创建新的填充或调整图层）命令按钮，在弹出的快捷菜单中选择“亮度/对比度”命令，打开如图 9-13a 所示的【亮度/对比度】对话框。

4）调节“亮度”和“对比度”两个滑块，同时观察效果图的预览效果，直到满意为止（本例中亮度为–5，对比度为+11）。然后单击 确定 按钮，退出该对话框。此时自动创建了一个调整图层“亮度/对比度 1”（图 9-13b）。调整后的最终效果如图 9-14 所示，与图 8-1 相比，效果图的对比度有所增强，更能体现出直射阳光下高对比度的效果。

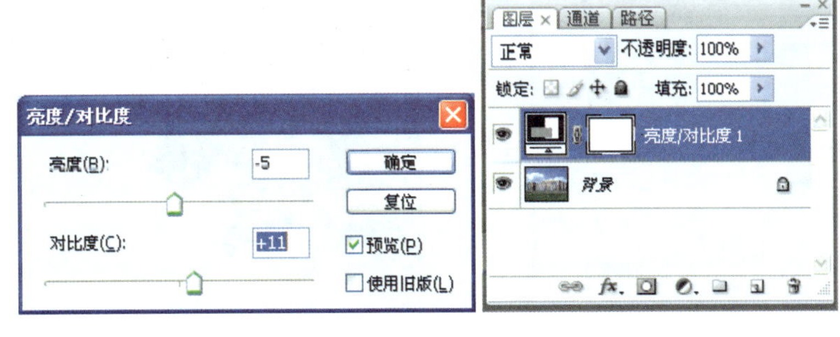

a）　　b）

图 9-13 【亮度/对比度】对话框

a）【亮度/对比度】对话框　b）创建调整图层

图 9-14 调整了“亮度/对比度”后的住宅楼效果图

注意：① 图层面板上的各图层是相对独立的，但之间又有着前后关系，彼此之间会被遮挡。在图层面板中，显示在最上面的图层在画面表层，而最下面的图层则在画面的最底层。② 本例中渲染图的色彩比较真实，不再进行色彩调整。③ 亮度/对比度也可采用前一节的方法进行“曲线”调整。

9.2.2 添加植物

1）用快捷键 Ctrl+O 打开本书配套光盘中的“树 001.jpg”文件。

2）单击下拉菜单中的【选择】|【色彩范围】命令，弹出如图 9-15 所示的【色彩范围】对话框。在对话框中调整颜色容差为 180，然后在图中单击白色区域，再单击【色彩范围】对话框中的 确定 按钮，则选择了图中的白色区域。

3）单击下拉菜单中的【选择】|【反向】命令，树即被选择，如图 9-16 所示。

4）单击工具栏中的（移动）命令按钮，将光标移动到树上再按住鼠标左键，将选择的树拖曳到住宅楼效果图中。

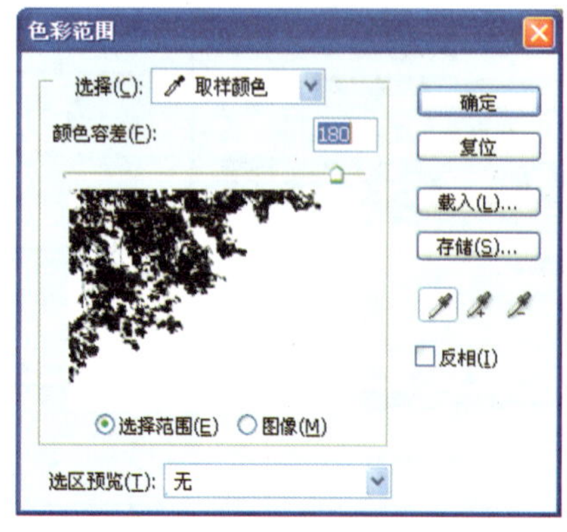

图 9-15 【色彩范围】对话框

图 9-16 树被选择

5）单击下拉菜单中的【编辑】|【自由变换】命令（或按快捷键 Ctrl+T），则树的图片四周出现变形框，用鼠标拖动节点，即可改变树的形状，调整树到如图 9-17 所示的状态。在变形框中双击结束变形操作。再单击工具栏中的 ▶✥（移动）命令按钮，将树移动到左上角的位置。

6）关闭“树 001.jpg”文件。再用快捷键 Ctrl+O 打开本书配套光盘中的“树 002.psd”文件，用与前面相同的方法将树添加到效果图中，结果如图 9-18 所示。

图 9-17　对树进行变换

图 9-18　添加右侧的树

7）用同样的方法，打开本书配套光盘中的“树 003.psd”文件，将树丛添加到效果图中（注意选择背景时适当调整容差范围），如图 9-19 所示。

图 9-19　添加树丛到效果图中

8）单击工具栏中的 ▶✥（移动）命令按钮，按住 Alt 键，拖曳树丛，又复制出一个树丛。再单击下拉菜单中的【编辑】|【变换】|【扭曲】命令，拖动变形框的角点，扭曲树丛

到图 9-20 所示的状态，然后在变形框中双击结束扭曲操作。

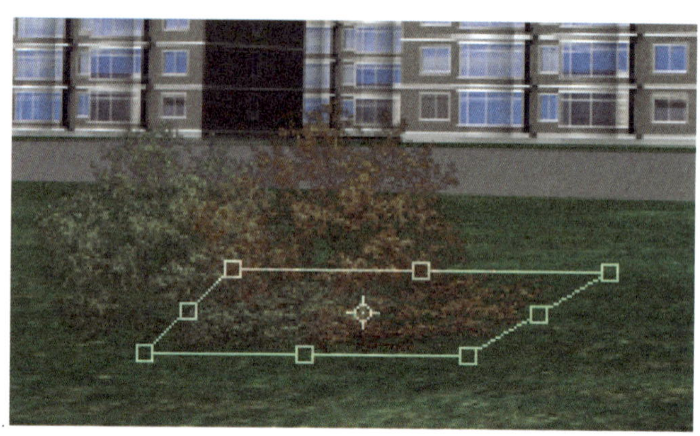

图 9-20 扭曲复制出的树丛图像

9）在【图层】面板中单击（锁定透明像素）按钮，锁定该层透明点。

10）在工具栏中单击按钮的左上角部分，再从弹出的【拾色器】面板中设置前景色为黑色，同理单击该按钮的右下角部分，设置背景色也为黑色。

11）按住工具栏中的（油漆桶）按钮，从弹出的菜单中选择（渐变），然后从图的左侧拖曳到右侧，则树影的部分被填充，如图 9-21 所示。

图 9-21 填充树影

12）单击（锁定透明像素）按钮，取消对树影图层透明像素的锁定。按 Ctrl+[键将双树影所在层“图层 3 副本”移动到树丛所在层“图层 3”的下方，如图 9-22a 所示。

13）单击工具栏中的（模糊）按钮，设置窗口上方状态栏中模糊工具的画笔为 35，强度为 100%，然后在图中树影处涂抹，使树影模糊，结果如图 9-22b 所示。

14）在【图层】面板中单击（添加图层蒙板）按钮，此时前景色自动变为白色，背景色自动变为黑色，再单击工具栏中的（渐变）按钮，在阴影位置从右向左拖曳。阴影出现渐变效果，如图 9-23a 所示。

15）在【图层】面板中设置不透明度为65%，则制作出树丛逼真的阴影效果，如图9-23b所示。

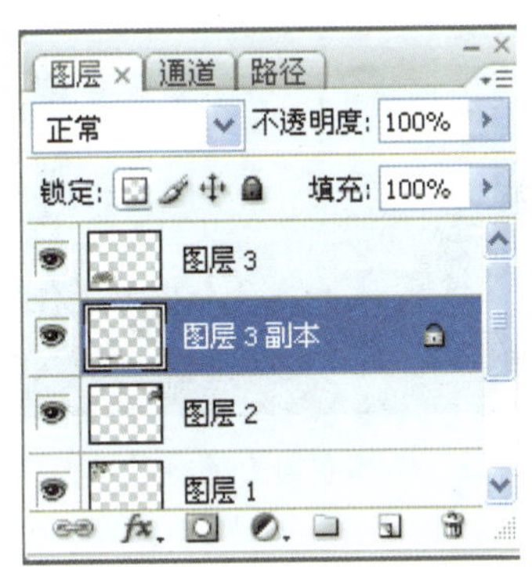

a）

b）

图9-22 移动图层与模糊树影

a）移动图层 b）模糊树影

a）

b）

图9-23 渐变与设置不透明度的效果

a）渐变后的效果 b）降低不透明度的效果

16）在【图层】面板中单击“图层3”，设置“图层3”为当前图层，再单击下拉菜单中的【图层】|【向下合并】命令（或使用快捷键Ctrl+E），将树丛和树影合并到一个图层里（“图层3副本”）。

17）单击工具栏中（移动）命令按钮，按住Alt键，拖曳树丛及其阴影，复制一个。再按快捷键Ctrl+T执行自由变换命令，调整树丛和影的大小，并利用（移动）移动到适当位置。

18）用与17步相同的方法再复制一个树丛及其阴影并移动到适当位置，结果如图9-24所示。用与第7～16步相似的方法将配套光盘中“树004.tga”文件中的树丛添加到住宅楼效果图中，并制作出阴影效果，结果如图9-25所示。

图 9-24　复制并调整树丛与阴影

图 9-25　添加右前方的绿色树丛

9.2.3　添加人物

1）打开本书配套光盘中的“人 001.psd”文件。单击下拉菜单中的【选择】|【色彩范围】命令，在弹出的【色彩范围】对话框中调整颜色容差为 60，然后在图中单击蓝色区域，再单击【色彩范围】对话框中的确定按钮，则选择了图中的背景，如图 9-26a 所示。再单击下拉菜单中的【选择】|【反向】命令，则人被选择，如图 9-26b 所示。

a）

b）

图 9-26　人物的选择
a）选择背景　b）选择人

2）将选好的人物拖曳到住宅楼效果图中，并用“自由变换”工具，调整其大小，将其摆放到草地上，再用与前面制作树影相同的方法制作阴影，结果如图 9-27 所示。

3）用与上述相同的方法打开本书配套光盘中的“人 002.psd”、“人 003.psd”、“人 004.jpg”文件，将其中的人物添加到住宅楼效果图中，并制作阴影效果，结果如图 9-28 所示。

注意： 前面添加的配景都有背景颜色。下面的两个人物素材不仅是透明图，而且素材就有阴影效果，这时不需进行特别的选择处理，直接拖曳到效果图中进行自由变换并移动到合适的位置即可。

图 9-27　添加一个人并增加阴影后的效果

图 9-28　添加了一部分人物后的效果

4）打开本书配套光盘中的“人 005.psd”文件和“人 006.psd”文件，这两个文件都是透明图，如图 9-29 所示。

5）单击工具栏中的（移动）命令按钮，直接将人物图片拖入到住宅楼效果图中，用快捷键 Ctrl+T 进行自由变换，再将人物拖曳放到合适的位置。

6）在图层面板中上下拖动图层到合适的位置，调整遮挡关系，结果如图 9-30 所示。

a） b）

图 9-29 透明素材图

a）打开的“人 005.psd”文件 b）打开的“人 006.psd”文件

图 9-30 添加完人物的效果图

9.2.4 添加汽车、草地灯和路灯

1）打开本书配套光盘中的“车 001.jpg”文件。单击工具栏中的（魔棒工具）按钮，在图中的蓝色背景上单击，蓝色背景被选择，如图 9-31 所示。再单击下拉菜单中的【选择】|【反向】命令，则汽车被选中。

图 9-31 用魔棒工具选择汽车图片的背景

2）单击工具栏中的（移动）命令按钮，将汽车拖曳到效果图的道路上，使用“自由变换”工具，调整其大小。再利用与前面相同的方法制

作阴影效果。

注意：魔棒工具适合选择连续的同色区域，而色彩范围选择方式适合于非连续区域的选择。

3）在【图层】面板中通过单击选择汽车所在的图层，单击下拉菜单中的【滤镜】|【模糊】|【动感模糊】命令，在弹出的【动感模糊】对话框中调整角度为 0 度，距离为 5 像素，使汽车呈现动感飞驰的感觉，效果如图 9-32 所示。

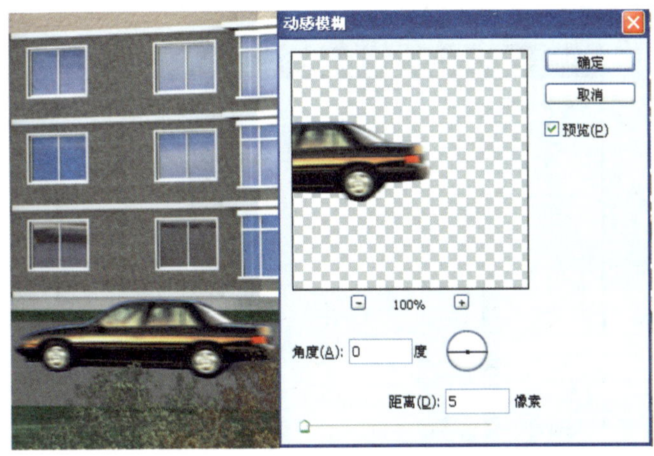

图 9-32　制作汽车的动感效果

4）在【图层】面板中通过 Ctrl+E 命令，将汽车所在图层和汽车阴影所在图层合并到一起。再通过快捷键 Ctrl+[命令向下移动图层，直到遮挡关系满足要求为止。

5）打开本书配套光盘中的“车 002.jpg”文件和“车 003.jpg”文件。用与前面相同的方法将车加入到住宅楼效果图中并增加阴影和动态效果，结果如图 9-33 所示。

图 9-33　添加汽车后的住宅楼效果图

6）打开本书配套光盘中的“草坪灯.jpg”文件。单击工具栏中的（魔棒工具）按钮，在图中的浅蓝色背景上单击，背景被选择。再单击下拉菜单中的【选择】|【反向】命令，则草坪灯被选择，如图 9-34 所示。

图 9-34 选择草坪灯

7）单击工具栏中的（移动）命令按钮，将草坪灯拖曳到住宅楼效果图的草坪上，再单击下拉菜单中的【图像】|【调整】|【曲线】命令，调整曲线如图 9-35 所示。单击【曲线】对话框中的 确定 按钮，退出该对话框。

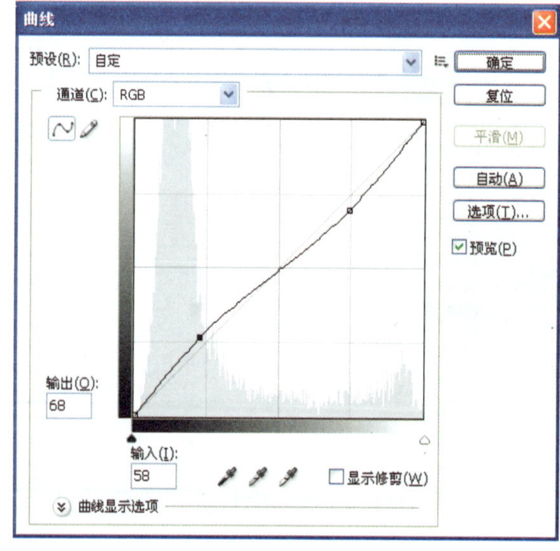

图 9-35 【曲线】对话框

8）利用前面制作阴影的方法，制作草坪灯的阴影，然后将草坪灯与其阴影所在图层合并为一个图层，再使用“自由变换”工具，调整其大小，结果如图 9-36 所示。

图 9-36 加入一盏草坪灯的效果

9）单击工具栏中的（移动工具）命令按钮，按住 Alt 键，拖曳复制出 3 个草坪灯，利用“自由变换”工具修改其大小，移动到合适的位置，再调整图层的位置，使遮挡关系正确。加入草坪灯后的效果如图 9-37 所示。

图 9-37　加入四盏草坪灯的效果

10）打开本书配套光盘中的“路灯.jpg”文件。

11）单击下拉菜单中的【选择】|【色彩范围】命令，在弹出的【色彩范围】对话框中将“颜色容差”调整到最大，然后在图中的蓝色背景上单击，再单击【色彩范围】对话框中的 确定 按钮，退出该对话框，则背景被选择。

12）单击下拉菜单中的【选择】|【反向】命令，路灯被选择。

13）单击工具栏中的（移动）命令按钮，将路灯拖曳到住宅楼效果图中的合适位置，再利用快捷键 Ctrl+T 执行“自由变换”命令，调整路灯到合适大小，如图 9-38 所示。

图 9-38　添加路灯并调整其大小

14）单击工具栏中的（移动）命令按钮，按住 Alt 键拖曳，复制出一个路灯，再利用【编辑】|【变换】|【扭曲】命令将复制出的路灯扭曲到如图 9-39 所示的状态。

15）单击【图层】面板中的（锁定透明像素）按钮，锁定该层透明点。

16）将前景色设置为黑色，利用（画笔）将该图层的非透明像素全部涂为黑色，如图 9-40 所示。

图 9-39　复制路灯并进行扭曲

图 9-40　将扭曲后的路灯涂成黑色

17）按快捷键 Ctrl+[将涂黑的图形下移一层，再单击工具栏中的（模糊）按钮，涂抹路灯影的边缘，使之模糊。

18）单击【图层】面板中的（添加图层蒙板）命令按钮添加一个图层蒙板，再单击工具面板中的（渐变）按钮，通过由左向右拖曳制作出阴影的过渡效果，如图 9-41a 所示。

19）在【图层】面板中设置“不透明度”为 65%，完成路灯阴影的制作，路灯的阴影如图 9-41b 所示。

注意： 第 4 至第 19 步又详细讲解了添加阴影的方法，这是效果图后期处理中最常见的处理方式。

20）单击工具栏中的（移动）命令按钮，然后在路灯所在位置单击鼠标右键，会弹出如图 9-41c 所示的快捷菜单，通过单击选择路灯所在图层“图层 6”，如图 9-41c 所示。再利用快捷键 Ctrl+E 将路灯与阴影合并到一个图层中。

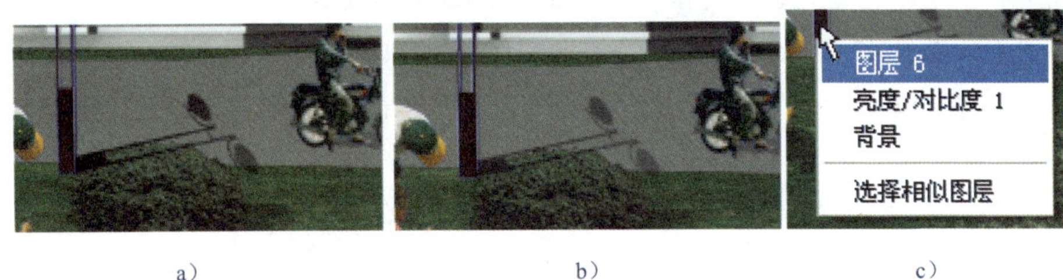

a) b) c)

图 9-41 制作阴影的过渡效果、设置不透明度、选择路灯所在图层
a）阴影的过渡效果 b）完成的阴影 c）右键快捷菜单

21）通过快捷键 Ctrl+[将路灯所在图层向下移动，直到满足遮挡关系要求为止（路灯阴影被绿色树丛遮挡）。

22）单击工具栏中的 （移动）命令按钮，按住键盘上的 Alt 键，通过拖曳复制两个路灯及其阴影，并将它们移动到适当的位置，再通过快捷键 Ctrl+T 激活“自由变换”命令，调整路灯及其阴影到适当大小。

23）单击下拉菜单中的【文件】|【存储】命令保存效果图文件。添加完路灯后的住宅楼效果图如图 9-42 所示。

图 9-42 添加完路灯后的住宅楼效果图

9.2.5 调整住宅楼效果图的整体效果

前面制作的效果图，图面整体色调有些偏暗，对比度也需要再进一步调整，具体调整步骤如下：

1）单击下拉菜单中的【图层】|【合并可见图层】命令，将所有的图层合并到一起。

2）单击下拉菜单中的【图像】|【调整】|【曲线】命令，在弹出的【曲线】对话框中

调整曲线形状，同时通过观察住宅楼效果图的整体效果，直至达到满意为止，【曲线】对话框的最终状态如图 9-43 所示，调整后的效果图如图 9-44 所示。

3）单击下拉菜单中的【文件】|【存储为】命令，将调整后的住宅楼效果图保存为“住宅楼处理图.TIF”文件。

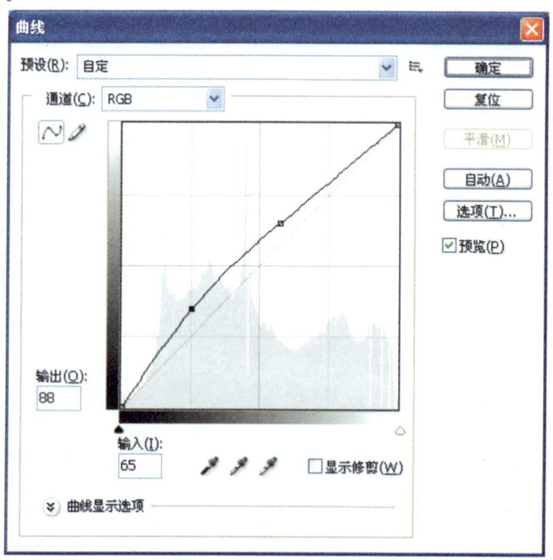

图 9-43　用【曲线】对话框调整住宅楼效果图的整体效果

图 9-44　调整后的住宅楼效果图

本章小结

本章通过两个实例详细讲述了利用 Adobe Photoshop CS3 软件对建筑效果图进行后期处理的方法。利用 Photoshop 软件对效果图进行后期处理的基本步骤是：利用图像调整工具对渲染图进行色彩调整；利用移动、复制、自由变换等工具添加配景或制作配景的阴影或倒影效果；最后再对整体效果进行适当的调整。

思考题与习题

1. 简述用 Adobe Photoshop CS3 软件进行效果图后期处理的基本内容和基本步骤。

2. Adobe Photoshop CS3 图层之间有何关系？

3. 根据本章的实例，概括出 Adobe Photoshop CS3 处理效果图常用的功能和处理技巧。

4. 根据图 9-45a 所示的餐厅渲染图，利用 Photoshop CS3 中的相关命令将之处理到图 9-45b 所示的效果。

a）

b）

图 9-45 餐厅效果图
a）处理前 b）处理后

5. 尝试对图 9-46 所示的室外效果图进行后期处理。要求进行整体色彩的调整、加入植物和人物、加入其他的配景，最后调整效果图的整体效果。处理时可利用本书配套光盘中提供的各种素材。

图 9-46 住宅楼背面渲染图

第 10 章　3ds Max 建筑动画制作实例

学习目标

- 了解用 3ds Max 制作建筑动画的基本概念。
- 掌握动画制作中摄像机路径和时间的设置过程。
- 掌握动画制作的渲染设置。

学习重点

动画制作的基本概念、利用 3ds Max 软件制作建筑动画的基本流程。

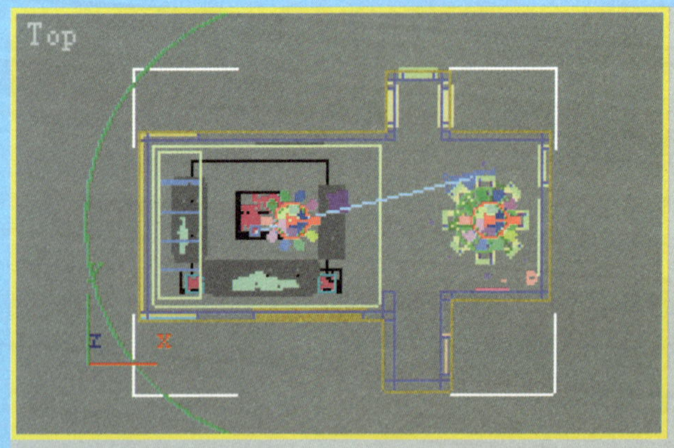

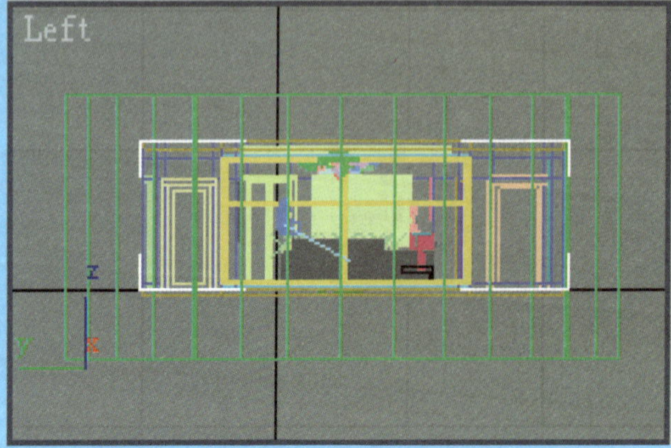

10.1 基本知识

10.1.1 三维建筑动画与制作流程

三维动画又称 3D 动画，是近年来随着计算机软硬件技术的发展而产生的一种新技术。可利用 3ds Max 软件在计算机中建立一个虚拟的建筑世界，设计师在这个虚拟的三维世界中按照要表现的建筑形状和尺寸建立模型、赋上特定的材质，创建场景，再根据要求设定虚拟摄影机的运动方式和其他动画参数，然后打上灯光，再让计算机自动运算，生成动画。通过三维建筑动画，可对建筑设计事先做身临其境的游览，三维建筑动画将成为展示建筑设计和建筑装饰设计效果的最佳手段。

10.1.2 制作动画涉及的三个基本概念

（1）帧　动画是由一幅幅的画面组成的，组成动画的每一幅完整画面称为一帧。播放速度在 1 帧/秒以上就能给人以画面连续的感觉，播放速度在 24 帧/秒以上时，出现动作效果。

（2）关键帧　计算机动画由很多帧组成，用计算机制作动画时，并不需要制作动画过程所有的帧，只需设计动作变换时的帧即可，这就是关键帧。两个关键帧之间的帧被称为中间帧。当关键帧确定后，中间帧由计算机自动生成。关键帧设置太少动作就会失真，而设置太多则会增加计算机的处理时间。

（3）轨迹　在 3ds Max 中，轨迹是动画中的某一个分离资料。例如，每一个物体的位移、旋转以及缩放都各自带有一个轨迹。一个参数化的物体，它的半径、分段数等都可以设定为动画轨迹。

10.1.3 3ds Max 2009 的动画控制区

Autodesk 3ds Max 2009 32-bit 的动画控制区如图 10-1 所示，主要有轨迹栏、动画关键帧设置区和动画时间设置区三部分。

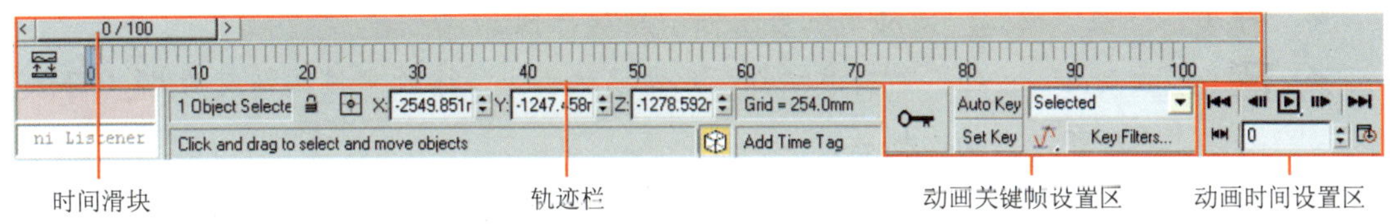

图 10-1　动画控制区

（1）轨迹栏　轨迹栏默认从 0~100 帧，在轨迹栏上可直接编辑动画的关键帧，如移动、复制（按住 Shift 拖曳）或删除关键帧等。

轨迹栏的上方是时间滑块，拖动时间滑块可以改变当前帧。

单击轨迹栏左侧的 (Open Mini Curve Editor：打开迷你曲线编辑器）按钮，会弹出如图 10-2 所示的【Curve Editor】（曲线编辑器）窗口，可在其中编辑动画的关键帧，单击其左上角的 Close （关闭）按钮，可关闭该窗口。

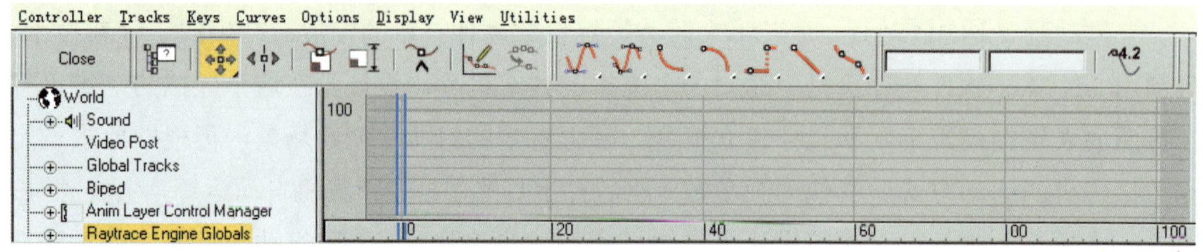

图 10-2 【Curve Editor】（曲线编辑器）窗口

（2）动画关键帧设置区　动画关键帧设置区主要用于动画的记录、关键帧的选择和设置。

- Auto Key （自动录制）按钮：按下该按钮，自动记录动画的关键帧信息。
- Set Key （设置关键帧）按钮：按下该按钮后，可以使用 按钮手动设置关键帧。
- Key Filters... （帧过滤）按钮：单击该按钮，可弹出如图 10-3 所示的【Set Key Filters】（设置关键帧过滤器）对话框。在该对话框中可设置模型的哪些属性能作为动画关键帧的轨迹。

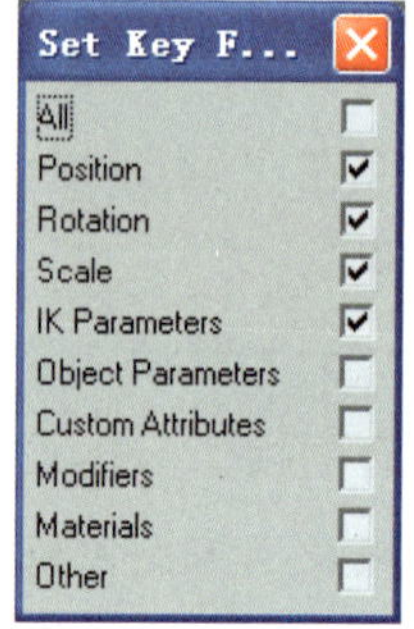

图 10-3 【Set Key Filters】（设置关键帧过滤器）对话框

- （进出关键帧的切线方式）：该按钮下还有几个按钮，用于控制动画如何进入与离开关键帧。

（3）动画时间设置区　动画时间设置区主要用于控制动画的播放以及动画时间的控制。

- （到达开始帧）按钮：使动画停止到第 0 帧。
- （前一帧）按钮：使动画从当前帧回到前一帧。
- （播放动画）按钮：单击该按钮，开始播放动画，播放中该按钮变为 （停止）按钮，单击可停止动画播放。
- （下一帧）按钮：使动画从当前帧跳到下一帧。
- （到达结束帧）按钮：使动画停止到结束帧。
- （切换为关键帧模式）按钮：按下该按钮， （前一帧）按钮变为 （前一关键帧）按钮， （下一帧）按钮变为 （下一关键帧）按钮。
- 0 （时间控制器）窗口：通过输入数值或利用右侧的微调按钮可使动画跳到特定帧。

- (时间设置)按钮：单击该按钮，可在弹出的对话框中设置动画的模式和总帧数(详见 10.2.3)。

10.2 修改动画场景与设置时间

制作动画首先要创建动画的场景。在建模前，首先要确定摄像机的摄像路径，依据摄像机的可见性建模，不可见的对象不用建模。本例的摄像路径如图 10-4 所示，从进户门处进入，环绕客厅和餐厅一周后出进户门。

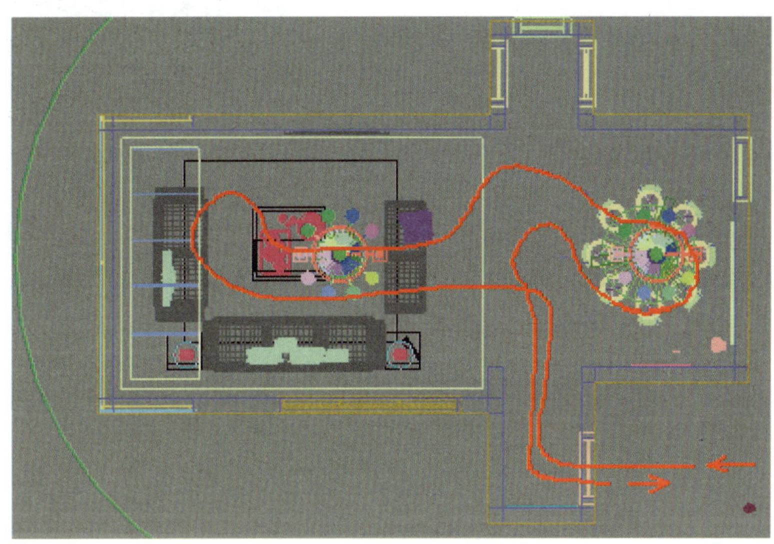

图 10-4 摄像机路径

10.2.1 修改原有模型

鉴于前面章节中对建模和编辑材质的详细讲解，本章从已有模型开始讲述制作建筑动画的过程，本节对已有动画场景中的部分模型做适当修改，以满足制作建筑动画的要求。

1. 删除原模型中的摄像机和灯光

1）启动 Autodesk 3ds Max 2009 32-bit 进入工作界面。

2）单击下拉菜单中的【File】(文件) |【Open】(打开) 命令，打开本书配套光盘中的“动画场景.max” 文件。打开后的视图区如图 10-5 所示。

3）单击标准工具栏中的“Select by name”(按名称选择) 命令按钮，弹出如图 10-6 所示的【Select From Scene】(从场景选择) 对话框。

4）将【Display】(显示) 列表框中除 “Lights”(灯光) 和 “Cameras”(摄像机) 之外的类型全部排除，然后选择全部的灯光和摄像机。再单击 OK (确定) 按钮，退出该对话框。

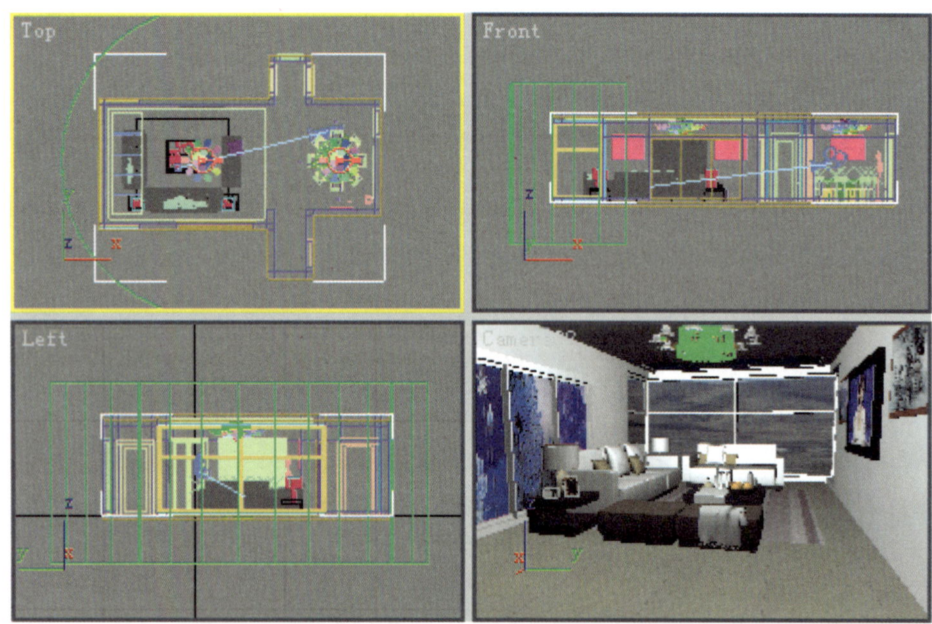

图 10-5　打开的“动画场景.max”文件

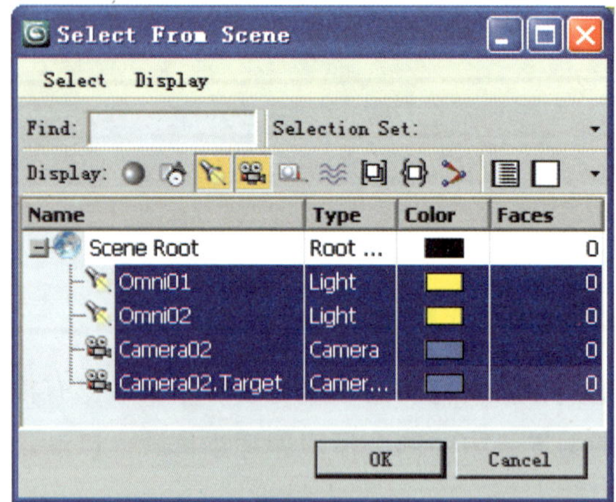

图 10-6　【Select From Scene】（从场景选择）对话框

5）按键盘上的 Del 键，删除所有的摄像机和灯光。

6）单击下拉菜单中的【File】（文件）|【Save As ...】（另存为）命令，将文件另存为“动画.max”文件。

2．创建可开启的进户门

摄像机从门外移到门内时，进户门也随之开启，用原始模型很难做到这种动画效果。这里直接用 3ds Max 创建门的命令创建可开启的进户门。

1）选择原来的进户门模型并按键盘上的 Del 键删除。

2）激活并调整 Perspective（透）视图，至全部显示进户门洞口，如图 10-7 所示。

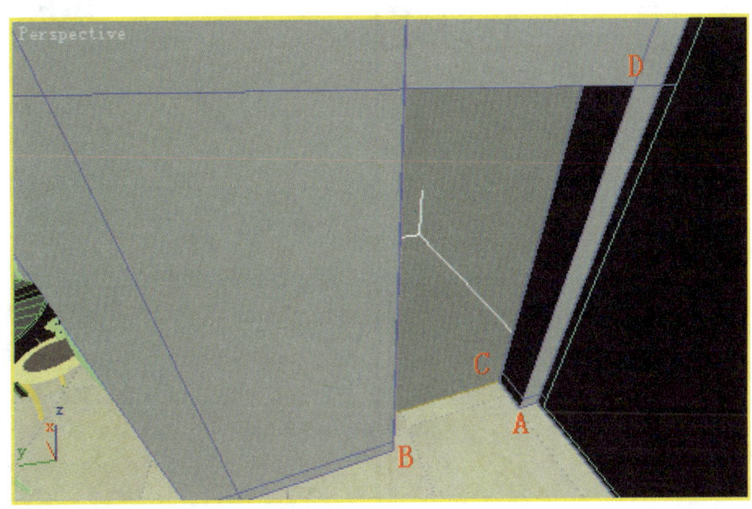

图 10-7　调整 Perspective（透）视图

3）在标准工具栏的（2.5 维捕捉）命令按钮上按住鼠标左键，在弹出的下拉菜单中选择（三维捕捉）命令。

4）单击（创建）按钮，再单击（几何体）按钮，在几何体类型下拉列表中选择“Doors”（门）选项，再单击 Pivot（枢轴式）按钮，捕捉图 10-7 中的 A 点，按住左键拖曳并捕捉到 B 点松开左键，再依次捕捉到 C 点、D 点单击，创建一个枢轴式门。

5）修改【Parameters】卷展栏的参数和【Leaf Parameters】（门扇参数）卷展栏的参数如图 10-8 所示。设置好参数以后，选择门与视图中的门洞口对齐，结果如图 10-9 所示。

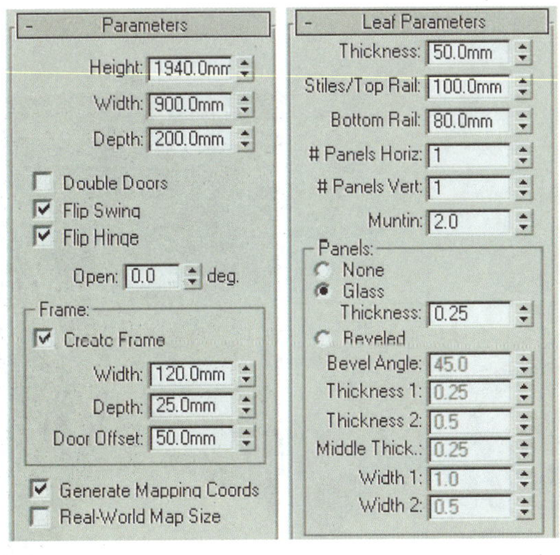

图 10-8　【Parameters】卷展栏和【Leaf Parameters】卷展栏参数设置

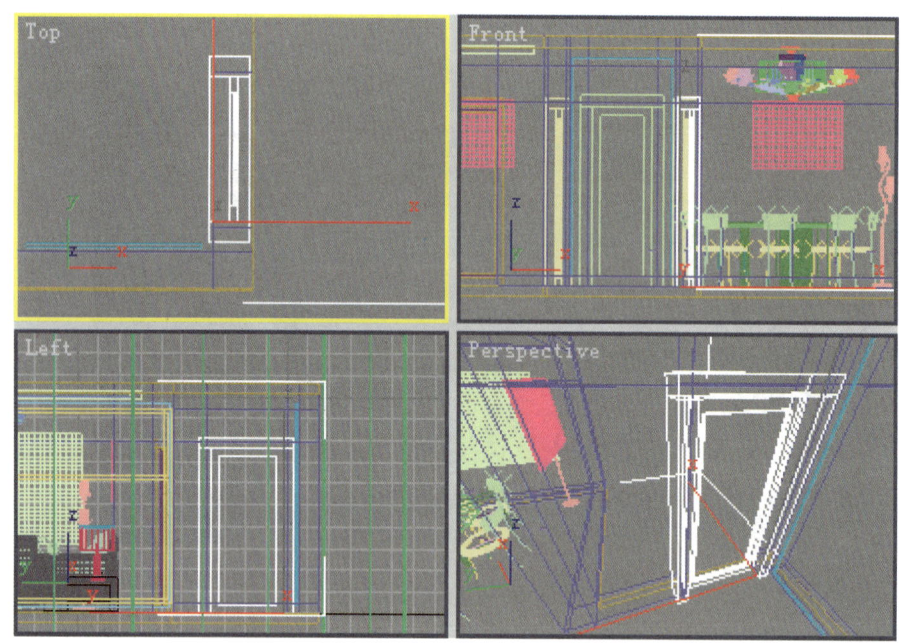

图 10-9　门的位置

注意：【Parameters】卷展栏中 Open: 0.0 deg 用于控制门的打开角度，如果开启的方向不对，可以勾选【Parameters】卷展栏中的“Flip Swing”和“Flip Hinge”选项来调整开启方向。

6）单击标准工具栏中的按钮进入材质编辑器，选择“门”材质，单击（赋予材质）按钮，将材质赋予新创建的门，结果如图 10-10 所示。

图 10-10　赋予材质后的进户门（轴枢门）

10.2.2 灯光设置

制作动画时，为了加快渲染速度，一般不要求特别的灯光效果，只要使能看见的对象保持适当的亮度即可。

1）激活顶视图，单击创建命令面板中的（灯光）按钮，从灯光灯型下拉列表中选择“Standard”（标准）灯光，单击Omni（泛光灯）命令按钮，在顶视图中创建两盏泛光灯用作全局照明，再利用（移动）命令调整两盏灯到如图 10-11 所示的位置。

2）分别选择两盏泛光灯，并在【Intensity/Color/Attenuation】卷展栏中设置“Multiplier”（倍增）值为 0.7，不设置阴影参数，以免影响渲染速度。

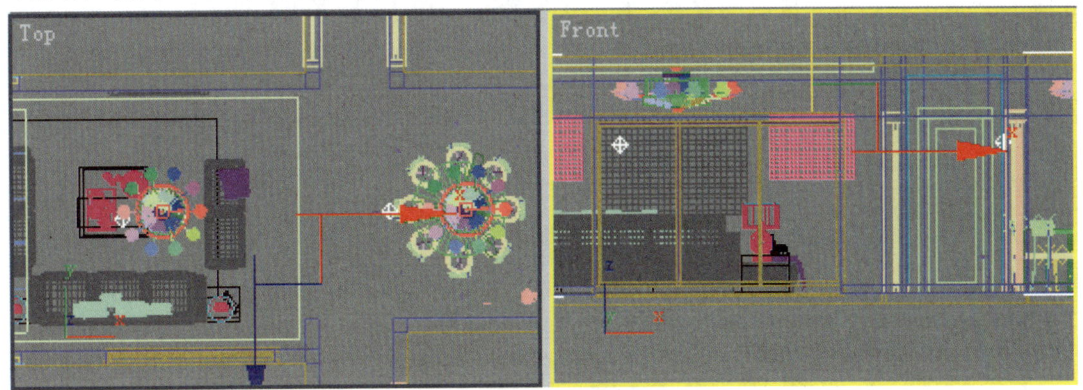

图 10-11　创建光源并移动到适当位置

10.2.3 时间设置

从时间轴上可以看到动画的默认长度为 100 帧，动画时间特别短，下面将动画的总帧数增加到 800 帧。

1）单击动画时间设置区的“Time Configuration”（时间设置）按钮，打开如图 10-12a 所示的【Time Configuration】（时间设置）对话框。通过该对话框可以控制动画时间，设定动画长度和播放速率、动画制式等。

【Time Configuration】（时间设置）对话框中各选项的作用如下：

- 【Frame Rate】选项组中的参数用来控制帧的速率。
- 【Time Display】选项组中的参数用来控制时间滚动条下显示什么坐标。默认值是“Frames”（帧），表示以“帧”为单位显示。
- 【Playback】选项组中的参数用来控制动画播放的方式。“Real Time”表示实时播放，而“Active Viewport Only”表示只在处于激活状态的视图中进行播放，“Loop”表示播放结束后回到开头重新播放。“Speed”表示播放速度，它以倍数表示，包括 1/4×、2/4×、1×、2×、4×等 5 种倍数，倍数是相对于帧数而言的。“Direction”控制动画播放的方向，其中“Forward”表示向前播放，“Reverse”表示向后播放，

"Ping-Pong"则表示前后来回播放。

- 【Animation】选项组中的参数用来控制动画播放的时间参数，"Start Time"表示动画开始时间，而"End Time"表示动画终止时间，"Length"则表示动画长度。
- 【Key Steps】选项组中的参数用来控制记录关键帧的方法，"Use Track Bar"表示使用时间滑块记录关键帧。

2）单击【Time Configuration】（时间设置）对话框中的 Re-scale Time 命令按钮，在弹出的【Re-scale Time】（修改时间范围）对话框中修改动画的时间参数如图 10-12b 所示。单击 OK 按钮后，【Time Configuration】（时间设置）对话框中的参数如图 10-12c 所示。再单击 OK 按钮退出对话框完成时间设置。此时的轨迹栏如图 10-13 所示。

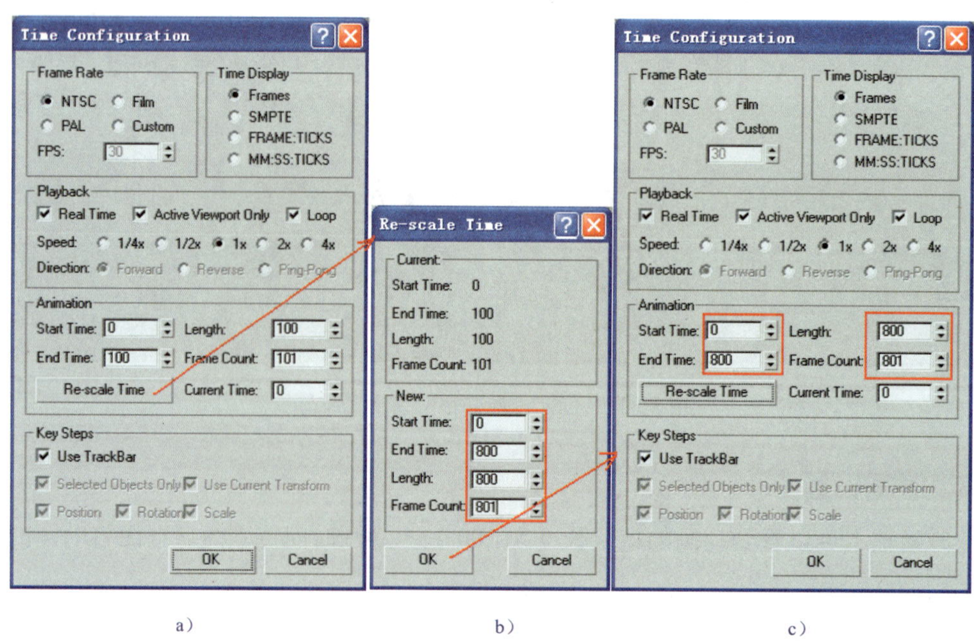

a）　　b）　　c）

图 10-12　时间设置

a）时间设置对话框　b）修改时间范围对话框　c）设置时间

图 10-13　设置时间后的轨迹栏

10.3　设置摄像机与路径

10.3.1　创建路径

1）按快捷键 Ctrl+A 选择场景中所有对象，单击（显示命令面板）按钮，再单击【Freeze】卷展栏中的 Freeze Selected （冻结选择对象）按钮，冻结场景中所有对象，被冻结的对象呈灰色显示，如图 10-14 所示。

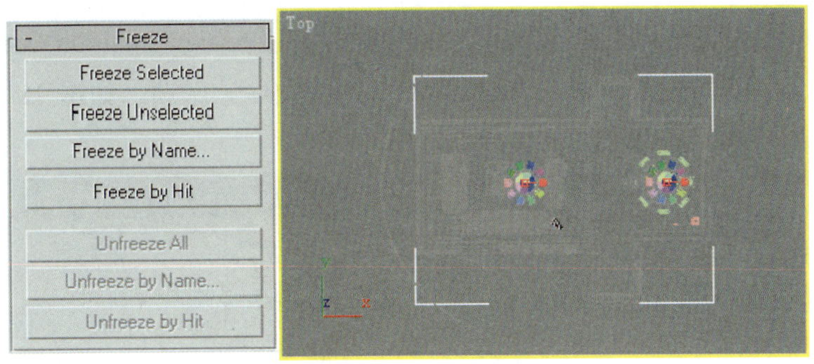

图 10-14 冻结所有模型

2）激活 Top（顶）视图，单击 （创建）按钮，再单击 （二维图形）按钮，然后单击创建二维图形命令面板中的 Line（直线）命令按钮，创建连续光滑曲线作为运动路径，最后利用 （移动）命令在 Front（前）视图中将运动路径调整到合适的位置，如图 10-15 所示。

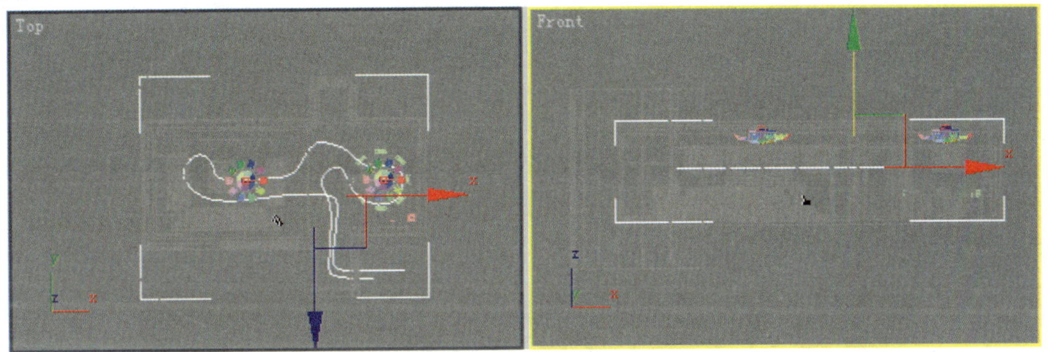

图 10-15 创建路径并移动到合适位置

注意：在创建路径线时，如在转折点处按住鼠标左键并拖曳可创建光滑曲线。

10.3.2 创建摄像机

1）激活“Front”（前）视图，单击 （创建）按钮，再单击 （摄像机）按钮，然后单击创建摄像机面板中的 Free（自由摄像机）命令按钮，创建一台自由摄像机。

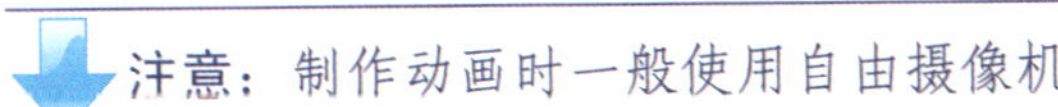
注意：制作动画时一般使用自由摄像机。

2）确认摄像机被选择，单击【Parameters】（参数）下“Stock Lenses”面板中的 24mm 按钮，设置摄像机的焦距为 24mm。

3）确认摄像机被选择，单击命令面板中的 （动作）按钮进入动作命令面板。在【Assign Controller】（分配控制器）卷展栏中选择“Position：Position XYZ”选项，如图 10-16 所示。

4）单击分配控制器卷展栏左上角的[?]按钮，打开【Assign Position Controller】（指定位置控制器）对话框，选择“Path Constraint”（路径控制）选项，如图 10-17 所示，然后单击 OK 按钮退出该对话框。

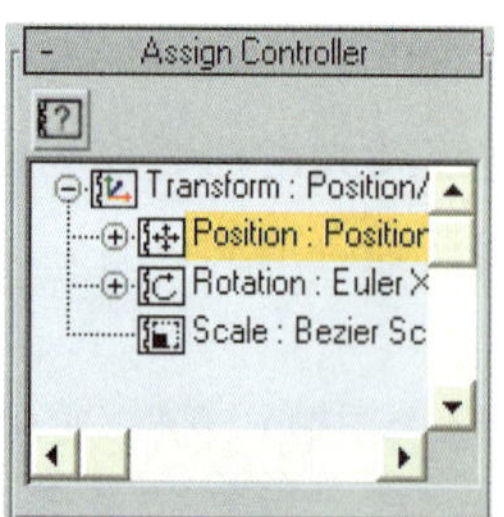

图 10-16　创建路径并移动到合适位置

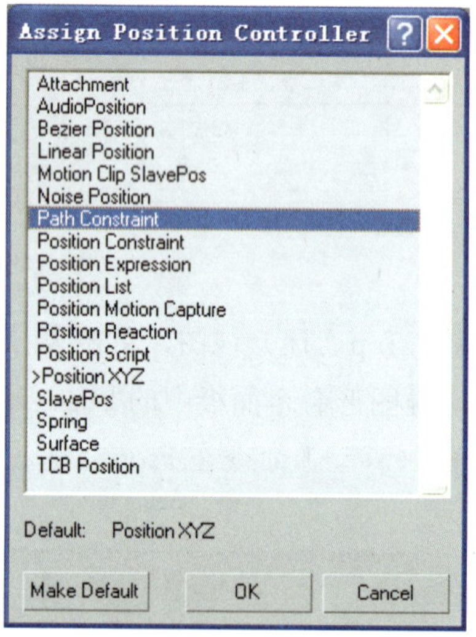

图 10-17　【Assign Position Controller】对话框

5）单击【Path Parameters】（路径参数）卷展栏中的 Add Path （增加路径）按钮，在视图中选择前面绘制的路径，则路径的名称显示在目标窗口内，此时，视图中的摄像机被移到路径的起点，如图 10-18 所示。

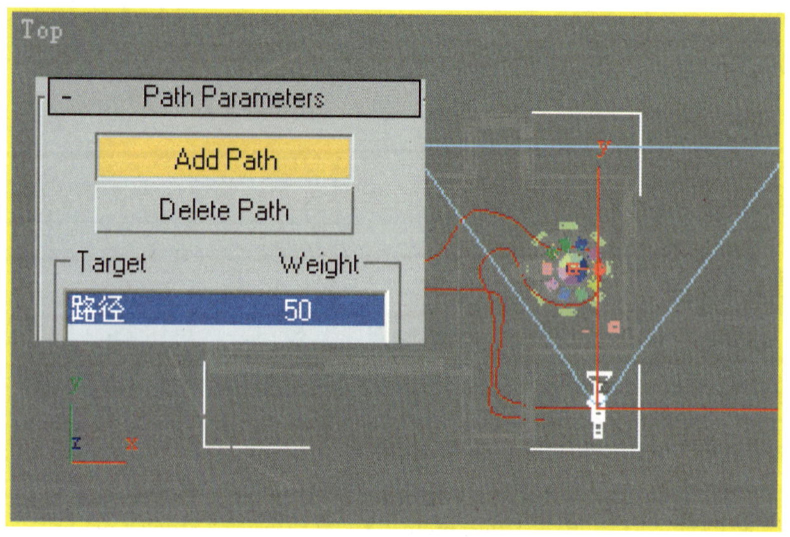

图 10-18　为摄像机增加路径

6）勾选命令面板【Path Options】卷展栏中的“Follow”选项，再选择“Axis”选项中的“Y”轴，使摄像机与路径曲线的轴向对齐，如图 10-19 所示。

7）激活 Perspective（透视）视图，按键盘上的 C 键将当前视图变为摄像机视图。

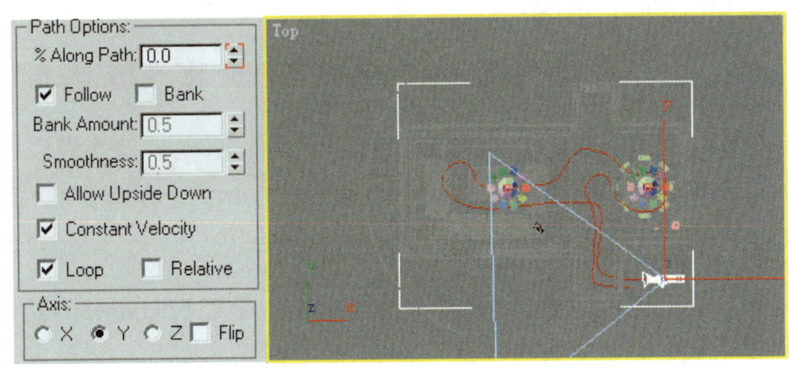

图 10-19 调整摄像机的轴向与路径方向一致

注意：摄像机和路径已经绑定，不要再直接移动摄像机，可以在前视图中移动路径调整摄像机的高度到 1.7m 左右，保持与人眼的视线一致。

8）单击动画控制区的（播放动画）按钮，可从摄像机视图中看到游览动画的效果。但是门一直是紧闭的，这与实际不一致。

10.4 完善动画并渲染输出

10.4.1 制作门开启动画

1）调整时间滑块将第 0 帧设置为当前帧，见图 10-20 右下角。

2）单击（显示）按钮，进入显示命令面板，单击【Freeze】卷展栏中的 Unfreeze All 按钮，解冻场景中所有对象。

3）选择进户门，单击进入修改命令面板，设置【Parameters】（参数）卷展栏中"Open"（开启）角度为 0°，使进户门处于关闭状态，如图 10-20 所示。

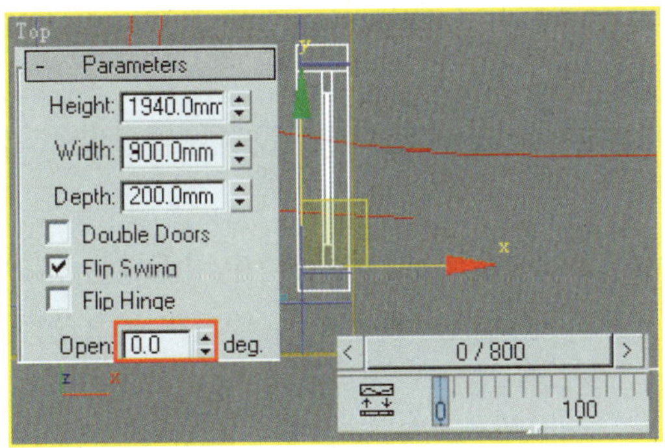

图 10-20 设置进户门开启角度为 0 度

4）单击动画控制区的 Auto Key 按钮，此时 Auto Key 按钮和轨迹栏都变成红色，拖动时间滑块至第 28 帧，如图 10-21 所示。

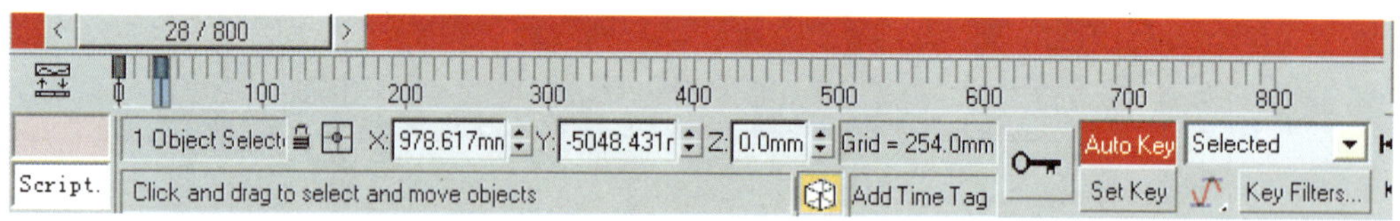

图 10-21　移动时间滑块到第 28 帧处

5）确认进户门处于选择状态，进入修改命令面板，设置【Parameters】卷展栏中的开启角度为 100°，使进户门处于打开状态，如图 10-22 所示。

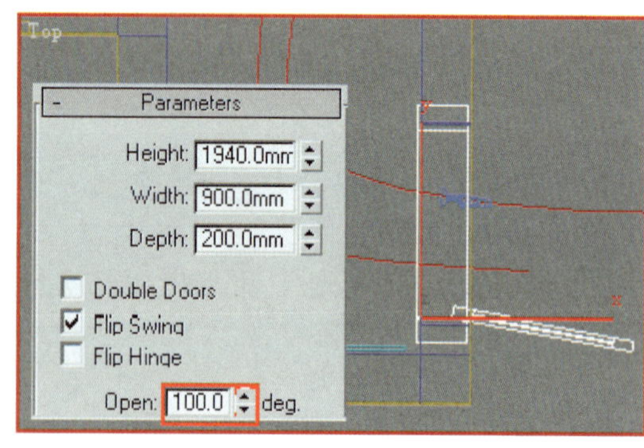

图 10-22　设置进户门开启角度为 100 度

6）单击动画控制区中的Auto Key按钮，恢复时间轨迹的状态。

7）单击动画控制区中的（播放）按钮，可看到在第 0 帧到第 28 帧的时间内，进户门慢慢开启。

10.4.2　渲染输出

1）单击标准工具栏中的（渲染设置）按钮，打开【Render Scene】（渲染场景）对话框。在【Time Output】（时间输出）选项中，选择"Active Time Segment: 0 To 800"（时间动画片段：0 到 800 帧）。

2）在【Output Size】（输出尺寸）卷展栏中，设置图像渲染尺寸为 640 像素×480 像素，如图 10-23a 所示。

3）单击【Render Output】（渲染输出）卷展栏中的 Files... （文件）按钮，打开【Render Output File】（输出渲染文件）对话框，设置文件名为"室内动画"，文件类型为"*.avi"格式，如图 10-23b 所示。

4）完成设置后的【Render Scene】（渲染场景）对话框如图 10-23 所示。单击对话框中的 Render 按钮，即开始渲染并输出动画。

本章制作的建筑动画详见本书配套光盘中的"室内动画.avi"文件。

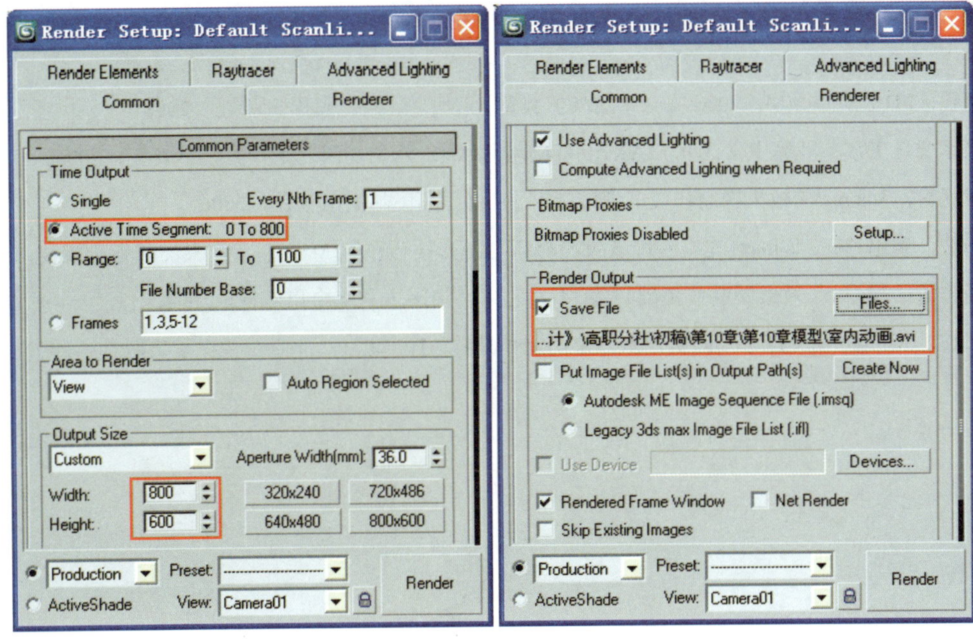

a）　　　　b）

图 10-23 【Render Scene】对话框

a）设置渲染输出的动画类型和尺寸　b）设置渲染输出的文件与类型

本章小结

本章以室内建筑动画的制作为例，讲述了利用 Autodesk 3ds Max 2009 32-bit 软件制作建筑动画的基本方法，力争起到抛砖引玉的作用。

制作动画涉及的基本概念主要有帧、关键帧和轨迹等。

本章的实例中，利用 3ds Max 2009 软件制作建筑动画经历了制作模型与时间设置、设置摄像机和路径、渲染输出等基本阶段。

思考题与习题

1. 制作动画涉及的基本概念有哪些？
2. 简述用 Autodesk 3ds Max 2009 32-bit 软件制作建筑动画的基本过程。
3. 用本章的动画模型，独立制作并渲染输出一个动画文件。

参 考 文 献

[1] 王瑶．3D 巨匠 3ds Max2008 完全手册（渲染篇）[M]．北京：科学出版社，2008．

[2] 张军安，王璞．新编中文 3DS MAX7.0 基础教程[M]．西安：西北工业大学出版社，2006．

[3] 尹新梅．3ds max7 效果图制作技能训练[M]．北京：人民邮电出版社，2006．

[4] 陈波，李忠移．3ds max 建筑装饰效果图材质与灯光技巧详解[M]．北京：人民邮电出版社，2004．

[5] 高志清．3ds max 效果图制作基础必备[M]．北京：中国水利水电出版社，2004．

[6] 张拓．3ds max 4.5/ Photoshop7 建筑效果图制作精粹[M]．北京：北京希望电子出版社，2002．